ÉDITIONS SAINT-SÉBASTIEN

-2016-

R. P. LESCŒUR, DE L'ORATOIRE

LA SCIENCE

ET LES

FAITS SURNATURELS

CONTEMPORAINS

LES VRAIS ET LES FAUX MIRACLES

DEUXIÈME ÉDITION

Entièrement refondue et considérablement augmentée

PARIS

A. ROGER ET F. CHERNOVIZ, ÉDITEURS

7, RUE DES GRANDS-AUGUSTINS, 7

OUVRAGES

du R. P. LESCŒUR, de l'Oratoire.

La Théodicée chrétienne, d'après les Pères de l'Église.
1 volume in-8º. 4 fr.

Le Règne temporel de Jésus-Christ. 1 vol. in-12. 3 fr.

L'Église catholique en Pologne, sous le gouvernement
russe, 1772-1875, 2ᵉ édition, ouvrage honoré d'une lettre
écrite à l'auteur par ordre de S. S. Pie IX. 2 vol. in-8º. 12 fr.

**La Persécution actuelle de la religion catholique en
Prusse**, par Mᵍʳ Janiezewcki, évêque suffragant de Posen,
ouvrage précédé d'une introduction, par le R. P. Lescœur.
1 vol. in-8º . . . . 8 fr.

La Science du bonheur. 1 vol. in-12 . . . . 3 fr.

Conférences de l'Oratoire. — I. La vie future. In-12. —
II. L'Esprit révolutionnaire. — III. La foi catholique et l
réforme sociale avec une lettre de M. Le Play. . 3 fr. 5
IV. Jésus-Chri 2ᵉ éditionst, ... 3 fr. 5
Chaque vol. des Conférences se vend séparément.

Histoire d'une convertie. 2ᵉ édition. . . . . . 0 fr. [

Histoire d'une Vocation, Mᵐᵉ Nicanora Isarié. In-18. Elz
virien. . . . . 3 fr

L'État, maître de Pension, précédé de l'État, père de fa
mille, 3ᵉ édition. 1 vol. in-12. . . . . 3 fr

Une Retraite au Carmel, exercices de dix jours pour
des religieuses. 1 vol. in-12, 2ᵉ édition . . . . . 3 fr. 50

Les Béatitudes. 1 vol. in-12. . . . . 2 fr. 50

**Le Dogme de la vie future et la libre-pensée contem-
poraine**. 1 fort vol. in-12. . . . . 3 fr. 75

**Méditations sur tous les Évangiles de Carême et de la
semaine de Pâques**, par le Rév. Père Pététot. Sup.
gén. de l'Oratoire, précédée d'une notice biographique sur
l'auteur, par le R. P. Lescœur. Un fort vol. in-12. . 4 fr.

Les Pensées du ciel, petite anthologie spirituelle. 1 vol.
in-32 . . . . 2 fr

Typographie Firmin-Didot et Cⁱᵉ. — Mesnil (Eure).

Opus legi R. P. Lescœur, cui titulus est : *La Science et les Faits surnaturels contemporains*, nec in hoc opere quidquam inveni quod rectæ fidei et regulæ morum contradicere videatur.

Augustinus Largent

Presbyter Oratorii, sacræ theologiæ doctor.

Lutetiæ Parisiorum, die 12ª januarii anni 1900.

IMPRIMATUR :

Parisiis, die 14 januarii, 1900

† Fr. Card. Richard, arch. Paris.

AVANT-PROPOS

L'idée de ce livre nous est venue, il y a longtemps, d'une parole de Renan, dans sa *Vie de Jésus*.

« Si le miracle, dit-il, a quelque réalité, mon livre n'est qu'un tissu d'erreurs. »

A l'époque où parut la *Vie de Jésus*, il était peut-être moins facile qu'aujourd'hui de confondre la tranquille audace de ce défi jeté à la conscience chrétienne, à la foi du genre humain, à la critique historique.

En effet, c'est seulement vers la date de la publication de la *Vie de Jésus* que se manifesta, dans notre pays, un phénomène qui semblait une réponse de la Providence aux blasphèmes de la libre pensée, je veux parler de l'éclosion inusitée parmi nous de faits surnaturels, en particulier l'apparition de Lourdes, les miracles éclatants qui la confirmèrent et dont la série, non interrompue, finit par s'imposer à l'attention des plus incrédules.

Vers le même temps, à côté de phénomènes purement surnaturels, c'est-à-dire de miracles, où se révélait clairement l'intervention directe de la main divine,on vit se produire, en dehors du monde religieux, une multitude de faits bizarres, déconcertants pour l'orgueil de la science, inexplicables par aucune loi connue de la nature et même en révolte ouverte contre les plus connues et les plus assurées : phénomènes extraordinaires que l'Église (qui les distingue soigneusement des miracles proprement dits) reconnaît comme possibles, comme souvent réels, et attestant, en ce monde, par la permission divine, une intervention libre, consciente, personnelle, d'intelligences qui ne sont ni celles de Dieu ni celles de l'homme et, en ce sens, préternaturelles, celles des puissances infernales.

Sans doute il n'y a pas une époque, dans la longue histoire de l'Église, où des faits semblables n'aient été observés ; mais ce qui est remarquable, c'est qu'en aucun temps ils n'ont été plus multipliés, et cela au point de forcer l'attention des savants matérialistes, de ceux qui représentent, dans le langage de Renan, « la Science », cette science dont l'essence, selon lui, est de nier le surnaturel et pour laquelle le surnaturel n'existe pas.

Il y a peu de temps encore les savants de cette école se bornaient à hausser les épaules, quand on leur parlait de miracle ou de faits préternaturels. Mais voilà qu'au nom du Magnétisme, du Spiritisme, de l'Occultisme, de l'Hypnotisme, sommés de donner une explication quelconque aux esprits inquiets et aux consciences troublées, leur attitude est tout à fait changée. Il faut noter que ces esprits inquiets et ces consciences troublées ne sont plus un petit groupe de fanatiques échevelés, un petit cénacle de femme-lettes ignorantes, c'est toute une multitude. Les spirites et occultistes de toute nuance ne se comptent plus par milliers, mais par millions. Ils couvrent les deux mondes. Ils les inondent de leurs écrits, de leurs Revues, de leurs Congrès. Aussi les mêmes savants qui refusaient hier de regarder les miracles de l'Évangile, base de notre croyance, et les autres miracles qui la confirment, se pressent en foule aujourd'hui autour des tables tournantes, des médiums, des somnambules, des hypnotisés et constatent, à leur grande stupeur, certains faits en tout analogues à ceux qu'ils dédaignaient comme de pures rêveries, quand on les leur présentait dans nos annales religieuses.

De ces faits bizarres, extravagants, « absurdes », dit le savant M. Richet, mais cependant aussi bien prouvés que « des expériences de chimie », n'y a-t-il pour l'homme sérieux, pour le penseur, aucune conclusion utile à tirer?

Nous ne l'avons pas cru. La Providence ne fait ni ne permet rien en vain. Il nous a semblé voir, dans tous ces faits, comme une invitation adressée à la science ennemie du surnaturel, une sorte de sommation. Laquelle? De croire à l'Évangile? Pas encore. Mais seulement d'étudier attentivement, jusqu'au fond, le miracle, ce phénomène que Renan déclarait dénué de toute réalité.

Qu'on veuille bien le remarquer : si, suivant Renan, un seul miracle prouvé met à néant toute sa thèse contre le surnaturel, réciproquement un seul miracle prouvé rétablit logiquement toutes les thèses traditionnelles que la philosophie séparée met de côté de nos jours, avec une si déplorable unanimité. Un seul miracle prouvé, c'est l'existence du Dieu personnel et vivant, substantiellement distinct du monde, remise en lumière ; c'est la Providence de ce Dieu manifestée ; c'est la réalité du monde divin, de l'au-delà, comme on dit aujourd'hui, l'immortalité de l'âme, la vie future reconquises : tous dogmes qui impliquent la liberté de l'homme, l'efficacité de la prière ; c'est, en un mot, la rentrée triomphante, dans le monde intellectuel, de cette philosophie fondamentale de laquelle vivent toutes les sociétés humaines, sans laquelle elles ne peuvent pas vivre, sans laquelle, tout au moins, on peut assurer qu'aucune n'a vécu jusqu'ici, et qui est la base rationnelle sur laquelle repose toute la révélation, toute la civilisation chétienne.

Les faits préternaturels attribués aux puissances infernales, quoique distincts des vrais miracles, entraînent cependant les mêmes conclusions. Ils prouvent, en effet, ce que niait énergiquement Renan, lorsqu'il osait dire qu'on n'a jamais pu saisir, dans la trame des faits de ce monde, la trace d'une intervention quelconque d'une autre intelligence que celle de l'homme. Et comme ces sortes d'interventions présupposent nécessairement la permission divine, pour remonter, d'un fait préternaturel quelconque bien démontré, au surnaturel divin, il n'y a qu'un pas, et de nos jours, comme au temps de la prédication évangélique, le démon est réduit à se faire le témoin de Dieu et à attester la vérité de l'Évangile. De tels faits, quand ils sont prouvés, ne sont donc pas une quantité négligeable. On descend volontiers dans la profonde obscurité des mines souterraines, pour y découvrir la moindre parcelle d'or. Si de quelque soupirail de l'enfer Dieu permet qu'il jaillisse quelque rayon du ciel, pourquoi refuser d'y regarder?

Saint Augustin a écrit quelque part cette simple et profonde parole : « *Secretum Dei intentos debet facere, non adversos.* Tout secret divin doit exciter en nous l'attention, non la défiance (1). » Jusqu'à ces derniers temps on a pu dire que, chez nos intellectuels, tout ce qui présentait, si peu que ce soit, le caractère surnaturel était, avant tout examen, l'objet d'une prévention, sinon d'une répulsion absolue. *A priori* était exclu de tout examen le fait quelconque qui ne rentrait pas dans le cadre de la science officielle. Grâce à Dieu elle sort aujourd'hui de cette ornière. Elle a fait un pas et ce pas peut être décisif pour le retour aux vérités traditionnelles. On ne ferme plus les yeux, on les entr'ouvre sur des phénomènes qu'on aurait refusé de regarder autrefois. On les étudie, mais avec l'arrière-pensée d'en éliminer tout

____

(1) Tractat. **XXVII** *in Joannem.*

surnaturel. Ils deviennent le point de départ de mille systèmes qui se détruisent les uns les autres, et ne servent qu'à remettre en lumière cet ordre de réalités supérieures qui, sans empiéter sur le domaine de la science et tout au contraire en le consacrant, car il la présuppose, se révèle comme un monde à part, non séparé, mais distinct de l'autre, mais aussi bien que celui-ci d'une objective, d'une parfaite réalité.

Le P. Gratry, discutant les thèses de Renan dans son beau livre : *Les Sophistes et la Critique*, écrivait : « La critique, a-t-on dit, a pour essence la négation du surnaturel. Et moi je dis : l'essence de la critique c'est l'attention (1). » Oui, cette attention que demande saint Augustin, dénuée de toute prévention hostile, ne cherchant que la vérité dans la bonne foi, dans cette absence totale de parti pris, dans cette sérénité d'esprit que requiert la vraie science.

Cette « attention » apportée à l'étude des faits surnaturels, quel en doit, quel en peut être le résultat?

En présence de phénomènes étranges, dûment constatés, tout homme de bonne foi, en dépit de ses préjugés, sera amené à réfléchir sur la puissance mystérieuse qui s'y révèle et qui, comme à travers une ombre, lui fait entrevoir le « secret divin, *secretum Dei* ». Son esprit restera frappé de l'impuissance et des bornes étroites de la science hu-

---

(1) *Les Sophistes et la Critique*, t I, p. 10.

maine, que de tels phénomènes tiennent en échec. En effet, si éblouissantes que soient ses découvertes sur les forces cachées de la nature matérielle, que nous dit-elle, cette science, sur les questions vitales que toute âme pensante est forcée de se poser un jour ou l'autre : quelle est mon origine, quelle est ma fin? Pourquoi ce contraste étrange entre l'immensité des curiosités de mon intelligence comme des aspirations de mon cœur, et le peu que réussit à atteindre, à embrasser, mon expérience d'un jour? Cet hiatus énorme ne sera-t-il jamais comblé? Quoi! tant de sublimités entrevues, désirées, ébauchées ici-bas, où je ne fais que passer sans rien étreindre, pour aboutir au vide et au néant, à un inconnaissable éternel? Pas d'autre perspectives que ce gouffre noir de la mort où je vais m'abîmer demain! N'y a-t-il donc pas quelque part une autre lumière? Dois-je croire que la force inconnue, d'où tout procède, s'arrête fatalement aux bornes de ce monde trop vaste pour mon intelligence, trop étroit pour mon cœur? A tout mon être qui a soif de lumière et qui palpite de désirs plus intimes encore, son dernier mot serait celui-ci : doute sans fin, conjectures sans issue, désir sans objet, point d'interrogation éternellement sans réponse!

Mais non! cela ne se peut!

Cette réponse que la science de la nature ne donne pas, il y a longtemps que l'humanité l'a entendue. Cette réponse, elle s'appelle la religion, l'ordre surnaturel, cet ordre qui suppose la raison,

qui appelle la science, mais qui la dépasse, et que
ni la raison ni la science, par elles-mêmes, ne peuvent découvrir. Mais, si inaccessible qu'il soit en
lui-même, cet ordre, parce qu'il est fait pour des
hommes doués de raison et pourvus de sensibilité, il
repose sur des faits dont la certitude peut être atteinte par la raison et par les sens : ce sont les faits
surnaturels.

C'est là du mysticisme, dira quelqu'un, et qu'a de
commun le mysticisme avec la science?

Répondons par un seul mot : cet ordre de réalités supérieures est si peu incompatible avec la
science qu'il a été admis, cru, professé, adoré par
tous les grands créateurs de la science moderne; les
Képler, les Descartes, les Leibniz, les Linnée, les
Newton, les Ampère, les Biot, les Cauchy, les
Pasteur.

Pourquoi donc la science d'aujourd'hui le dédai-
gnerait-elle? Pourquoi s'obstinerait-elle à trouver
toujours, dans le dogme religieux, un rival ou un
ennemi? N'est-ce pas ce dogme lui-même qui déclare
que son Dieu, le Dieu vivant, est aussi « le Dieu
des sciences et le Père des lumières »? Que la science
d'aujourd'hui comme celle d'hier le reconnaisse
enfin! Que, sans se renier elle-même, loin de là,
elle s'honore en s'humiliant devant lui! Qu'elle rap-
prenne enfin à prier : la grâce de Dieu fera le reste.

En la fête de l'Annonciation de la T. S. Vierge.

Juan-les-Pins, 25 mars 1900.

LA SCIENCE

ET

LES FAITS SURNATURELS CONTEMPORAINS

CHAPITRE I

La banqueroute du rationalisme.

On a beaucoup parlé, dans ces derniers temps, des faillites, sinon des banqueroutes, de la science : expression à notre sens inexacte. Ce n'est pas faillite de la « science », c'est banqueroute du rationalisme qu'il faut dire.

La science, proprement dite, quand elle reste dans son domaine, qui est l'étude expérimentale des faits avec le secours de la raison, reste inattaquable et doit rester inattaquée. Je ne vois pas, en effet, que, si ses tâtonnements et ses hypothèses n'aboutissent pas toujours, — ce qui peut arriver en toutes recherches, — ses découvertes, une fois vérifiées, aient jamais été mises en doute. Loin de là, elles forment, pour l'esprit humain, pour la civilisation, un trésor qui va toujours grossissant, et qui achemine sans relâche l'humanité vers l'accomplissement des destinées mystérieuses, réservées par la Providence au monde que nous habitons.

Ce qui a fait faillite et une faillite méritée, c'est le rationalisme ; et par ce mot il faut entendre non l'usage de la raison, mais cet abus de la raison qui consiste à affirmer que rien n'existe que ce que l'homme peut comprendre, que l'esprit de l'homme est la mesure de toutes choses, qu'il se suffit à lui-même pour rendre compte de tout ; système qui aboutit à exclure Dieu lui-même de l'explication et de la conduite des affaires humaines. La plupart des rationalistes en sont venus, dans notre siècle, à refuser même l'existence à un Dieu personnel et vivant, à plus forte raison à exclure toute idée de Providence, de causes finales, tout ce qui faisait le fond de ce qu'on appelait autrefois la religion naturelle. Mais ceux mêmes qui sont restés déistes, à la façon de J.-J. Rousseau et de Cousin, n'admettent pas davantage qu'il y ait lieu pour l'homme de chercher au-dessus de lui ni lumière ni point d'appui. Aussi bien que les pires matérialistes ils retranchent la prière, la foi au surnaturel, la possibilité même de la Révélation et du miracle qui en est la preuve ; ce qui fait que, dans la pratique, l'on ne saurait séparer la cause de J. Simon ou de M. P. Janet de celle de Renan, lorsqu'il écrit : « L'histoire du monde physique et du monde moral m'apparaît comme un développement *ayant sa cause en lui-même, et excluant le miracle*, c'est-à-dire toute intervention de volontés particulières réfléchies (1) », lisez le christianisme.

Or c'est le rationalisme, répétons-le, dont la faillite est un des heureux symptômes de ce temps. Non seulement les politiques sérieux commencent à voir qu'ils ne peuvent rien sans la religion ni contre la religion ; mais les moralistes, les psychologues, je pourrais dire tous ceux qui réfléchissent sans parti-pris sur le problème de la vie, en viennent à se dire, alors même qu'ils n'en-

____

(1) *Marc Aurèle* ou *La fin du monde antique.*

trevoient pas encore la seule solution vraie et complète : non, les systèmes rationalistes ne renferment pas la lumière que nous cherchons ; ils laissent dans l'ombre des faits d'une souveraine importance, ils expliquent imparfaitement les autres, ils ne suffisent point à former la conscience ni à l'apaiser, leur conclusion pratique est fatalement le scepticisme ; or le scepticisme, même sous la forme du dilettantisme le plus raffiné, le plus idéaliste, n'est pas la vérité : il faut à l'homme autre chose que ces systèmes pour résoudre l'éternelle question : y a-t-il une autre vie? Notre âme est-elle libre, responsable, immortelle?

Celui-là même qui a prononcé ce fameux mot de « banqueroute de la science » et causé par là un si grand scandale dans le camp rationaliste, M. Brunetière, a pu, depuis, aux applaudissements d'un grand nombre, se justifier de son audace prétendue, et voir presque la popularité se dessiner en sa faveur. Dernièrement dans une réunion de jeunes gens (1) tenue à Besançon il ne craignait pas de se féliciter, devant son nombreux auditoire, du réveil de l'idée religieuse et de la renaissance du surnaturel, mais non pas de ce surnaturel vaporeux auquel M. Renan se serait rangé lui-même, en le confondant avec de vagues aspirations religieuses, mais de ce surnaturel proprement dit, qui s'appuie sur des dogmes, et se distingue tout à fait de la pure spéculation philosophique et des rêveries de la poésie sentimentale. Écoutons-le parler lui-même.

Parmi les symptômes du réveil de l'idée religieuse il signale ceux-ci :

« C'en est un premier, je crois, et d'une grande importance, que l'on ait eu de voir autre chose qu'une figure de pure rhétorique, une antithèse purement verbale dans l'opposition que l'on a essayé d'établir, depuis

____

(1) V. *Univers* du 19 févr. 1898.

Voltaire jusqu'à Victor Hugo, et jusqu'à Ernest Renan, entre les « religions » et la « religion ».

« *On n'épure pas la religion en la vidant de son contenu*! On ne la respecte pas, quand on essaye de la réduire tout entière aux enseignements de cette plate philosophie qui s'est appelée du nom de « Religion naturelle »! Et de quelque religion que ce soit, je ne sais ce qu'il en reste quand on l'a dépouillée de son surnaturel, de son dogme et de sa discipline, mais je crains bien que ce ne soit le contraire même de toute religion. N'est-ce pas, Messieurs, ce que l'on commence autour de nous à comprendre?

« En voici un second : nous n'admettons plus aujourd'hui, comme on le faisait il y a vingt-cinq ans seulement et même moins, que l'incroyance ou l'incrédulité soient une preuve de liberté, de largeur, d'étendue d'esprit. La négation du surnaturel passait en ce temps-là pour la condition même de l'esprit scientifique. Enivré d'en savoir un peu plus que nos pères, on se vantait d'avoir anéanti, supprimé, ridiculisé le mystère!

« Le « voltairianisme » vivait toujours, il se développait, et c'était une élégance que de le professer! Ce que cette élégance est devenue, si vous voulez le savoir, je vous renvoie, Messieurs, au livre de M. Balfour sur *Les fondements de la croyance;* je vous renvoie aux déclarations — si simples, mais si nettes — que Pasteur a si souvent renouvelées.

« Oui, si quelques vieux hommes sont encore tout gonflés d'orgueil rationaliste, ils sont aujourd'hui parmi nous les représentants d'un autre âge! Mais ce n'est pas eux qui arrêteront le mouvement commencé, c'est un second point de gagné, et nous avons encore le droit de nous en féliciter. »

On sait que M. Brunetière, avec la loyauté et la logique qui caractérisent son beau et fier talent, vient tout dernièrement, à Besançon même, d'apprendre au public

comment s'est terminée son évolution, commencée depuis
longtemps, vers le surnaturel véritable, c'est-à-dire vers
le Catholicisme. Il disait, le 25 février 1900 : « Plus j'ai
étudié, plus j'ai vu, plus j'ai vécu, plus j'ai franchi les
épreuves si nombreuses du temps présent, et plus je
me suis dit catholique, avec plus d'autorité et plus de
conviction que jamais.

« Et je me félicite que j'aie commencé cette évolution,
il y a quatre ans, à Besançon, et que le terme de cette
évolution, ce soit encore à Besançon que je l'affirme. »

Un autre académicien, non moins populaire que
M. Brunetière et sincère comme lui, M. F. Coppée, parle
dans le même sens :

« Qu'un assez grand nombre d'esprits, dégoûtés par
le grossier réalisme du monde moderne, et se révoltant
à la fin contre leur propre raison qui ne peut qu'élargir
et reculer indéfiniment les limites du mystère, sans jamais l'atteindre et le pénétrer, aient été pris d'un besoin
éperdu d'idéal et de foi et soient revenus, d'eux-mêmes
et librement, à la religion de Jésus, à sa sublime morale
et à ses fortifiantes pratiques, c'est là un fait qui n'est
plus niable.

« Un de mes amis, charmant poète, au cerveau plein de
rêves métaphysiques, qui s'est fait une doctrine pour lui
tout seul, — une sorte de bouddhisme, autant que j'ai pu
comprendre, — m'avouait tout récemment sa déroute
philosophique.

— « Oui, me disait-il, j'ai passé dix ans de ma vie à
me persuader que tout n'était qu'illusion et néant, et
mon système marchait à merveille... Mais, l'autre jour,
quand ma petite fille était si malade, je me suis mis
tout simplement à implorer un Dieu bon, un Père céleste,
qui pouvait me la conserver en ce monde ou, tout au
moins, me la rendre dans l'autre. »

« Dès aujourd'hui, je le considère, celui-là, comme une
recrue assurée et prochaine pour la grande famille du

Christ. Et bien d'autres y rentreront. Car il faut que l'athéisme officiel s'y résigne. On commence à déserter ses écoles de mensonge, où il n'y a rien pour le cœur. On s'aperçoit enfin qu'elles sont en train de peupler la France d'orgueilleux et de désespérés, et, de toutes parts, des signes éclatants nous permettent de présager une victorieuse Renaissance de l'Idée chrétienne (1). »

N'est-ce pas également un symptôme du retour qui s'opère dans le sens du surnaturel, que cet aveu d'un autre académicien, M. Bourget : il déclare, sans réticence, que « sa longue enquête sur les maladies morales de la France actuelle » l'a contraint de reconnaître, avec Balzac, Le Play et Taine que « pour les individus comme pour la société le christianisme est, à l'heure présente, la condition unique et nécessaire de guérison (2) ».

Un autre académicien, non moins célèbre, dont les ouvrages attristent trop souvent le lecteur par l'étalage sentimental, devrais-je dire, d'un scepticisme aussi radical que larmoyant, M. Pierre Loti, démontre lui aussi, à sa manière, le besoin du surnaturel. Dans son voyage à Jérusalem, aux descriptions merveilleuses des lieux et des choses, comme lui seul sait les faire, il mêle, sous une impression involontaire et mystérieuse, les aveux les plus saisissants. L'idée du surnaturel le poursuit et semble l'obséder, et il en vient à déclarer nettement que, pour répondre à ce besoin inséparable de l'âme humaine, « la conviction *sine qua non*, indispensable et nécessaire, est le retour à la foi chrétienne ». Il parle des larmes qu'il verse à Jérusalem « sans résistance possible, aux pieds du consolateur perdu ». « Quand la foi est éteinte dans nos âmes modernes, écrit-il, c'est encore vers cette vénération si

____

(1) « Le *Journal*, 10 mars 1898 (à propos de la *Cathédrale* d'Huysmans).
(2) Préf. des *Œuvres Complètes* chez Plon, 1899.

humaine des lieux et des souvenirs que les incroyants comme moi sont ramenés par le déchirant regret du Sauveur perdu (p. 3). » Tout sceptique qu'il est, il reconnaît n'avoir aucune certitude contre la divinité de Jésus-Christ. Il parle « de la grande énigme de son enseignement et de sa mission impénétrable »... il l'appelle le « Christ inexpliqué et ineffable (p. 40) ». « Toute philosophie est vide (p. 52). Mais dans l'Évangile, sous l'entassement de nébuleuses images » rayonne quand même la parole d'amour et la parole de vie ! Or cette parole que lui seul, sur notre pauvre petite terre, a su prononcer et avec une certitude infiniment mystérieuse, si on nous la reprend, il n'y a plus rien. Sans cette croix et cette promesse éclairant le monde, tout n'est plus qu'agitation vaine dans la nuit... (p. 217). Et enfin : « Si étrange que cela puisse paraître, venant de moi, je voudrais oser dire à ceux de mes frères inconnus qui m'ont suivi au Saint Sépulcre : Cherchez-le, vous aussi, essayez, puisque *en dehors de lui il n'y a rien !* » (p. 221) (1).

(1) Pierre Loti : *Jérusalem.* Il est trop clair qu'en ne cherchant la vérité religieuse que par le sentiment on ne trouvera jamais rien que l'exaltation ou le vague des formules, la religiosité, laquelle n'est pas la religion, M. Loti en est la preuve. Pourtant le sceptique sentimental a touché, dans ce livre, à une des démonstrations les plus célèbres du Christianisme positif, à la plus éclatante peut-être de ses preuves miraculeuses. Il a été témoin, comme nous-même il y a près de quarante ans, en 1861, de cette scène inoubliable : les pleurs des Juifs. Les habitants de Jérusalem peuvent voir, chaque vendredi, vers trois heures, des bandes de juifs aller pleurer et se lamenter jusqu'au soir, au pied de ce qui reste des substructions du temple de Jérusalem. Sur quoi M. Loti écrit : « Devant le mur des pleurs le mystère des prophéties apparaît plus inexpliqué et plus saisissant. L'esprit se recueille confondu de ces destinées d'Israël *sans précédent, sans analogie* dans l'histoire des hommes, *impossibles à prévoir, et cependant prédites, aux temps mêmes de la splendeur de Sion, avec d'inquiétantes* précisions de détails (p. 128). » La prophétie relative au peuple juif, réalisée sous nos yeux, et que M. Renan lui-même proclame un des *unica* de l'histoire, est, en effet, à elle seule, un fait surnaturel, capable d'amener à la vérité un esprit attentif et une âme logique et sincère.

Ce que M. Brunetière et M. Coppée signalent, pour en féliciter l'époque présente, les tenants du matérialisme scientifique en font eux-mêmes l'aveu avec dépit : le professeur Mosso, de Turin, résumant, dans la *Revue scientifique*, les travaux du professeur Ludwig qui vient de mourir à Vienne, écrit : « La littérature et l'art témoignent à l'évidence de la réaction qui se produit, et de tout côté se sent le souffle du mysticisme qui envahit les esprits. L'école des néo-vitalistes a déjà conquis des chaires et beaucoup craignent qu'elle n'étouffe l'esprit de la science vraie, *comme elle l'a déjà fait dans les Universités catholiques.* » On voit que pour le professeur de Turin, comme pour Renan, l'essence de la science est la négation du surnaturel. Les Universités catholiques sont justement là, par leur enseignement, pour prouver l'absurdité de cette thèse.

Cette impuissance, enfin reconnue, du rationalisme a remis un grand nombre d'âmes sincères, de savants éminents sur le chemin du retour à l'Évangile et à l'É-glise. Mais aussi elle explique, sans la justifier, la popularité de tant de publications, qui, sous prétexte de révéler les « mystères de l'au delà », précipitent une foule d'esprits dans les voies dangereuses du spiritisme, de l'hypnotisme, de l'occultisme sous toutes ses formes. Que d'écrits formés de révélations suspectes, aussi bizarres qu'apocryphes, souvent de supercheries misérables, trouvent du crédit auprès d'âmes ignorantes à qui manque plutôt la lumière que le désir de la vérité ! Ce qui achève de dérouter certaines intelligences, c'est que des faits regardés autrefois unanimement par les savants comme de pures fables, comme des créations du délire religieux, sont en train de passer, de par ces savants eux-mêmes, dans le domaine des faits constatés, dont ils cherchent vainement l'explication, mais dont ils ont cessé de rire. Nous en verrons plus bas de curieux exemples. Avant toutes choses, donnons-nous le plaisir de faire voir comment le grand adversaire du surnaturel en notre siècle, celui qui fut longtemps le porte-drapeau et qui est encore l'oracle de la libre pensée, j'ai nommé Renan, peut être convaincu d'erreur, non plus seulement par les réponses si solides des théologiens qui ont réfuté ses théories, mais de son propre aveu, par les faits surnaturels ou extra-naturels dont des savants incrédules, autant que Renan lui-même, ont constaté et attestent tous les jours la réalité.

CHAPITRE II

La thèse de Renan.

Rappelons d'abord la thèse de Renan, celle qui fut la base et comme l'âme de tous ses écrits, thèse à ses yeux d'une importance si capitale que, si elle était renversée, rien ne pourrait, selon lui-même, subsister de tout ce qu'il a écrit sur le Christianisme. Je copie textuellement.

« La question du surnaturel est pour nous tranchée avec une entière certitude, par cette seule raison qu'il n'y a pas lieu de croire à une chose dont le monde n'offre aucune trace expérimentale. Nous ne croyons pas aux revenants, au diable, à la sorcellerie, à l'astrologie. Avons-nous besoin de réfuter, pas à pas, les longs raisonnements de l'astrologue pour nier que les astres influent sur les événements humains? Non, il suffit de cette expérience toute négative, mais aussi démonstrative que la meilleure preuve directe, qu'on n'a jamais constaté une telle influence. »

Cette affirmation si catégorique, Renan la répète partout; il n'y a pas un de ses volumes où il ne la reproduise; on croirait qu'il fait effort pour s'en convaincre lui-même. Bornons-nous à citer encore une phrase de son *Marc Aurèle :*

« La négation du surnaturel est devenue un dogme absolu pour tout esprit cultivé. » La conclusion explicite qu'en tire Renan dans ce passage même, c'est la fausseté du Christianisme. En effet il ajoute : « Au point de vue du Christianisme, l'histoire du monde n'est qu'une série de miracles. La création, l'histoire du peuple juif, le rôle de Jésus, même passés au creuset de l'exégèse la plus libérale, laissent un reliquat de surnaturel qu'aucune opération ne peut ni supprimer, ni transformer. Les religions sémitiques, monothéistes, sont au fond ennemies de la science physique qui leur paraît une diminution, presque une négation de Dieu. Dieu a tout fait et fait tout encore, voilà leur universelle explication. Le Christianisme, bien que n'ayant pas porté ce dogme aux mêmes exagérations que l'Islam, implique la révélation, c'est-à-dire un miracle, un fait tel que la science n'en a jamais constaté. Entre le Christianisme et la science la lutte est donc inévitable ; l'un des deux adversaires doit succomber (1). »

A ses propres yeux bien entendu, Renan représente la science, telle que l'entend selon lui « tout esprit cultivé ». Quiconque l'entend autrement est un naïf, ou un barbare ; l'auteur de la *Vie de Jésus* est sûr de son fait, à ce point que, sur cette carte unique, il joue toute sa fortune scientifique et littéraire. En effet, nous dit-il, « si le miracle a quelque réalité, mon livre n'est qu'un tissu d'erreurs (2) ». C'est là une parole à retenir. Il dit encore : « Tous les faits prétendus miraculeux qu'on peut étudier de près se résolvent en illusion ou en impostures (3). »

En parlant ainsi, Renan prenait l'engagement de démontrer « à tout esprit cultivé » que s'il reste encore dans le Christianisme, dans l'histoire du monde, tant de surnaturel, la science qu'il représente a trouvé le moyen, clair et facile, de s'en débarrasser : lui-même

(1) *Vie de Jésus*, préf. de la 13ᵉ édit., p. 9.
(2) *Vie de Jésus*, p. v.
(3) *Les Apôtres*. Introd., p. xliii.

devait fournir la méthode ; c'est en effet une tâche qu'il n'a pas déclinée. Et c'est là justement son malheur, bien plus saillant aujourd'hui qu'il ne l'était à la date déjà lointaine où parut la *Vie de Jésus*. Il n'y avait pas alors, comme aujourd'hui, des savants de profession croyant aux faits extraordinaires, et le magnétisme faisait encore vainement son stage aux portes des Académies qu'il a forcées depuis. Quoi qu'il en soit, sans nous appesantir outre mesure sur un sujet maintes fois traité, il est bon de présenter ici, tout d'abord, le tableau des procédés employés par Renan pour réduire à néant les miracles évangéliques et avec eux tous ceux de l'histoire.

Renan écarte l'explication brutale du vieux matérialisme qui veut voir dans tout miracle une imposture pure et simple, un mensonge de toute pièce. En général la chose ne se passe pas tout à fait ainsi. « Autrefois, écrit Renan, on supposait, en chaque légende, des trompés et des trompeurs. » Non. « Les miracles supposent trois conditions : 1° la crédulité de tous ; 2° un peu de complaisance de la part de quelques-uns ; 3° l'acquiescement tacite de l'auteur principal (1). » Jésus et ses disciples croyaient, comme tous leurs contemporains, que les miracles et les prophéties pouvaient seuls établir une mission surnaturelle. Ils employèrent ces deux moyens de démonstration avec une parfaite bonne foi (2). Impossible de douter que les apôtres *aient cru* faire des miracles. S. Paul, de beaucoup l'es-

----

(1) *Vie de Jésus*, préf.

(2) *Ibid.*, p. xvi. — Ce n'est pas seulement Jésus et ses contemporains qui ont cru à la nécessité du miracle pour établir une mission surnaturelle ; c'est l'opinion, très bien fondée, de tout penseur qui croit à la distinction de Dieu et du monde. Il est clair que si Dieu veut se manifester par quelque révélation nouvelle à sa créature, il doit se manifester au moyen d'un signe quelconque, qui ne puisse se confondre avec le plan ordinaire des lois de la Providence, même surnaturelle : ce signe, c'est le miracle ou la prophétie, laquelle est elle-même un miracle.

prit le plus mûr de la première école chrétienne, *crut*
en opérer (1). »

Des symptômes particuliers accompagnent et expliquent cette étrange crédulité du thaumaturge et de
ceux qu'il séduit. « Il est impossible de savoir si les circonstances choquantes d'efforts, de frémissements et
autres traits sentant la jonglerie sont bien historiques,
ou s'ils sont le fruit de la croyance des rédacteurs fortement préoccupés de théurgie et vivant sous ce rapport
dans un monde analogue à celui des spirites de nos
jours. Presque tous les miracles que Jésus *crut* exé-
cuter paraissent avoir été des miracles de guérison (2). »

Ajoutez que si Jésus fît des miracles, ce fut en quelque sorte malgré lui. Le miracle est d'ordinaire l'œuvre
du public bien plus que de celui à qui on l'attribue.
Jésus se fût obstinément refusé à faire des prodiges
que la foule en eût créé pour lui, le plus grand miracle
eût été qu'il n'en fît pas. Les miracles de Jésus furent
une violence que lui fit son siècle, une concession que
lui arracha la nécessité passagère.

« Nous admettrons donc sans hésiter que des actes
qui seraient maintenant considérés comme des traits
d'illusion et de folie ont tenu une grande place dans la
vie de Jésus (3). »

Renan aime à insister sur cet état d'esprit qui est

(1) *Les Apôtres*, p. 103-105.
(2) *Vie de Jésus*, p. 259. — Pour le dire en passant, — car nous ne faisons ici qu'exposer sans le réfuter le système de Renan, — il est difficile de concevoir comment des traits imitant la jonglerie peuvent se
concilier avec la parfaite bonne foi de Jésus. Ajoutons que « ces efforts,
ces frémissements », Renan jusqu'ici a été le seul à les voir. Il abuse,
à son ordinaire, d'un seul passage (*infremuit spiritu*, Joan., xi, 33) lequel n'a pas le sens qu'il lui prête, pour tirer de là une conclusion générale démentie par tout le contexte des Évangiles. Nous verrons plus bas
que ces efforts, ces gémissements et autres simagrées sont, tout au contraire, des signes caractéristiques des faux miracles.
(3) *Ibid.*, p. 266.

l'hallucination même, tant dans celui qui fait le miracle que dans celui qui le voit. Cette explication lui paraît si plausible qu'il y revient dans tous ses livres.

« L'histoire des origines religieuses nous transporte dans un monde de femmes, d'enfants, de têtes ardentes et égarées, » écrit-il, dans la *Vie de Jésus;* et dans son *Saint Paul :* « Il ne faut pas s'imaginer les réunions des chrétiens de ce temps sur le modèle de ces froides assemblées de nos jours où l'imprévu, l'initiative n'ont aucune part. C'est plutôt aux conventicules des quakers anglais, des shakers américains, de nos spirites français qu'il faut songer (1). »

Une remarque, que nous croyons très fondée, suffit à ruiner d'un seul coup tout l'échafaudage des raisonnements de Renan, pour expliquer l'éclosion universelle et fatale des miracles au temps de Notre-Seigneur. Si les miracles naissent et se propagent d'eux-mêmes à cause de l'état d'esprit, de l'atmosphère morale qui enveloppe tout le groupe, privé ou populaire, pressé autour de Jésus, à tel point, comme Renan le dira plus loin, que l'idée même de la résurrection future de Jésus s'imposait *tout naturellement,* je demande comment il se peut faire que les écrivains sacrés, si prodigues de miracles pour Jésus et les apôtres, n'en attribuent aucun à Jean-Baptiste, aucun à la sainte Vierge? Notons que Jean-Baptiste a été populaire longtemps avant Jésus et plus longtemps que lui; qu'il a eu de nombreux disciples pleins d'enthousiasme. Jean-Baptiste une fois mort, il devait, dans le système de Renan, ressusciter aussi bien que Jésus pour les mêmes raisons. De lui aussi Renan devrait pouvoir écrire : « *Ce maître adoré avait rempli durant des années le petit monde qui se groupait autour de lui de joie et d'espérance; consentirait-on à le laisser pourrir au tombeau?* » (*Les Apôtres,* p. 3), etc. Et la

---

(1) *Les Apôtres,* p. 257.

sainte Vierge, consentirait-on à la laisser sans visions, sans miracles, dans une obscurité si profonde? Dans le système de Renan cela était impossible. Cela ne s'explique que par la pleine historicité des Évangiles, même dans leur côté surnaturel.

Quoi qu'il en soit, ce qui, selon Renan, achève de tromper, c'est l'illusion produite même sur des hommes très recommandables par de « prétendus prodiges tenus pour des dons de l'Esprit. L'ignorance rendait tout possible à cet égard. Ne voyons-nous pas de nos jours des personnes honnêtes, mais auxquelles manque l'esprit scientifique, trompées d'une façon durable par les chimères du magnétisme et par d'autres illusions (1) »?

Voilà par quels principes généraux Renan résout la grande question des miracles; il faut voir maintenant comment ces principes s'adaptent à chaque fait particulier pour l'expliquer.

Une première remarque à faire c'est que Renan, dans la nécessité de forcer les textes évangéliques à cadrer avec son système préconçu, est comme contraint lui-même à les arranger à sa fantaisie. Il retranche, il ajoute, il interprète, travestit jusqu'à ce qu'il soit arrivé à mettre en saillie, ou du moins à laisser entrevoir l'illusion ou la tromperie dont il a besoin pour expliquer le miracle. Ce n'est pas trop s'avancer de dire qu'aucun lecteur, même incrédule, ne pourrait, à première vue, distinguer, dans un texte évangélique, ce que Renan saura y découvrir, ce dont il croit avoir besoin pour rendre le fait surnaturel acceptable à « un esprit cultivé ». Le travail de Renan n'est pas œuvre d'histoire ou de critique, c'est plutôt une œuvre d'art. Souvent il a reproché aux talmudistes, aux évangélistes, à Jésus lui-même (2) et plus tard aux exégètes catholiques, la facilité

____

(1) *Les Apôtres*, p. 104-105.

(2) « Une vaste exégèse allégorique s'appliquait à tous ces livres (de l'Ancien Testament) et cherchait à en tirer ce qui n'y est pas... Jésus

avec laquelle ils s'emparent d'un mot isolé d'un psaume ou d'un passage de l'Ancien Testament, pour y voir la réalisation d'une prophétie, et en faire la base d'un dogme de la loi nouvelle. Certes, si quelqu'un peut faire à l'exégèse catholique un reproche de ce genre, comment reconnaître ce droit à Renan? Lui-même fait, au profit de la libre pensée, l'usage le plus continuel de la méthode qu'il attribue aux autres. Voici en effet le procédé universel qu'il emploie toutes les fois qu'il se trouve en présence d'un fait surnaturel.

S'il s'agit d'un cas trop embarrassant et qui ne soit pas absolument essentiel à mettre en lumière, il le supprime, en vertu de l'axiome à son usage si franchement exprimé, dans la préface des *Apôtres,* au sujet du Livre des *Actes :* « Comment prétendre qu'on doit suivre à la lettre des documents où se trouvent des impossibilités? Les douze premiers chapitres des *Actes* sont un tissu de miracles, et une règle absolue de la critique c'est de ne pas donner place dans les récits historiques à des circonstances miraculeuses (1). » Cette « règle » lui suffit pour le dispenser de parler de nombre de faits attestés par les écrivains sacrés.

Mais s'agit-il de ceux qu'il lui faut absolument aborder, par exemple la résurrection de Jésus-Christ, la descente du Saint-Esprit, la conversion de saint Paul? Alors Renan construit, de toutes pièces, un *scenario* où tout est disposé selon son optique particulière. Aux acteurs et aux spectateurs du drame il prête des pensées, même des paroles, en contradiction absolue avec celles que rapportent les textes évangéliques. Le décor du théâtre où il fait mouvoir ses personnages a toujours pour toile de fond l'illusion, l'hallucination, la tromperie inconsciente, la bonne foi aveugle, quelque peu aidée plus d'une fois

partageait le goût de tout le monde pour ces interprétations allégoriques. *Vie de Jésus,* p. 36, 3e édit. Cf. *Les Apôtres,* p. 93.

(1) *Les Apôtres,* p. XLIII.

par une fine politique. Là où l'Évangile met une affirmation carrée, Renan lit un « on dit, on prétend, on crut ».
Là où le texte sacré fait agir un être vivant, en chair
et en os, Renan met « une vision, un rêve, une allégo-
rie, une ombre légère ». Des hommes dont il a maintes fois exalté la haute raison, le ferme bon sens, un
S. Paul, un S. Pierre, Jésus lui-même, dès qu'il s'agit
de miracles, tombent subitement au niveau des faibles
d'esprit, des vieilles femmes, des enfants superstitieux.
Ajoutons que, comme dans les drames de nos boule-
vards, il y a, dans ces scènes de haute fantaisie, pour
ajouter à l'illusion, des fantasmagories de diverses
sortes : des coups de tonnerre, des orages impétueux,
les accidents physiques, les jeux de lumière les plus
surprenants. Bref, la « science », telle que M. Renan la
conçoit et la représente, ne parvient à éliminer le surnaturel des faits qu'elle daigne admettre qu'en y intro-
duisant l'invraisemblable au premier chef, pour ne pas
dire l'extravagant : en sorte que le simple d'esprit n'est
pas celui qui croit tout uniment aux miracles de l'Évangile, mais bien plutôt celui qui accepterait les explications de Renan. Aussi ne craindrons-nous pas d'ajouter
que Renan même n'y croit guère qu'à demi ; car la simplicité d'esprit ne lui a jamais été reprochée !

A l'appui de ce que nous venons de dire étudions,
avec quelque détail, au sujet du miracle fondamental de
la Résurrection de Jésus-Christ, le récit parallèle des
Évangiles et des livres de Renan.

CHAPITRE III

La Résurrection selon Renan.

Que la croyance à la Résurrection de Jésus soit la
base de tout le Christianisme, Renan ne songe pas à
le nier : ce serait nier le soleil. Mais tout miracle étant
selon lui une illusion ou une imposture, comment a pu
s'établir la foi à un miracle qui, à lui tout seul, s'il est
prouvé, justifie et rend vraisemblables tous les autres?

L'explication, la voici résumée en une seule phrase :
tous les prétendus témoins de la Résurrection, Madeleine, les saintes femmes, les disciples d'Emmaüs, Pierre
et Jean, Thomas l'incrédule, les cinq cents disciples,
enfin S. Paul, tous, sans exception aucune, ont été victimes d'illusions, d'hallucinations purement subjectives.
Ils ont cru voir et n'ont point vu ; ils ont cru entendre
et n'ont point entendu ; ils se sont figuré qu'ils touchaient et ils ne touchaient que le vide ; ils se sont persuadé qu'ils buvaient et mangeaient avec Jésus ressuscité, ils n'ont bu et mangé qu'avec un fantôme de leur
imagination, c'est-à-dire avec personne. Et cette vision
qu'ils prenaient pour une réalité, ils y ont cru comme à
Dieu même ; ils l'ont prêchée à toute la terre, bien plus,
sans aucun intérêt d'aucune sorte et au contraire en
sacrifiant tous leurs intérêts réunis, repos, réputation,
santé, famille, patrie, ils sont allés au-devant de la mort
pour elle ; la plupart ont péri dans les supplices, et c'est
sur cette illusion, ainsi propagée avec une bonne foi qui

allait jusqu'à la démence, que repose tout l'édifice de
cette religion chrétienne qui a changé le monde.

Telle est la thèse de Renan ou de la « science », ce qui,
à ses yeux, est la même chose.

Voyons maintenant comment il l'établit. Il faut pour
qu'elle devienne vraisemblable que les témoins de la
résurrection, si divers, si nombreux qu'ils soient et en
dix circonstances différentes, se soient tous rencontrés
dans un même état d'esprit qui leur fait voir, entendre
et dire la même chose. Comment cette identité d'impression et d'affirmations a-t-elle pu se produire?

Peut-être la raison première en sera-t-elle que Jésus
avait annoncé maintes fois et sa mort et sa résurrection.
En effet les Évangiles sont unanimes à le dire. Ils ajoutent même, ce qui est d'une vraisemblance absolue, que
les apôtres ne comprenaient rien ni aux lugubres prophéties du Calvaire, ni à leur triomphante revanche :
aussi, c'est toujours l'Évangile qui parle, ils refusèrent
tout d'abord de croire aux témoignages des saintes
femmes, et se décidèrent avec peine à s'en rapporter aux
attestations de leurs propres yeux et de leurs propres
oreilles. Eh bien, selon Renan, il n'est pas vrai que Jésus ait « jamais dit bien clairement qu'il ressusciterait
en sa chair (1) ». Ce qui a prédisposé les apôtres à croire
le miracle, c'est un état particulier d'esprit, où les fit
entrer tout naturellement l'amour enthousiaste qu'ils
avaient pour leur maître adoré : ce maître, pour le
rappeler en passant, que tous, trois jours auparavant,
avaient abandonné, que le premier d'entre eux, celui
qui l'aimait le plus, avait renié trois fois. N'importe :
une fois Jésus mort et le danger passé, ils sont saisis
d'une telle fièvre d'amour que « plutôt que d'abdiquer
l'espérance de le revoir vivant, ils feront violence à
toute réalité ». Cela allait de soi selon Renan. Une telle

(1) *Les Apôtres*, p. 1.

croyance était si naturelle, que la foi des disciples aurait suffi pour la créer de toutes pièces. « La mort est
chose si absurde quand elle frappe l'homme de génie
ou l'homme d'un grand cœur, que le peuple ne croit pas
à la possibilité d'une telle erreur de la nature. Les héros
ne meurent pas. La vraie existence n'est-elle pas celle
qui se continue pour nous au cœur de ceux qui nous
aiment? Ce maître adoré avait rempli, durant des années,
le petit monde qui se pressait autour de lui de foi et
d'espérance; consentirait-on à le laisser pourrir au
tombeau? Non; il avait trop vécu dans ceux qui l'entouraient pour qu'on n'affirmât pas, après sa mort, qu'il
vivait toujours (1). »

« La journée qui suivit l'ensevelissement de Jésus,
Renan l'affirme, fut remplie par ces pensées. » Aussi
« un homme pénétrant aurait pu annoncer, dès le
samedi, que Jésus revivrait. La petite société chrétienne,
ce jour-là, opéra le véritable miracle; elle ressuscita
Jésus en son cœur par l'amour intense qu'elle lui porta.
Elle décida que Jésus ne mourrait pas... Et maintenant,
qu'un fait matériel insignifiant permette de croire que
son corps n'est plus ici-bas et le dogme de la Résurrection est fondé pour l'éternité ». Le fait insignifiant
ce sera l'enlèvement du corps de Jésus que Renan ne
prend pas la peine d'expliquer, et qu'il trouve sans doute
aussi tout naturel.

Voilà donc toute la clef du mystère. Là où le chrétien
voit un fait surnaturel autant qu'historique, Renan voit,
avant tout, comme la semence qui fait lever le blé, une
idée toute subjective, un état psychologique morbide
qui germe « tout naturellement » chez les disciples de
Jésus au lendemain de sa mort et qui affectera successivement tous ceux qui se porteront comme témoins de
sa résurrection. Suivez dans Renan le développement et

____

(1) *Les Apôtres*, p. 3.

les phases diverses de cette contagion si féconde en résultats extraordinaires.

Le premier de ces témoins, c'est Marie-Madeleine.
Elle a vu le Sauveur : il lui a parlé, elle l'a reconnu;
elle a voulu lui baiser les pieds; car, selon l'Évangile,
il s'agit d'un être bien réel. Non, affirme Renan; ce n'est
qu'une apparence. « La vision légère s'écarte et lui dit :
Ne me touchez pas! Peu à peu l'ombre disparaît (1). »

Délire de femme! selon Renan. Les apôtres, au premier abord, sont de cet avis. Ils la prennent pour une
folle et refusent de croire avant d'avoir vu : ce qui prouve
tout de suite, contre Renan, que les apôtres n'étaient
nullement possédés de cette pensée préconçue que le
maître adoré ne pouvait pas mourir.

Voici maintenant les disciples d'Emmaüs. Tout le
monde a présent à l'esprit le merveilleux récit de S. Luc :
sa netteté, sa précision, le dialogue, d'une vraisemblance
si parfaite, entre les deux disciples et le mystérieux
voyageur qui vient s'adjoindre à eux et qui leur explique
les Écritures. L'Évangile dit formellement qu'ils « re-
connurent Jésus », et que celui-ci, cette reconnaissance
faite, disparut à leurs yeux. Cette fois-ci ce ne sont plus
des femmes; ce n'est plus le cœur exalté d'une Madeleine. N'importe : tout cela, hallucination ! Les disciples
d'Emmaüs n'ont vu qu'un fantôme de leur imagination.

Mais ce n'est pas tout. S. Luc, que Renan a le tort de
ne pas lire jusqu'au bout, nous apprend que les disciples
d'Emmaüs, rentrant le soir même à Jérusalem, trouvent
les apôtres réunis. Ceux-ci leur affirment que Jésus est
vraiment ressuscité et s'est montré à Pierre. Les voya-
geurs d'Emmaüs racontent de leur côté ce qui leur est
arrivé. Ils parlaient encore lorsque « Jésus, dit S. Luc,
apparaît debout au milieu d'eux et leur dit : La paix soit

(1) *Les Apôtres*, p. 11.
(2) Luc, xxiv, 34-41.

avec vous ! C'est moi, ne craignez point. Tout troublés et effrayés, ils s'imaginaient voir un fantôme. Et il leur dit : Pourquoi ce trouble? quelles pensées agitent vos cœurs? Voyez mes mains et voyez mes pieds : c'est bien moi ; touchez et regardez, un fantôme n'a pas de la chair et des os comme vous voyez bien que j'en ai. Et en disant cela il leur montrait ses mains et ses pieds. Et comme, dans leur joie, ils ne pouvaient encore croire à cette merveille, il leur dit : Avez-vous ici quelque chose à manger? Ils lui offrirent alors un morceau de poisson rôti et un rayon de miel. Et lorsqu'il eut mangé en leur présence, il prit les restes et les leur donna ».

A quiconque lira ce passage sans idée préconçue, il apparaîtra clairement que, si les apôtres ont une crainte, c'est celle d'être trompés. Ils se défient de leur imagination avec un bon sens parfait; ils se refusent à accepter sans conteste le témoignage de leurs yeux; ils se défient de l'élan de leur cœur. De son côté, le Sauveur trouve les hésitations des apôtres si naturelles, si fondées en raison — car il s'agit du plus surnaturel, du plus incompréhensible de tous les miracles — qu'il va au-devant de leur préoccupation et leur montre, par tous les moyens connus, réunis à la fois, qu'il a vraiment repris le corps que les disciples ont vu trois jours avant livré au supplice : il se fait voir, entendre, toucher; bien plus, il mange et boit devant eux et avec eux. Que peut-on inventer de plus? Comment réunir un ensemble plus complet de preuves destinées à démontrer que Jésus n'est pas une ombre et que les apôtres ne sont pas des hallucinés?

Voici cependant comment Renan interprète ce passage : il faut le citer textuellement. Après que les deux disciples d'Emmaüs sont entrés dans le Cénacle et ont raconté leur aventure, « l'imagination de tous se trouva vivement excitée. Les portes étaient fermées, car on redoutait les Juifs. Les villes orientales sont muettes après le coucher du soleil. Le silence était donc par moments très profond à l'intérieur ; tous les petits bruits qui se produisent par hasard étaient interprétés dans le sens de l'attente universelle. L'attente crée d'ordinaire son objet. Pendant un instant de silence, quelque léger souffle passa sur la face des assistants. A ces heures décisives, un courant d'air, une fenêtre qui çrie, un murmure fortuit, arrêtent la croyance des peuples pour des siècles. En même temps que le souffle se fit sentir, on crut entendre des sons. Quelques-uns dirent qu'ils avaient discerné le mot *Schalom*, « bonheur » ou « paix ». C'était le salut ordinaire de Jésus et le mot par lequel il signalait sa présence. Nul doute possible ; Jésus est présent ; il est là dans l'assemblée. C'est sa voix chérie, chacun la reconnaît. Cette imagination était d'autant plus facile à accepter que Jésus leur avait dit que toutes les fois qu'ils se réuniraient en son nom il serait au milieu d'eux. Ce fut donc une chose reçue que, le dimanche soir, Jésus était apparu devant ses disciples assemblés. Quelques-uns prétendirent avoir distingué dans ses mains et ses pieds la marque des clous, et dans son flanc la trace des coups de lance (1) ».

Ce serait, je crois, manquer de respect à nos lecteurs que d'insister sur le violent contraste qui existe entre la netteté, la simplicité du récit évangélique et la tournure alambiquée, les explications étranges, les floritures puériles, les substitutions audacieuses du commentaire qui a pour objet d'en faire disparaître le surnaturel. Faut-il ajouter que ce n'est pas une fois, mais jusqu'à trois et quatre fois que les pages sacrées font allusion aux circonstances où le Sauveur ressuscité a bu et mangé, conversé avec ses disciples (2) et que chaque fois Renan ne tient nul compte de ces affirma-

(1) *Les Apôtres*, 21-23.
(2) Joan., xxi, 13, et I Joan., *init.*, Act., x, 40-41.

tions, les passe sous silence ou les interprète avec le même sans-façon?

Mais voici qui achève de montrer à quelle extrémité est réduit l'auteur de la *Vie de Jésus*, pour éliminer de l'Évangile et de l'histoire les preuves du fait surnaturel de la Résurrection.

Il juge à propos de ne faire qu'une mention sommaire de l'incident si caractéristique, si décisif de l'incrédulité de S. Thomas. Citons d'abord le texte sacré, bien qu'il soit dans toutes les mémoires.

Aux apôtres qui lui racontent qu'ils ont vu le Sauveur ressuscité, Thomas répond : « Si je ne vois dans ses mains la trouée des clous, si je ne mets mon doigt sur la trace des clous, si je ne mets ma main sur la blessure de son côté, je ne croirai pas. Or huit jours après, les disciples étaient de nouveau réunis et Thomas avec eux. Jésus vint, les portes fermées, et se tenant au milieu d'eux leur dit : La paix soit avec vous. Puis il dit à Thomas : Mets là ton doigt et regarde mes mains; mets ta main dans la plaie de mon côté et ne sois plus incrédule, mais fidèle. Alors Thomas répondit : Mon Seigneur et mon Dieu! Alors Jésus : Parce que tu m'as vu, Thomas, tu as cru : heureux ceux qui ne m'ayant pas vu ont cru cependant (1)! »

Jusqu'à Renan tous les commentateurs, entre autres arguments pour prouver la rationalité de la foi catholique, c'est-à-dire de la foi au surnaturel, alléguaient l'incrédulité de S. Thomas vaincu par l'évidence. Voyez, disent-ils, comme Dieu a voulu que notre foi fût solidement établie sur des motifs de crédibilité invincible : il n'a permis l'incrédulité obstinée, énergique, de S. Thomas, que pour laisser sans excuse ceux qui persisteraient à croire que le fait de la Résurrection est une pure imagination de femmes en délire. Sans doute

______

(1) Joan., xx, 25-30.

Thomas, en refusant de croire au témoignage irrécusable des autres disciples, a commis une faute heureuse par le résultat prévu et voulu de Dieu. Ce résultat considérable est celui-ci : tous les apôtres chargés de prêcher l'Évangile pourront, sans aucune exception, se dire, se proclamer témoins de ce fait fondamental : la Résurrection ; tous pourront dire comme S.-Pierre : « Ce n'est point en nous attachant à de sottes fables (comme les systèmes imaginés par les philosophes) que nous vous avons fait connaître la vertu et la puissance de Notre-Seigneur Jésus-Christ, mais c'est en notre qualité de témoins oculaires de sa grandeur, *speculatores facti illius magnitudinis* (1). » Tous pourront dire avec S. Jean : « Ce que nous avons entendu, ce que nous avons vu de nos yeux, ce que nous avons considéré attentivement, ce que nos mains ont touché du Verbe de vie ; cette vie éternelle qui était au sein du Père et qui nous est apparue, ce que nous avons vu et entendu, c'est là ce que nous vous annonçons (2). » Ainsi l'acquiescement que nous vous demandons n'a rien d'aveugle, d'irréfléchi. Il est fondé sur de telles autorités que tout homme de bon sens et de bonne foi doit s'y rendre. Thomas a été justement, quoique tendrement repris par le Sauveur, pour avoir été trop lent à croire à des témoignages suffisants ; mais nous, nous serions moins excusables que S. Thomas puisque nous avons le témoignage de Thomas lui-même. Bienheureux ceux qui croient sans avoir exigé de voir, comme Thomas, non à cause de leur crédulité, mais à cause de la simplicité et de la droiture de leur cœur.

Voilà les réflexions universellement suggérées par l'épisode de l'incrédulité de S. Thomas.

Écoutons maintenant Renan.

« L'apôtre Thomas, qui ne s'était pas trouvé à la

(1) II Petr., i, 16.
(2) I Joan., i, 3.

réunion du dimanche soir, *avoua qu'il portait quelque envie* à ceux qui avaient vu la trace de la lance et des clous. *On dit* que huit jours après il fut satisfait. Mais il en resta sur lui une tache légère et comme un doux reproche. *Par une vue instinctive d'une exquise justesse, on comprit que l'idéal ne veut pas être touché avec les mains, qu'il n'a pas besoin de subir le contrôle de l'expérience. Noli me tangere* est le mot de toutes les grandes amours. Le toucher ne laisse rien à la foi ; l'œil, organe plus pur et plus noble que la main, l'œil que rien ne souille et par qui rien n'est souillé, devient même bientôt un témoin superflu (1).

« Le dicton « *Heureux ceux qui n'ont pas vu et qui ont cru* », devint le mot de la situation. On trouva quelque chose de plus généreux à croire sans preuve. Les vrais amis de cœur ne voulurent pas avoir eu de vision, de même que plus tard S. Louis refusait d'être témoin d'un miracle eucharistique pour ne pas s'enlever le mérite de la foi. Ce fut dès lors, en fait de crédulité, une émulation effrayante et comme une sorte de surenchère. Le mérite consistant à croire sans avoir vu, la *foi à tout prix*, la *foi gratuite*, la *foi allant jusqu'à la folie* fut exaltée comme le premier des dons de l'âme. Le *credo quia absurdum* est fondé, la loi des dogmes chrétiens sera une étrange progression qui ne s'arrêtera devant aucune impossibilité. Une sorte de sentiment chevaleresque empêchera de regarder jamais en arrière. *Les dogmes les plus chers à la piété, auxquels elle s'attachera avec le plus de frénésie, seront les plus répugnants à la raison,* par suite de cette idée touchante que la valeur morale de la foi augmente en proportion de la difficulté de croire, et qu'on *ne fait preuve d'aucun amour en admettant ce qui est clair* (2). »

---

(1) Quels raffinés que ces apôtres, pauvres pêcheurs de la Galilée ! Jamais l'hôtel de Rambouillet n'aurait trouvé cela !

(2) *Les Apôtres*, p. 21-25.

Évidemment Renan est le premier qui ait parlé en termes pareils de la nature et du mérite de la foi. Je veux bien lui épargner les textes absolument unanimes des théologiens qui, tous, interprètent le *rationabile obsequium* de S. Paul en ce sens que la foi, pour s'établir dans une intelligence, qui l'ignore, doit faire appel à la raison ; qu'elle est tenue rigoureusement de lui montrer la crédibilité de ses dogmes, de faire briller aux yeux de l'âme où elle veut entrer l'évidence des témoignages sur lesquels elle repose. L'Église n'a que faire des fous, des hallucinés, des visionnaires. Elle n'a jamais consenti à fonder aucun de ses dogmes, même sur les visions les plus autorisées des saints qu'elle a canonisés. Et cet appel à la raison et à la conscience pour établir la foi, c'est dans l'Évangile même que je le trouve, dans ces pages où Renan est si habile à découvrir ce qui n'y est pas, pour se dispenser de voir ce que tout le monde y avait vu jusqu'à lui. Sans doute il est très vrai que Jésus ressuscité a fait à S. Thomas, pour notre utilité à nous, un doux reproche de sa lenteur à croire. Mais avant sa mort, alors qu'il s'agissait de convertir les Pharisiens et les Scribes orgueilleux, ce même Jésus avait déchargé expressément de toute obligation de croire, de tout péché d'incrédulité, ceux qui sont « aveugles » sans leur faute, ceux qui n'ont ni entendu sa parole ni vu ses miracles. Aux Pharisiens qui, même après une enquête conduite par eux-mêmes, refusent de croire au miracle de la guérison de l'aveugle-né, il dit tout nettement : « Si vous étiez aveugles, vous *seriez sans péché*. Mais vous dites : nous voyons, c'est pourquoi votre péché demeure (1). » Et ailleurs : « Si je n'étais pas venu et que je ne leur eusse pas parlé *ils seraient sans péché*, mais maintenant leur péché est sans excuse. Si je n'avais pas fait pour eux des œuvres qu'aucun autre n'a jamais

____

(1) Joan., ıx, 41.

faites, *ils seraient sans péché, mais ils les ont vues* et cependant ils me haïssent moi et mon père. C'est l'accomplissement d'une parole écrite dans la loi : *Ils m'ont haï
sans sujet* (1). » Est-ce là le ton d'un prophète moitié
halluciné, moitié imposteur, qui s'adresse à des hallucinés et a besoin, pour être cru, du fanatisme qu'il
provoque? Et ne croit-on pas rêver quand on rapproche
du texte évangélique l'assertion de Renan qui voit
dans ces mêmes pages où, avec tout le monde, nous
trouvons un appel à la foi raisonnable, fondée sur l'évidence des témoignages, « l'exaltation » prêtée à l'Église
« de la foi à tout prix, de la foi gratuite, de la foi allant
jusqu'à la folie » ?

(1) Joan., xv, 24-27.

CHAPITRE IV

**Le don des langues, les dons du Saint-Esprit, et la
conversion de S. Paul selon Renan.**

Après la résurrection de Jésus-Christ, les miracles les
plus éclatants du Nouveau Testament, ceux sur lesquels
repose, avec le plus d'évidence, le caractère surnaturel
de la Révélation, sont la descente du Saint-Esprit, avec
le don des langues et la conversion de S. Paul. Renan
ne pouvait se soustraire à un essai d'explication de ces
deux grands faits ni, à plus forte raison, les nier ou les
passer sous silence. Voyons comment, pour en éliminer
le surnaturel, il y a appliqué sa méthode.

Lisons d'abord le texte du Nouveau Testament. Notre-
Seigneur avait promis à ses apôtres, avant de les quitter,
qu'il leur enverrait son esprit, l'esprit consolateur, l'esprit qui devait achever d'éclairer leur intelligence et leur
donner la force de prêcher sa doctrine. L'Esprit-Saint,
demeurant en eux, se ferait connaître par des signes
sensibles, inspirerait leurs paroles et leur révélerait l'a-
venir (1). Mais Notre-Seigneur n'avait, en aucune façon,
laissé entendre sous quelle forme devait se réaliser cette
effusion de l'Esprit d'en haut : « *Je vous ai donné le*
« *baptême de l'eau, mais vous serez baptisés avant peu*
« *du baptême de l'Esprit-Saint* (2), » leur avait-il dit,
avant de monter au ciel. Or, « dix jours après, le jour de

(1) Joan., xiv, 17, 26 ; xvi, 13.
(2) Act., i, 15.

2.

la Pentecôte, ils étaient tous ensemble dans le même lieu. Et il se fit tout à coup, du ciel, un bruit pareil à celui d'un vent qui arrive avec véhémence, et il remplit toute la maison où ils étaient assis. Et il leur apparut des langues comme de feu, qui, se partageant, se posèrent sur chacun d'eux. Et ils furent tous remplis de l'Esprit-Saint et ils commencèrent à parler diverses langues, selon que le Saint-Esprit leur donnait de parler (Act., ii, 1-4). »

On voit dans ce texte, distinctement, trois choses : 1º qu'il s'agit d'un bruit tout miraculeux, semblable à celui d'un vent violent, mais qui en diffère en ce sens du moins que rien ne pouvait le faire prévoir, et qu'il se fait sentir dans l'intérieur même de la maison où étaient les disciples.

2º Il est question, en second lieu, de langues de feu qui, très distinctement, après s'être partagées, comme au sortir d'un globe central, vont reposer sur la tête de chacun des assistants en particulier.

3º Enfin, l'effet de cette apparition miraculeuse se fait immédiatement sentir. Tous, subitement, sans transition, sont devenus capables de parler des langues qu'ils n'ont jamais apprises.

Il est clair qu'une telle transformation, opérée ainsi instantanément, sans rien qui la prépare, dans de telles circonstances, est absolument contraire à toutes les lois de la nature, et rebelle à toute explication scientifique. Il faut nécessairement ou nier le fait ou, si on l'admet, y voir un fait miraculeux, surnaturel au premier chef.

A présent, écoutons Renan. D'abord, comme toujours, en artiste habile, il arrange la scène, il prépare le lecteur en rapetissant les esprits des apôtres aux proportions nécessaires pour loger toutes les crédulités, toutes les hallucinations. « Petits, étroits, inexpérimentés, ils l'étaient autant qu'on peut l'être. Leur simplicité était extrême, leur crédulité n'avait pas de bornes (1). La même obsession qui leur avait fait croire *à priori* à la résurrection de Jésus-Christ leur persuadait maintenant qu'ils allaient recevoir l'Esprit-Saint et cela sous la forme d'un souffle mystérieux... La passion avaient atteint dans ces âmes un degré d'énergie pour nous inconcevable. Les juifs de ce temps nous paraissent de vrais possédés, chacun obéissant comme un ressort aveugle à l'idée qui s'est emparée de lui. Les hallucinations surtout étaient très fréquentes parmi des personnes aussi nerveuses et aussi exaltées. Le moindre courant d'air, accompagné d'un frémissement, au milieu du silence, était considéré comme le passage de l'esprit. »

Après avoir ainsi préparé son lecteur par ce tableau tout de fantaisie, dont le texte sacré ne donne pas la moindre idée, Renan arrive enfin au fait rapporté par S. Luc, et voici comme il le présente :

« Entre toutes ces « descentes de l'Esprit » qui paraissent avoir été assez fréquentes, il y en eut une qui laissa dans l'Église naissante une profonde impression. Un jour que les frères étaient réunis, un orage éclata. Un vent violent ouvrit les fenêtres ; le ciel était en feu. Les orages en ces pays sont accompagnés d'un prodigieux dégagement de lumière, l'atmosphère est sillonnée de toutes parts de gerbes de flamme. Soit que le fluide électrique ait pénétré dans la pièce même, soit qu'un éclair éblouissant ait subitement illuminé la face de tous, on fut convaincu que l'Esprit était entré et qu'il s'était épanché sur la tête de chacun, sous forme de langues de feu (2). »

L'effet de ce fluide électrique, de cet éclair éblouissant, fut prodigieux, tellement prodigieux qu'on pourrait accuser Renan d'introduire le miracle dans l'histoire, là même où il sue sang et eau pour l'exclure.

(1) *Les Ap.*, p. 57.
(2) *Les Ap.*, 57-62.

Écoutez plutôt : « *On* fut convaincu que Dieu avait voulu signifier ainsi qu'il versait sur ses apôtres ses dons les précieux d'éloquence et d'inspiration... *On* crut la prédication de l'Évangile affranchie de l'obstacle que créait la diversité des idiomes. *On* se figura que, dans quelques circonstances solennelles, les assistants avaient entendu la prédication apostolique chacun dans sa propre langue... Bientôt, du reste, le don des langues se transforme considérablement et aboutit à des effets plus étranges. L'exaltation des têtes amène l'extase et la prophétie. Dans ces moments d'extase, le fidèle, saisi par l'Esprit, proférait des sons inarticulés et sans suite, qu'on prenait pour des mots en langue étrangère et qu'on cherchait vainement à expliquer. D'autres fois on croyait que l'extatique parlait des langues nouvelles et inconnues jusque-là, ou même la langue des anges (1). »

Renan consacre encore plus d'une page à rapprocher le miracle de la Pentecôte de tous les phénomènes d'exaltation religieuse, d'extravagances mystiques, d'hallucinations hystériques dont l'histoire fait mention. Son appréciation générale peut se résumer ainsi : les Apôtres au Cénacle ont pris pour un feu céleste le phénomène tout naturel d'un éclair, dans un violent orage. Ils ont cru unanimement parler des langues qu'ils n'avaient jamais apprises; en réalité ils n'ont fait que bégayer, dans une sorte d'extase folle, des sons inarticulés. Parmi les témoins et auditeurs de cette scène, beaucoup ont cru comprendre, sur les lèvres des Apôtres, le langage de leur propre pays, mais, chose bizarre, — quoique eux-mêmes ne pussent se flatter d'avoir reçu le Saint-Esprit, — eux aussi ont été hallucinés ! Il n'y eut de raisonnables, dans cette foule, que ceux qui s'écrièrent en voyant l'enthousiasme des Apôtres : Voilà des gens qui sont ivres !

(1) *Ibid.*, 63-67, *pass.*

Rouvrons maintenant le saint livre que M. Renan croit interpréter scientifiquement et qui est la seule base de son récit. Au sortir du Cénacle, Pierre prend la parole, Pierre qui, selon Renan, doit être mis au premier rang parmi les esprits « étroits, petits, inexpérimentés, d'une crédulité sans bornes », qu'il nous a signalés tout à l'heure. Or voici comment s'exprime cet halluciné : « Non, ces hommes ne sont pas ivres... mais vous voyez ici l'accomplissement de la prophétie de Joël? *Il arrivera dans les derniers jours*, dit le Seigneur, *que je répandrai de mon esprit sur toute chair...* Hommes d'Israël, écoutez ces paroles. Jésus de Nazareth, homme autorisé de Dieu parmi vous par les miracles, les prodiges et les signes que Dieu a faits par lui au milieu de vous, comme vous le savez vous aussi, lui qui, d'après le conseil arrêté et la prescience de Dieu, vous a été livré et que vous avez mis à mort, en le crucifiant par la main des méchants, Dieu l'a ressuscité... ce Jésus, Dieu l'a ressuscité et nous en sommes tous témoins. Élevé au ciel par la droite de Dieu et ayant reçu de son Père la promesse de l'Esprit-Saint, il a répandu cet esprit que vous voyez et que vous entendez (1). »

En lisant ces paroles si fermes, si merveilleusement appropriées à l'auditoire, affirmant le surnaturel sans aucune emphase, avec une simplicité si achevée, on se demande quelle sorte de rapprochement on peut raisonnablement faire entre le prince des apôtres, portant la parole au nom de tous ses frères du Cénacle, groupés silencieusement derrière lui, avec un halluciné quelconque, organe d'une assemblée d'hallucinés. Les commentateurs ont fait ressortir avec soin la singulière habileté de ce langage. Pierre ne parle pas de la divinité de Jésus à ses auditeurs, ils ne la comprendraient pas ; il invoque des prophéties que tous connaissent, qui leur

____
(1) Act., II, 22-33.

sont familières ; il leur rappelle ce que tous ont vu, ce qu'ils savent, que Jésus le crucifié était de Nazareth, qu'il a fait devant eux, sous leurs yeux, ou plutôt — ce qui est la définition exacte et précise du fait surnaturel — que, par lui, Dieu a accompli des miracles et des prodiges éclatants. Pas plus que Jésus lui-même dans ses discours il ne demande une foi aveugle : il fait appel au témoignage des yeux et enfin, en se portant garant avec tous ses frères du plus grand des miracles, de celui de la Résurrection, il va sûrement au-devant des colères des Pharisiens, des persécutions, de la mort.

En vérité la démonstration morale nous semble complète : ou il faut nier résolument le récit du Nouveau Testament et le déclarer apocryphe d'un bout à l'autre, ou il faut l'accepter comme l'expression exacte de la vérité. Quant à l'explication de Renan, elle ne supporte pas l'examen.

Mais, d'autre part, si, contre toute critique, on consent à faire du récit des Actes une invention pure, quel homme de génie que ce pseudo-évangéliste qui aura réussi à donner une telle vraisemblance à la fiction, qui aura pu faire croire ces prodiges, les populariser sous tous les climats et, prodige cent fois plus grand, aboutir à faire embrasser et pratiquer, par tant de générations, les vertus surhumaines qui en découlent ! Ici revient invinciblement le mot de J.-J. Rousseau. « Non : ce c'est pas ainsi qu'on invente, car l'inventeur serait plus étonnant que le héros ! »

La seule explication vraiment scientifique de ces faits surnaturels est donc de les admettre purement et simplement tels qu'ils sont, et de les considérer comme divins.

Reste enfin le troisième miracle éclatant qui a eu sur la propagation du Christianisme une importance si décisive. Je veux parler de la conversion de S. Paul. Renan, pour l'expliquer, procède exactement de la même

manière. Inutile donc de s'y arrêter longuement. Paul
est un exalté, « *sa constitution n'était pas saine...* la froi-
deur complète de son tempérament, conséquence des
ardeurs sans égales de son cerveau, se montre par
toute sa vie (1) ». Renan sait, à n'en pas douter, que
si, sur le chemin de Damas, « Paul trouve des visions
terribles, c'est que déjà il les portait dans son esprit.
Chaque pas qu'il faisait vers Damas éveillait en lui de
cuisantes perplexités. L'odieux rôle de bourreau qu'il
allait jouer lui devenait insupportable... C'est l'état
d'âme de S. Paul, ce sont ses remords, à l'approche de
la ville où il va mettre le comble à ses forfaits, qui furent la vraie cause de sa conversion. Je préfère beaucoup, pour ma part, l'hypothèse d'un fait personnel à
S. Paul et senti de lui seul. Il n'est pas invraisemblable
cependant qu'un orage ait éclaté tout à coup. Les flancs
de l'Hermus sont le point de formation de tonnerres
dont rien n'égale la violence. Pour les Juifs en particulier le tonnerre était toujours la voix de Dieu, l'éclair, le
feu de Dieu. Paul était sous le coup de la plus vive exci-
tation. Il *était naturel* qu'il prêtât à la voix de l'orage ce
qu'il avait dans son propre cœur. Qu'un délire fiévreux,
amené par un coup de soleil ou une ophtalmie, se soit
tout à coup emparé de lui, qu'un éclair ait amené un long
éblouissement, qu'un éclat de foudre l'ait renversé et
ait produit une commotion cérébrale qui oblitéra pour
un temps le sens de la vue, peu importe. Les souvenirs
de l'apôtre à cet égard paraissent avoir été assez confus.
Au milieu des hallucinations auxquelles tous ses sens
étaient en proie, que vit-il, qu'entendit-il? Il vit la figure
qui le poursuivait depuis plusieurs jours. Il vit le fantôme sur lequel couraient tant de récits. Il vit Jésus lui-
même lui disant en hébreu : *Saul, Saul, pourquoi me
persécutes-tu?* Les natures impétueuses passent tout

____

(1) *Les Apôtres*, p. 171-173.

d'une pièce d'un extrême à l'autre. En quelques secondes se pressèrent dans l'âme de Paul toutes les plus profondes pensées. L'horreur de sa conduite se montra vivement à lui. Il se vit couvert du sang d'Étienne, le martyr lui apparut comme son père, son initiateur. Il fut touché à vif, bouleversé de fond en comble, mais en somme il n'avait fait que changer de fanatisme (1). »

Ainsi donc c'est une pure hallucination, produite par un affreux remords combiné avec sa nature ardente, et l'accident tout fortuit d'un coup de soleil et d'une ophtalmie, qui nous a donné S. Paul. C'est par hallucination qu'encore aveuglé par le coup de soleil, Paul s'imagine voir entrer Hananias qui doit le guérir. Hananias vient, en effet, et lui impose les mains. Le calme, à partir de ce moment, rentra dans l'âme de Paul. Il se crut guéri et, la maladie étant nerveuse, il le fut. De petites croûtes ou écailles tombèrent, dit-on, de ses yeux, il mangea et reprit des forces.

Commencée par une hallucination sans exemple, la mission de S. Paul s'appuie d'un bout à l'autre sur le souvenir de cette hallucination primitive, racontée jusqu'à trois fois dans le texte sacré (2) et toujours sans la plus légère allusion aux causes morales et physiques si minutieusement décrites par Renan ; elle sera le point de départ de nombre d'autres hallucinations. Ainsi Paul croira faire des miracles, comme tous les autres apôtres ; bien plus, il rendra hallucinés ceux qui l'approchent, tellement que des malades se croiront guéris, des possédés délivrés par lui. Je lis, entre autres choses, au livre des Actes : « *Dieu, par les mains de Paul, faisait des miracles éclatants, au point qu'on appliquait aux malades ses mouchoirs et ses ceintures, et aussitôt la maladie les quittait et les esprits mauvais étaient chassés* (3). »

(1) *Ibid.*, 170-183.
(2) Act. IX, 7 ; XXII, 6 ; XXVI, 11.
(3) Act., XIX, 11-12.

Voilà, en abrégé, toute l'explication que nous fournit
la science rationaliste des grands faits surnaturels de
l'Évangile. Voilà sur quelles bases elle s'efforce d'é-
tayer cette double affirmation : on n'a jamais pu constater aucun fait surnaturel; ceux qu'on allègue s'expliquent tous par l'illusion ou par l'imposture.

On peut dire hardiment que le procédé de Renan
en présence d'un fait miraculeux, est l'exemple communément suivi par tout savant rationaliste à qui on défère
l'examen d'un miracle. D'instinct, avant de le soumettre
à l'étude froide, impartiale, de la critique, il commence
par l'arranger, le défigurer à plaisir, quand il ne l'écarte
pas par une négation gratuite et préalable ; car il ne faut
pas oublier un moyen plus radical de se délivrer du surnaturel, auquel Renan, quoi qu'il en dise, a parfois recours, lui aussi, comme la grande majorité des rationalistes : c'est l'affirmation, passée enfin, à force d'être répétée,
à l'état d'axiome, que le surnaturel ne saurait avoir de
réalité, par la bonne raison qu'il est contradictoire et
impossible, puisque aucune intelligence et aucune force
ne saurait exister en dehors et au-dessus de l'intelligence
de l'homme et des forces de la nature.

Ces thèses ont été maintes fois l'objet des discussions
victorieuses des théologiens et des philosophes chrétiens. Nous y renvoyons volontiers le lecteur. Pour nous,
dans cette étude, nous laissons de côté toute discussion
théorique ; nous nous contenterons de rechercher si les
assertions hautaines de la science rationaliste ne trouvent
pas une réfutation inattendue dans tout un ensemble de
faits, en contradiction avec les lois les plus certaines de
la nature, aujourd'hui établis et constatés par la science
incrédule elle-même ; et de ces faits nous nous efforce-
rons de tirer et mettre en lumière les conclusions importantes, qui s'imposent à la bonne foi et à la raison.

CHAPITRE V

Les faits préternaturels contemporains.

Renan a vécu assez longtemps pour voir son système battu en brèche, non seulement par les catholiques, mais par nombre d'historiens de bonne foi; que dis-je? par des savants connus comme tels et n'ayant d'autre religion que la science, et, à ce titre, hautement honorés par l'Institut. Les « traces expérimentales » de faits extraordinaires, tenus par les catholiques pour surnaturels ou extra-naturels, et par les autres, pour des faits aussi certains qu'inexplicables ou du moins inexpliqués jusqu'à ce jour, ont été partout signalées. On pourrait faire une liste, d'une longueur raisonnable, de savants de tout ordre, même de médecins qui croient « aux revenants ».

C'est un savant français très connu, M. Charles Richer, qui a fait à notre public les honneurs de la traduction d'un livre anglais : *les Hallucinations télépathiques* (1), recueil de faits prouvant la réalité de ces phénomènes si connus dans nos vies de saints : communications d'esprit à esprit, vues à distance, paroles intérieures vérifiées par l'événement, etc. Sans doute, c'est encore là, par rapport aux vérités chrétiennes sur l'âme et

(1) Ouvrage traduit de l'anglais de MM. Gurney, Myers et Podmore, par M. Marillier. Le titre de la traduction n'est pas le vrai titre qui est celui-ci : *Les Apparitions des vivants. Phantasma of the living.* Le traducteur a eu peur sans doute d'effaroucher le lecteur français.

l'autre vie, de la « négation » ; car ces auteurs se défendent avec insistance de vouloir faire autre chose que de la science pure et de croire au surnaturel ; mais n'est-ce pas déjà un succès, pour le spiritualisme orthodoxe, de voir des savants, au nom de l'expérience, douter de leur matérialisme ? N'est-ce pas un symptôme d'un nouveau genre de voir des savants protester contre la matérialisme, non pas seulement, comme M. Brunetière et ses amis, au nom des éternels besoins de l'âme humaine, mais en se fondant sur des faits, jusqu'ici répudiés par la science précisément à cause de leur caractère surnaturel, vrai ou prétendu ? Écoutons M. Richer : « Il ne faut pas, dit-il, dédaigner une série d'expériences qui nous ouvriront peut-être — pour la première fois — une nouvelle faculté de l'intelligence, un de ces problèmes de l'*au delà* sur lesquels, depuis vingt siècles, se sont exercés sans succès les plus grands génies de l'humanité... (p. xi). C'est la première fois qu'on ose étudier *scientifiquement* le lendemain de la mort. Qui donc osera dire, sans avoir jeté les yeux sur cet ouvrage, que c'est une folie ? » (p. xii). Lisez encore ces lignes des auteurs anglais eux-mêmes : « Nous pensons que nous avons prouvé, par l'expérimentation directe, que deux esprits peuvent communiquer entre eux par des moyens que ne peuvent expliquer les lois scientifiques connues... Nos expériences suggèrent l'idée qu'il peut exister entre les esprits des relations qui ne peuvent s'exprimer en termes de matière et de mouvement, et cette idée jette une nouvelle lumière sur l'ancienne controverse entre la science et la foi (p. 7)... La vieille orthodoxie religieuse était trop étroite pour contenir la science de l'homme, la nouvelle orthodoxie matérialiste est trop étroite à son tour pour contenir ses aspirations et ses sentiments. Le moment est venu de s'élever au-dessus du point de vue matérialiste. »

Le même M. Richer parlant des faits de somnambulisme, niés pendant près d'un siècle par l'Académie de médecine, n'a pas craint d'écrire, dans la *Revue des Deux-Mondes*, ce que nous écririons nous-même en tête de la présente étude :

« Quoiqu'il y ait là toute une série de faits positifs, démontrés et faciles à vérifier, il se trouve encore bon nombre de médecins qui n'en admettent pas la réalité et qui, au seul mot de somnambulisme, se contentent de sourire, comme s'il ne s'agissait que d'une colossale déception. Tous les savants, tous les médecins, qui se sont adonnés à cette étude, auraient donc été victimes de la même inexplicable fourberie!... Mais parce que nous ignorons la cause des phénomènes, ce n'est pas une raison pour en nier l'existence (1). »

Avec la même bonne foi M. Pierre Janet, abordant la question du spiritisme dans son livre sur *l'Automatisme psychologique*, s'exprime ainsi (p. 386) :

« Le scepticisme dédaigneux qui consiste à nier tout ce qu'on ne comprend pas et à répéter partout et toujours les mots de supercherie et de mystification n'est pas plus de mise ici qu'à propos des phénomènes du magnétisme animal. Le mouvement qui a provoqué la fondation d'une cinquantaine de journaux différents en Europe, qui a inspiré les croyances d'un nombre considérable de personnes, est loin d'être insignifiant. Il est trop général et trop persistant pour être dû à une simple plaisanterie locale et passagère. »

Les deux savants de notre pays, auquel on pourrait en joindre beaucoup d'autres, se font l'écho, en parlant ainsi, des savants anglais qui, en ce temps même, donnent un grand exemple aux savants de tous les pays. Avec une entière bonne foi, exempte de tous préjugés, ils ont entrepris l'étude, tenace et persévérante, de tout cet ordre de faits rejetés jusqu'ici en bloc par l'orgueil

____

(1) *Revue des Deux-Mondes*, 15 janvier 1880, p. 371-372.

rationaliste : faits qui, malgré tout, s'imposent à l'examen de tout homme sérieux par la masse énorme des témoignages sur lesquels ils reposent. Ces savants se sont formés en société (*Society of psychical research*) et comptent dans leurs rangs les plus grands noms de l'Angleterre. Ils publient une revue mensuelle qui en est à son neuvième volume. Parmi les savants dont les travaux y sont présentés et discutés, je me contenterai de nommer le célèbre William Crookes, ce grand chimiste, un inventeur, un homme qui fait autorité en Angleterre, comme Pasteur en France. Comme pour Pasteur, les travaux de M. Crookes ont été adoptés par la science universelle, et il n'y a plus un manuel de chimie qui ne donne une place à ses découvertes. Or M. Crookes n'a pas craint de publier le résultat de ses expériences sur la réalité scientifique de certains phénomènes, aussi parfaitement démontrés qu'ils sont parfaitement en contradiction avec les lois de la nature et les données les plus certaines de la science. Mais laissons parler M. Crookes lui-même ; on verra si nous avons affaire à un enthousiaste, à un rêveur superstitieux ou ignorant, et non à un vrai savant, froid, sec, exact et qui dit ce qu'il voit, ce qui lui a été démontré mathématiquement, sans commentaire et sans phrases (1).

« Les divers phénomènes que je viens attester sont si extraordinaires et si complètement opposés aux points de croyance scientifique les plus enracinés, — entre autres l'universelle et invariable action de la force de gravitation, — que, même à présent, en me rappelant les détails dont j'ai été témoin, il y a antagonisme dans mon esprit entre ma raison, qui me dit que c'est scientifiquement impossible, et le témoignage de mes deux sens de

____

(1) Voici le titre de son ouvrage traduit en français : *Force psychique, expériences nouvelles*, par W. Crookes, F. R. S., membre de la Société royale de Londres, traduit de l'anglais par J. Abel, 4° édit., Paris, Librairie des Sciences psychologiques, 5, rue des Petits-Champs.

la vue et du toucher (témoignage corroboré par les sens
de toutes les personnes présentes) qui me disent qu'ils
ne sont point des témoins menteurs, quand ils déposent
contre mes idées préconçues.

« Supposer qu'une sorte de folie ou d'illusion vienne
fondre soudainement sur toute une réunion de personnes
intelligentes, saines d'esprit partout ailleurs, qui sont
d'accord sur les moindres particularités et les détails
des faits dont elles sont témoins, me paraît plus incroyable que les faits mêmes qu'elles attestent (1). »
On voit ici le langage d'un savant, doublé d'un homme
de bonne foi. La probité scientifique du chimiste n'est
pas moins éclatante quand il ajoute :

« Chaque fait que j'ai observé est corroboré par des
observateurs indépendants, qui l'ont observé en d'autres
temps et en d'autres lieux. On verra que tous ces faits
ont le caractère le plus surprenant, et qu'ils semblent
tout à fait inconciliables avec toutes les théories connues de la science moderne. M'étant assuré de leur
réalité, ce serait une lâcheté morale de leur refuser
mon témoignage, parce que mes publications précé-
dentes ont été ridiculisées par des critiques d'autres
gens qui ne connaissaient rien du tout de ce sujet, et qui
avaient trop de préjugés pour voir et juger par eux-
mêmes si, oui ou non, ces phénomènes étaient vrais.
Je dirai tout simplement ce que j'ai vu et ce qui m'a
été prouvé par des expériences répétées et contrôlées,
et j'ai encore besoin qu'on m'apprenne qu'il n'est pas
raisonnable de s'efforcer de découvrir les causes de
phénomènes inexpliqués (p. 146-147). »

Maintenant quels sont les phénomènes expérimentés
avec toutes les rigueurs de la science par le savant chimiste? En voici l'énumération abrégée. Quant aux récits des expériences qui ont amené la conviction de

(1) P. 142-143.

M. Crookes, nous ne pouvons que renvoyer le lecteur au livre même que nous analysons.

Pour commencer par les phénomènes les moins compliqués et les plus connus, M. Crookes nous parle de coups frappés et de sons de toute espèce et en toute espèce de circonstances, observés pendant des mois et jusqu'à ce qu'il ne m'ait plus été possible, nous dit-il, d'échapper à la conviction qu'ils étaient bien réels et qu'ils ne se produisaient pas par la fraude ou par des moyens mécaniques (p. 153).

Plus bas il fait mention du mouvement de divers objets lourds sans le contact de personne. Écoutez-le lui-même : « Attribuer ces résultats à la fraude est absurde, car je rappellerai encore au lecteur que ce que je rapporte ici ne s'est pas accompli dans la maison d'un médium, mais dans ma propre maison, où il a été tout à fait impossible de rien préparer à l'avance. Un médium, circulant dans une salle à manger, ne pouvait pas, quand j'étais assis dans une autre partie de la chambre, avec plusieurs personnes qui l'observaient attentivement, faire jouer par fraude un accordéon que je tenais dans ma propre main, les touches en bas, ou faire flotter ce même accordéon dans la chambre en jouant tout le temps (1). »

Mais voici la question capitale à poser : « les mouvements et les bruits sont-ils gouvernés par une intelligence? »

« Oui, » répond le savant, « j'ai constaté que le pouvoir qui produisait ces phénomènes n'était pas simplement une force aveugle, mais qu'une intelligence le

_____

(1) P. 158. Le professeur Lombroso, le juif matérialiste bien connu, raconte lui aussi comment, « plus incrédule que pas un à l'égard du spiritisme », il a été, à son grand dépit, à la suite d'expériences faites en compagnie d'aliénistes éminents, aussi sceptiques que lui (Tamburini, Virgilio, Bianchi, Vizioli), obligé de constater les mêmes faits signalés par M. Crookes, et par des savants allemands. — Voyez *Le spiritisme, Manuel scientifique et populaire*, par le P. Franco, S. J., traduit par A. Auclair, 1 vol. in-12, Bruxelles, Schæpens, 1894, p. 135 et suiv.

dirigeait ou du moins lui était associée. Ainsi les bruits dont je viens de parler ont été répétés un nombre de fois déterminé, et à ma demande, ils ont résonné en différents endroits. »

Mais, a-t-on dit, cette intelligence prétendue, de qui émanent ces phénomènes, est celle même du médium qui en est l'intermédiaire obligé. Cela même serait déjà un fait bien inexplicable. Mais non, répond M. Crookes : « L'intelligence qui gouverne ces phénomènes est quelquefois manifestement inférieure à celle du médium et elle est souvent en opposition directe avec ses désirs. Cette intelligence est quelquefois d'un caractère tel qu'on est forcé de croire qu'elle n'émane d'aucun de ceux qui sont présents. » On peut voir les faits qui le prouvent à la page 166 du volume de M. Crookes.

Un autre phénomène, constaté à l'aide de balances de précision et autres mécanismes ingénieux, c'est l'altération du poids des corps : un objet change notablement de poids par le seul fait de l'attouchement d'un doigt du médium sur une planchette de bois absolument isolée de ce corps lui-même. Dans le même genre ce sont des corps pesants qui se déplacent d'eux-mêmes, à l'appel de l'assistance. « Un fauteuil, dit M. Crookes, vint jusqu'à l'endroit où nous étions assis et, sur ma demande, il s'en retourna lentement (p. 184). »

Quant à la suppression de la pesanteur, les faits abondent : les tables et chaises enlevées de terre, sans attouchement de personne, ne se comptent pas; mais, ce qui est plus intéressant, ce sont les enlèvements du corps humain. « Il y a, écrit M. Crookes, au moins cent cas bien constatés de l'enlèvement de M. Home (1) (le célèbre médium). Rejeter l'évidence de ces manifestations équivaut à rejeter tout témoignage humain, quel qu'il soit; car il n'est pas de faits, dans l'histoire sacrée et dans

____

(1) Voir à la fin du volume une note relative à M. Home.

l'histoire profane, qui s'appuient sur des preuves plus imposantes (p. 157). »

Venons maintenant aux apparitions. Quelquefois ce sont des mains lumineuses par elles-mêmes ou visibles à la lumière ordinaire. « J'ai retenu, dit Crookes, une de ces mains dans la mienne, bien résolu à ne pas la laisser échapper. Aucun effort ni aucune tentative ne furent faits pour me faire lâcher prise, mais peu à peu cette main sembla se résoudre en vapeur et ce fut ainsi qu'elle se dégagea de mon étreinte (p. 163). »

Ces mains lumineuses écrivent quelquefois sur la demande du spectateur.

« Du papier était devant nous sur la table et ma main libre tenait un crayon. Une main lumineuse descendit du plafond dans la chambre et, après avoir plané près de moi quelques secondes, elle prit le crayon de ma main, écrivit rapidement sur une feuille de papier, rejeta le crayon et ensuite s'éleva au-dessus de nos têtes et se perdit peu à peu dans l'obscurité (p. 164). »

Enfin ce ne sont pas seulement des mains qui apparaissent, mais des corps entiers. Le phénomène sans contredit le plus extraordinaire en ce genre est l'apparition, répétée pendant trois ans de suite, d'un fantôme féminin qui se donnait le nom de Katie-King, lequel était entré pour ainsi dire, avec son médium, Miss Florence Cook, dans la familiarité de M. Crookes. Le chimiste termine le long et intéressant récit qu'il lui consacre par ces paroles :

« Quant à imaginer que la Katie-King des trois dernières années est le résultat d'une imposture, cela fait plus de violence à la raison et au bon sens que de croire qu'elle est ce qu'elle affirme elle-même (p. 196) (1). »

_____

(1) Nous ne saurions trop insister sur ce point capital : la valeur exceptionnelle des témoignages de M. Crookes. M. Crookes, depuis la mort de notre Pasteur, est certainement, parmi les princes de la science européenne, celui qui occupe la première place : il a découvert un nouveau

Les témoignages si explicites et si probants du Dr Crookes ne sont pas les seuls qu'on pourrait citer. D'autres savants, excluant aussi nettement que lui toute explication surnaturelle ou religieuse, sont aussi catégoriques dans le récit des faits extranaturels dont ils ont été témoins, qu'ils ont eux-mêmes provoqués, qu'ils ont étudiés sous toutes les formes, avec toutes les défiances de l'incrédulité rationaliste, et qui ont, par leur évidence, terrassé leur raison.

De M. Crookes on peut rapprocher un autre nom presque aussi illustre dans la science. M. Lubbock, présidant une commission nommée, pour l'étude des faits spirites, par la Société royale de Londres, constate aussi : 1° que des mouvements de corps pesants ont lieu sans l'aide d'appareils mécaniques; 2° que les mouvements se produisent souvent au moment voulu et de la façon demandée par les personnes présentes, et par le moyen d'un simple code de signaux; 3° enfin, que cette force quelconque (courant électrique ou analogue) jouait des morceaux de musique, exécutait des dessins et des peintures, dans un temps si court et dans des conditions telles que toute intervention humaine était impossible (1).

Sans sortir de l'Angleterre, donnons enfin les conclusions d'un autre savant physicien, le Dr Oxon, résumant en ces termes précis le résultat de ses observations poursuivies pendant cinq années :

1° Il existe une force qui opère, au moyen d'un type spécial d'organisation humaine, et qu'il convient d'appeler *force psychique;*

métal, le thallium, la matière radiante, le photomètre de polarisation, le microscope spectral, etc. Impossible donc de traiter légèrement les affirmations d'un tel homme sur les phénomènes spirites étudiés par lui avec le même sérieux, la même persévérance, les mêmes instruments que tous les autres faits d'observation qui l'ont mis sur la voie de ses mémorables découvertes.

(1) Cité par l'abbé Gombault, *L'imagination et les états préternaturels, étude psycho-physiologique et mystique,* p. 393, ouvrage couronné par l'Institut cath. de Paris, in-8°, Blois.

2° Il est démontré que cette force est, *en certains cas,* gouvernée *par une intelligence ;*

3° Il est prouvé que *cette intelligence* est *souvent autre que celle de la personne ou des personnes au moyen* desquelles elle agit.

4° Cette force, ainsi gouvernée par une intelligence extérieure, manifeste parfois son action — indépendamment d'autres modes — en écrivant des phrases cohérentes, sans l'intervention d'aucune des méthodes connues pour écrire ;

5° L'évidence de l'existence de cette force, ainsi gouvernée par une intelligence, repose sur : 1° l'évidence de l'observation des sens ; 2° le fait qu'elle se sert souvent d'une langue inconnue du psychique ; 3° le fait que la matière traitée est fréquemment supérieure aux connaissances du médium ; 4° le fait qu'il est démontré impossible de produire les résultats par la fraude dans les conditions où les phénomènes sont obtenus ; 5° le fait que ce phénomène spécial est produit, non seulement en public et par des médiums payés, mais en particulier et sans la présence d'aucune personne étrangère au cercle de la famille (1).

Hors de l'Angleterre nous pourrions, avec le P. Franco (2), citer les Lombroso, les Chiaia en Italie, les Zöllner en Allemagne. En Amérique, où le spiritisme moderne a pris naissance, les témoignages ne se comptent plus. Je me bornerai donc à joindre aux extraits du Dr Crookes l'analyse de quelques pages empruntées au Dr Paul Gibier, dans un livre écrit en français, mais publié à la fois en France, en Amérique et en Espagne, faisant appel, par conséquent, à la plus grande publicité et dédié par son auteur à tous les savants du monde (3). Le Dr Gibier se

—————

(1) Georges Bois, *le péril occultiste,* p. 295. — Dr Dupouy, *Sciences occultes et physiologie psychique.*

(2) V. *Le spiritisme,* p. 110 et suiv.

(3) *Physiologie transcendantale. Analyse des choses. Essais sur la*

défend d'être un spirite ou spiritualiste, d'être inféodé à aucune secte, comme il n'appartient à aucune religion, mais il se voit obligé, au nom de la science désintéressée, d'affirmer la réalité de faits dont il a été mille fois témoin. Écoutons-le lui-même, comme nous avons entendu le savant Crookes.

« Tout en déclarant, une fois de plus, que je ne suis pas un *moderne spiritualiste*, j'affirme que tous les phénomènes dits spiritualistes, abstraction faite de la théorie du même nom, sont *absolument réels :* ce qui ne veut pas dire qu'on ne peut, dans une certaine mesure, les simuler. Ce sera grande honte, pour bon nombre de savants actuels, de s'être entêtés à méconnaître un fait aussi capital, lequel, surtout depuis un quart de siècle, se présente sans cesse à leur examen (p. 92-93). » Et plus bas : « J'ai vu et étudié, par centaines, des faits tellement probants que je m'étonnerais qu'on ne fût pas plus avancé en psychologie, si je ne connaissais l'esprit des savants de profession.

« J'ai observé, j'en conviens, des choses qu'il a été donné à bien peu d'hommes de voir; mais c'est que, mis en éveil par un fait des plus simples, j'ai voulu savoir et j'ai pris la peine de chercher (p. 98-99, cf. p. 150). »

Que la force extranaturelle qui agit ne soit pas une pure force physique, un agent fatal, comme toutes les énergies naturelles constatées par la science, c'est ce qu'affirme M. Gibier, ainsi que l'avait fait M. Crookes. Ce que l'hypnomagnétisme met en évidence, nous dit-il, c'est « l'indépendance ou, si l'on préfère, l'action, hors de la personne humaine : 1° d'une force particulière, forme élevée de l'énergie; 2° d'une intelligence qui, dans certains cas, dirige cette force (*ibid.*, 123, cf. p. 139, 181, 185). »

science future, son influence certaine sur la Religion, la Philosophie, les Sciences et les Arts, Paris, Philadelphie, Madrid, 1890.

Sous l'influence de cette force M. Gibier a vu des sujets lire avec la main, le front, l'épigastre, le pied (p. 131).

Ce que M. Crookes a affirmé, après l'avoir constaté pendant trois ans, dans sa célèbre Katie-King, M. Gibier l'affirme également, comme témoin oculaire. « Dans les séances à matérialisation (1), nous dit-il, notons bien ceci, chacun peut voir une personne de sa famille, morte depuis un temps plus ou moins long, lui apparaître et lui parler. On peut serrer la main de la forme matérialisée, tenir celle-ci dans ses bras et avoir l'illusion complète que cette personne est vivante. Elle vous entretient de choses parfaitement privées et connues de vous seul, sa voix n'a pas changé. L'apparition a un cœur qui bat, on peut l'ausculter ainsi que les poumons où l'air pénètre régulièrement. Vous pouvez prendre sa photographie. Elle vous laisse l'empreinte ou plutôt le moulage en creux de sa main et même de sa tête (il y en a de nombreux exemples), à l'aide de paraffine chaude liquide qu'on refroidit rapidement avant que la matérialisation ne s'évanouisse. Ces moulages sont sans trace de solution de continuité, sans fils, et le mouleur auquel on les confie n'y comprend rien, vu l'inédit du procédé, à moins qu'il ne soit mis au courant. Tous ces objets, photographies et moulages, vous restent comme une preuve inaltérable que vous n'avez point rêvé (p. 210-211). »

A tous ces faits étranges, tous constatés par des expérimentateurs placés tout justement dans les conditions exigées par Renan, pour la vérification scientifique d'un miracle, nous pourrions ajouter des faits nouveaux, en nombre considérable, comme ceux qu'on peut lire dans les procès-verbaux des séances de la société des savants anglais pour les Recherches psychiques (*So-*

---

(1) On appelle ainsi les apparitions de fantômes non seulement visibles, mais tangibles, touchant et parlant.

ciety for psychical Research) que nous avons sous les yeux. La plupart, il est vrai, sont des répétitions et par conséquent des confirmations de ceux dont M. Cookes nous a fait la description. Tous confirment pareillement les expériences du Dr Gibier, tous concourent à rendre évidente l'intervention d'intelligences distinctes de la nôtre, présidant à des phénomènes qui sont une violation permanente des conditions du monde présent, des lois de la nature les mieux établies par la science et par l'expérience universelle (1).

Poussons cependant notre enquête plus loin, puisque ici tout dépend de l'exactitude des faits insolites, qui nous forcent à sortir du cercle officiel de la science, telle du moins que les savants l'ont constituée jusqu'à ce jour. Aux constatations du savant anglais joignons celles d'un savant russe, qui a consacré sa vie à l'étude de ces matières.

(1) Nous invitons cependant les personnes que ces faits intéressent à lire le numéro de janvier 1894, où sont relatées les expériences de M. Stainton Moses.

CHAPITRE VI

Expériences de M. le professeur Acksakoff.

M. Alexandre Acksakoff, directeur d'une Revue allemande (*Psychische Studien*) paraissant à Leipzig, est l'auteur d'un volume énorme : *Animisme et Spiritisme* (1), récemment traduit en français, rempli de faits inexplicables, mais appuyés, en grande partie, sur des preuves aussi sérieuses que celles des écrivains anglais.

M. Acksakoff n'est pas un enthousiaste ni un rêveur. Sans avoir la notoriété scientifique de M. Crookes, c'est un savant et un expérimentateur de bonne foi. Ce n'est malheureusement pas un chrétien. Mais ce malheur, pour l'objet que nous nous proposons ici, n'en est pas un : ce n'est qu'un titre de plus pour bon nombre de lecteurs. Aucun préjugé surnaturel, aucune crédulité superstitieuse ne peut lui être imputée. C'est d'ailleurs un homme consciencieux qui nous donne, « au déclin de sa vie », le résumé d'un long travail. Entièrement convaincu de la réalité des faits, il désire, sans l'espérer

---

(1) Voici le titre complet de l'ouvrage : *Animisme et spiritisme, Essai d'un examen critique des phénomènes médiumniques, spécialement en rapport avec les hypothèses de la force nerveuse, de l'hallucination et de l'inconscient, comme réponse à l'ouvrage du D^r Ed. von Hartmann intitulé le Spiritisme, par Alexandre Acksakoff, directeur de la Revue « Psychische studien »*, Recherches psychiques, à Leipzig, avec portrait de l'auteur et dix planches, traduit de l'édition russe par Berthold Sandow. Paris, librairie des sciences psychiques, éditeur, S. G. Leymarie, 12, rue du Sommerard, 1895.

outre mesure, faire partager aux lecteurs ses convictions. « La grande difficùlté pour moi, nous dit-il, a été *le choix des faits...* Je ne puis faire autre chose que d'affirmer publiquement ce que j'ai vu, entendu ou ressenti ; et quand des centaines, des milliers de personnes affirment la même chose, quant au genre du phénomène, malgré la variété infinie des détails, la foi dans le type du phénomène s'impose (p. xxx). »

Comme bien d'autres savants rationalistes, comme M. Gibier en particulier, M. Acksakoff n'est pas éloigné de penser que le spiritisme est destiné à devenir le fondement d'une science nouvelle, qui fournirait à l'homme les solutions que jusqu'ici la religion révélée a seule eu la prétention de donner. L'étude du spiritisme lui a cependant montré, comme à tout homme sensé, le peu de fond qu'il faut faire sur les prétendues révélations des « esprits » ; et il aurait renoncé à pousser plus loin son étude, s'il n'y avait été comme contraint par l'évidence des faits rencontrés sur son chemin : c'est qu'entre les faits eux-mêmes, qui sont certains, et leur signification, leur explication, il y a un abîme. Écoutons-le lui-même.

« Je me suis intéressé, nous dit-il, au mouvement spirite dès 1855, et depuis lors, je n'ai cessé de l'étudier dans tous ses détails et à travers toutes les littératures. Longtemps j'acceptai les faits sur le témoignage d'autrui ; ce n'est qu'en 1870 que j'assistai à la première séance, dans un cercle intime que j'avais formé. Je ne fus pas surpris de constater que les faits étaient bien tels qu'ils m'avaient été rapportés par d'autres ; j'acquis la profonde conviction qu'ils nous offraient — comme tout ce qui existe dans la nature — une base vraiment solide, un terrain ferme pour le fondement d'une science nouvelle qui serait peut-être capable, dans un avenir éloigné, de fournir à l'homme la solution du problème de son existence. Je fis tout ce qui était en mon pouvoir pour faire connaître les faits et attirer sur leur étude l'attention des penseurs exempts de préjugés.

« Mais, pendant que je me dépensais à ce travail extérieur, un travail intérieur se faisait.

« Je crois que tout observateur sensé, dès qu'il se met à étudier ces phénomènes, est frappé de ces deux faits incontestables : l'automatisme évident des communications spiritiques et la fausseté impudente, et tout aussi évidente, de leur contenu; les grands noms dont elles sont souvent signées sont la meilleure preuve que ces messages ne sont pas ce qu'ils ont la prétention d'être ; de même, pour les phénomènes physiques simples, il est aussi évident qu'ils se produisent sans la moindre participation consciente du médium, et rien, au premier abord, ne justifie la supposition d'une intervention « des esprits ». Ce n'est que dans la suite, quand certains phénomènes d'ordre intellectuel nous obligent à reconnaître une force intelligente extramédiumnique, qu'on oublie ses premières impressions et qu'on envisage avec plus d'indulgence la théorie spiritique, en général (1). »

Voyons donc, parmi les phénomènes attribués au spiritisme dont M. Acksakoff maintient l'inébranlable certitude, ceux qui confirment les observations de M. Crookes, et plus particulièrement encore ceux qui vont au delà et qui, sans les contredire jamais, les complètent.

Je laisse de côté, pour le moment, toutes les théories explicatives, et, de tous les faits, je ne veux signaler que les plus remarquables.

M. Acksakoff passe en revue successivement les phénomènes de matérialisation, les phénomènes physiques n'impliquant pas nécessairement l'hypothèse des esprits, et enfin les phénomènes spirites proprement dits.

De tous les faits de matérialisation, le plus étrange

(1) *Animisme et spiritisme*, p. xx.

peut-être c'est celui de la matérialisation d'objets
échappant à la perception des sens, invisibles aux assistants, visibles au seul médium et reproduits par la
photographie : photographies que M. Acksakoff appelle
justement *transcendantales*. L'auteur raconte, avec détails minutieux, comment ces images ont été prises.
C'était sur l'indication d'une table parlante que les expérimentateurs opéraient. Quelques-unes de ces photographies sont reproduites dans l'ouvrage même de
M. Acksakoff : ce sont tantôt des lueurs aux formes in-
décises, tantôt des fantômes représentant vaguement
ou des bustes ou des corps humains tout entiers (1).

Non moins étrange, mais plus facile à constater et
plus d'une fois répété, est le phénomène de la création
presque instantanée d'une plante adulte avec sa tige, ses
feuilles, ses fleurs et leur arome accoutumé, croissant
sous les yeux mêmes des expérimentateurs. Les faits de
ce genre, produits en Europe, sont presque en tout semblables à un prestige familier chez les fakirs de l'Inde.
On peut lire tout au long, dans le docteur Gibier, le récit
extrait de Jacolliot d'une séance de fakirisme dont
celui-ci a été le témoin à Bénarès. Endormi du « sommeil des esprits », l'opérateur fait sortir en moins de
deux heures d'une graine de papayer, choisie et marquée
par M. Jacolliot lui-même, une plante fraîche et verte
ayant environ vingt centimètres de hauteur (2).

(1) P. 26-98 et planches I à VI. Nous ne pensons pas qu'il y ait lieu d'attacher une importance sérieuse à ces photographies d'esprits. M. le
Dr Surbled a publié à ce sujet, dans le *Correspondant* du 10 nov. 1898, un
long et intéressant article, d'où il résulte assez clairement que les prétendus *effluves humains* ne sont que des images fantastiques qui se
forment sur la plaque photographique, par suite de causes toutes naturelles, lesquelles ne sauraient échapper aux photographes de profes
sion. Il y a là un argument de plus contre le soi-disant *corps astral* dont
Mgr Méric a fait bonne justice, dans sa *Revue du monde invisible*, numéro du 15 janvier 1899.

(2) *Le spiritisme, Fakirisme occidental*, par P. Gibier, p. 127-132, Paris,
1891.

M. Acksakoff nous fait assister, de même, sous l'action d'une forme matérialisée, dans le genre de la Katie King de M. Crookes, à la formation, en vingt minutes, « d'un grand et beau pélargonium, dans toute sa fraîcheur, haut de 25 pouces avec des fleurs larges de 1 à 5 pouces », puis, en même temps encore, d'une *ixora crocata* avec une magnifique fleur de couleur rouge doré ou orange.

On fait remarquer que, dans ces cas étranges, l'hypothèse d'une hallucination, déjà suffisamment écartée par la vue identique et simultanée de plusieurs témoins défiants, de sens rassis, est rendue une fois de plus impossible par la précaution qu'on a prise de photographier les plantes ainsi produites (1).

C'est la même précaution qui rend indubitable la matérialisation temporaire de formes humaines, apparaissant et disparaissant subitement dans l'air. Ainsi les mains mystérieuses dont parle M. Crookes ont été non seulement vues, mais touchées, moulées et pesées, et, de plus, minutieusement reproduites sur la plaque photographique. On peut voir quelques-unes de ces images dans le livre de M. Acksakoff (2).

Je passe rapidement sur les phénomènes physiques analogues à ceux déjà observés par M. Crookes. Voici cependant un phénomène dont le savant anglais ne dit que quelques mots, quoiqu'il l'ait constaté, et dont je crois utile d'emprunter un exemple au savant Russe tant il est extraordinaire, par son opposition flagrante aux lois de la nature; je veux parler de la pénétration de la matière solide par d'autres corps, également solides : corps apportés ou produits, sans qu'on sache comment, par la force quelconque qui agit dans les phénomènes spirites. M. Acksakoff rapporte au long,

(1) P. 97-108.
(2) P. 109, 243 et pl. VII, VIII, IX et X.

avec toutes les preuves désirables de véracité et d'authenticité, le procès-verbal de l'expérience suivante répétée deux fois, avec le même succès, à huit jours d'intervalle. On apporte une boîte vide solidement fermée avec un cadenas dont on retire la clef. On colle une bande de papier autour.du coffre et on cachète aux deux bouts. Peu après, « un violent craquement retentit comme si la boîte eût été brisée en morceaux. On fit de la lumière et nous pûmes constater que la boîte était en parfait état et que les cachets étaient restés intacts; dans la boîte (à travers un morceau de verre à dessein enchâssé dans le couvercle) nous pouvions nettement voir plusieurs fleurs et quelques autres objets dont voici la liste : quatre lis tigrés, trois roses : blanche, jaune et rose pâle, un glaïeul, une feuille de fougère, plusieurs autres petites fleurs, un numéro du *Banner of Light* et du *Voice of Angels* et enfin une photographie de M. Colby. Les fleurs étaient aussi fraîches que si elles venaient d'être cueillies, et les journaux étaient pliés comme pour la vente (1) ».

Ce qui n'est pas moins digne d'attention, c'est, dans l'apparition des formes matérialisées, comme celles de Katie King, la constatation qu'on a pu faire de la parfaite matérialité du vêtement dont le fantôme est revêtu. « Cette apparition, écrit M. Acksakoff, est un corps animé, doué d'une intelligence et d'une volonté, maître de ses mouvements, un corps qui voit et qui parle comme un homme vivant, qui est d'une certaine densité, d'un certain poids, le corps se forme quand les conditions sont favorables dans l'espace de quelque minutes; il est toujours drapé d'un vêtement qui est, ainsi que le déclare le fantôme lui-même, de provenance terrestre, soit « apporté » d'une façon inexpliquable, soit matérialisé séance tenante (et le fantôme le prouve en se maté-

(1) P. 162.

rialisant *avec le vêtement* devant les yeux des assistants);
le fantôme, ainsi drapé, a la faculté de disparaître instantanément, au vu même des personnes présentes,
comme s'il passait à travers le plancher ou se perdait
dans l'espace, et de faire sa réapparition au cours de la
séance. Une partie de ce corps matérialisé peut même
acquérir une existence permanente; il est arrivé, par
exemple, que des mèches de cheveux coupées à ces fantômes ont été conservées, ainsi que le prouvent les expériences de M. Crookes, qui a coupé une tresse de la
tête de Katie King, *après avoir glissé sa main jusqu'à l'épiderme pour s'assurer que les cheveux y étaient réellement
implantés* (1). »

Voilà des merveilles bien difficiles à accepter, ajoute,
avec raison, notre auteur. Certes, tout le monde en
conviendra! Mais il faut se rappeler qu'il ne s'agit point
ici de contes superstitieux empruntés à quelque légende
du moyen âge, mais de faits constatés au xixᵉ siècle et
attestés par des savants de tout pays, tous ligués, pour
ainsi dire, dans le but de trouver, à des phénomènes
qu'ils ne peuvent nier, des explications toutes scientifiques et naturelles.

Et pourtant, avouons-le, de tous ces phénomènes
physiques, où l'on voit encore poindre çà et là quelques
faux airs de prestidigitation et de charlatanisme, aucun
ne nous aurait mis la plume en main s'ils n'étaient accompagnés de faits d'un autre ordre, qui excluent absolument toute explication purement naturelle, je veux
parler de l'intervention constatée de forces libres, intelligentes, volontaires, à la fois indépendantes du médium
qui est la condition ordinaire, mais non toujours requise,

(1) P. 465. — Cf. *Katie King, hist. de ses apparitions d'après des
documents anglais.* Paris, 1899. Cet opuscule est bon à consulter, non
pour sa préface par M. G. Delanne qui est d'un spiritisme ardent,
mais à cause des témoignages anglais qui viennent corroborer celui
de M. Crookes. — Voir aussi dans la *Revue du monde invisible* les articles de Mᵍʳ Méric du 15 février et du 15 mars 1900.

de leur manifestation, et des spectateurs qui en sont témoins.

Sur ce point si important l'ouvrage de M. Acksakoff nous présente une masse de faits, qui confirment d'une manière frappante les conclusions déjà indiquées par M. Crookes.

« Les phénomènes physiques, écrit fort bien M. Acksakoff, ne constituent qu'une partie, ne sont que les soubassements d'un ordre de phénomènes *médiumniques* tout différents qu'on pourrait désigner, par opposition, comme des phénomènes intellectuels (p. 527). »

Ces phénomènes, est-il besoin de le dire, n'ont toute leur valeur démonstrative qu'autant qu'ils supposent une intelligence étrangère et à celle du médium et à celle des assistants. On peut en donner le catalogue, d'après M. Acksakoff, dans l'ordre suivant.

Il y a des cas où, après une séance qui a produit des résultats satisfaisants, une nouvelle séance, préparée dans des circonstances absolument identiques, ne produit absolument rien, au grand dépit et du médium et des assistants.

D'autres fois les communications s'interrompent brusquement et obstinément, malgré leurs désirs et leurs efforts, ou, tout au contraire, se continuent malgré eux.

D'une autobiographie très curieuse. d'un médecin américain, le docteur Dexter, il résulte que parfois la faculté médiumnique s'impose, comme forcément et malgré lui, à un sujet rebelle au spiritisme et venu aux séances avec l'idée préconçue d'en dénoncer le charlatanisme (1).

Mais s'il y a quelque chose d'involontaire dans les témoignages rendus au spiritisme et de volontaire dans les faits qui obligent à cet aveu, c'est le phénomène, tant de fois constaté, des mauvais traitements, des coups,

______

(1) P. 287 et suiv.

bien plus des persécutions véritables, infligées à des personnes qu'une puissance, humainement inexplicable, désigne à l'hostilité des esprits. M. Acksakoff raconte en grands détails deux faits de ce genre qui se produisirent l'un aux États-Unis, l'autre en Russie (p. 296-316). Que d'autres, observés en France et en Angleterre, on pourrait y ajouter !

Ce qui n'est pas rare non plus, c'est que les manifestations spirites soient en contradiction absolue avec les convictions personnelles du médium. « Toute la doctrine spirite s'est formée, a dit M. Acksakoff, d'après des communications contraires aux opinions religieuses habituelles des médiums et des masses ; il y aurait là matière pour une étude spéciale. Voyons, par exemple, ce que dit, dans sa préface, le docteur Dexter qui devint, comme nous le savons, médium malgré lui : Je ne voulais pas me rendre à l'idée que les esprits fussent mêlés à ces événements. Cette pensée, que les âmes de nos amis défunts pussent communiquer avec nous sur la terre, était incompatible avec les notions qui m'avaient été communiquées par l'éducation, contraire à toutes mes opinions antérieures et à mes croyances religieuses... Il faut noter que toutes les communications, soit par écriture, soit par phénomènes physiques, qui sont obtenues par mon· intermédiaire sont absolument exemptes de toute participation de mon esprit... je l'affirme une fois de plus (p. 316-317). »

Un autre médium, célèbre dans les Annales du spiritisme anglais, qui n'est autre qu'un docteur en philosophie de l'Université d'Oxford, le Révérend Stainton Moses, nous rend un témoignage encore plus significatif. Il eut à soutenir de véritables controverses religieuses avec l'esprit, sous la dictée duquel il écrivait, malgré lui, « des choses très élevées, mais contraires à sa foi ». Écoutons-le lui-même.

« En relisant toute cette série de communications, j'étais plus que jamais pénétré de leur beauté, autant pour la forme que pour le fond. Quand je considère que ces écritures ont été exécutées avec une prodigieuse rapidité et *sans que j'y aie pris sciemment aucune part*, qu'elles sont exemptes de tout défaut, de toute imperfection, de toute incorrection grammaticale, et qu'il ne s'y trouve aucune intercalation ni surcharge d'un bout à l'autre, je ne pouvais qu'admirer cette impeccabilité de la forme. Quant au contenu de ces communications, j'avais encore des hésitations. Une partie des arguments avait ma sympathie, mais j'étais obsédé de l'idée que, par le fait, ils sapaient les bases de la foi chrétienne (p. 319). »

En ce point nous croyons sans peine le Dr Stainton; nous verrons plus loin que c'est l'habitude des « esprits » de combattre la foi chrétienne; aussi plaignons-nous sincèrement l'infortuné docteur qui, si j'en crois M. Acksakoff, de sa lutte avec l'esprit, retira, pour résultat définitif, le bouleversement absolu de ses idées religieuses.

Mais voici un phénomène plus étonnant encore et qui, moins que tout autre, pourrait s'expliquer par une activité inconsciente et automatique du médium : c'est lorsque la communication est manifestement au-dessus du niveau intellectuel du médium.

On sait, et la chose a été mille fois constatée, que trop souvent rien n'égale la banalité, la sottise, la puérilité des prétendues révélations des tables tournantes (1);

(1) Personne ne s'est exprimé sur ce point plus nettement que M. Acksakoff lui-même. Écoutons :

« Les matières que j'avais accumulées, tant par la lecture que par l'expérience pratique, étaient considérables, mais la solution du problème (spirite) ne venait pas. Au contraire, les années se passant, les côtés faibles du spiritisme ne devenaient que plus apparents : la banalité des communications, la pauvreté de leur contenu intellectuel, même quand elles ne sont pas banales, le caractère mystificateur et mensonger de la plupart des manifestations, l'inconstance des phénomènes physiques quand il s'agit de les soumettre à l'expérience positive, la crédulité, l'en-

mais quand c'est précisément le contraire qui se produit, quand leurs communications sont de nature à étonner les savants, comment les attribuer à l'activité même inconsciente d'un médium ignorant, également étranger aux lettres et aux sciences? M. Acksakoff cite de ce cas de bien curieux exemples. Tel est celui d'un jeune forain américain de l'Ohio qui, à l'âge de dix-huit ans, écrit sous la dictée de « l'esprit » un livre sur l'*histoire et la loi de la création* (publié ensuite en Allemagne par le docteur Acker) à Erlangen, et auquel le docteur Büchner a trouvé bon d'emprunter plusieurs passages, sans se douter que c'était l'œuvre inconsciente d'un paysan, sans aucune culture scientifique (p. 325-326).

Plus étonnant encore est le fait d'un jeune ouvrier mécanicien, le médium James dont « l'esprit » du grand romancier Ch. Dickens s'est emparé, pour faire de lui son collaborateur posthume. M. Acksakoff raconte, tout au long, comment le roman inachevé de Dickens, intitulé *Edwin Drood*, fut continué et terminé par l'ouvrier sans lettre qui, sans le savoir, avec l'esprit, le style et l'orthographe de l'auteur de David Copperfields, écrivit, en l'espace de sept mois (décembre 1872 à juillet 1873), à ses heures de loisir (car il continuait de travailler de son métier), jusqu'à 1,200 feuillets de manuscrit, la valeur d'un volume in-octavo de 400 pages! « Le récit est repris à l'endroit précis où la mort de l'auteur l'avait laissé interrompu, et cela avec une concordance si parfaite que le critique le plus exercé, qui n'aurait pas connaissance de l'endroit de l'interruption,

gouement, l'enthousiasme irréfléchi des spirites et des spiritualistes, enfin la fraude qui fit irruption, avec les séances obscures et les matérialisations, — que je connus non seulement par la lecture, mais que je fus forcé de constater par ma propre expérience, dans mes rapports avec les médiums de profession les plus renommés, — en somme une foule de doutes, d'objections, de contradictions et de perplexités de toute sorte ne faisaient qu'aggraver les difficultés du problème (p. xx). »

ne pourrait dire à quel moment Dickens a cessé d'écrire le roman de sa propre main (p. 325-332). »

M. Acksakoff cite d'autres faits du même genre qui ne sont guère moins extraordinaires : par exemple il est question d'une dame, d'instruction médiocre, qui répond pertinemment à des questions sur les problèmes les plus ardus de l'acoustique (p. 333).

Le spiritisme enfin constate les mêmes faits, évidemment extranaturels à première vue, déjà signalés au XVII° siècle dans l'histoire des Camisards des Cévennes, je veux parler de petits enfants, de nourrissons, qui tout d'un coup parlent et écrivent, prêchent et prophétisent (1). C'est M. Acksakoff lui-même qui fait le rapprochement : « Ces enfants parlaient et prophétisaient en bon français et non dans le patois de leur pays, les régions reculées des Cévennes. Un témoin oculaire de ces événements, Jean Varnet, raconte qu'il a vu un enfant de treize mois parler distinctement en français et d'une voix très forte pour son âge, tout en ne pouvant pas encore marcher et n'ayant jamais prononcé une seule parole ; il restait couché dans son berceau, tout emmailloté, et prêchait les œuvres d'humilité dans un état de ravissement (les spirites diraient transe) de même que d'autres enfants que M. Varnet avait vus (p. 353). »

M. Figuier, qui rapporte ces faits sans les mettre en doute, en donne l'explication suivante : « Cette circonstance que les inspirés, dans leur délire, s'exprimaient toujours en français, *langue inusitée dans leurs campagnes*, est bien remarquable. Elle était le résultat de cette exaltation momentanée des facultés intellectuelles qui paraît l'un des caractères de la maladie des trembleurs des Cévennes (2). »

---

(1) Cf. de Bonniot, *le Miracle et ses contrefaçons*, p. 216 et suiv.
(2) Figuier, *Hist. du merveilleux*, II, 267, 401, 402, cité par M. Acksakoff.

Comprenne qui pourra une *exaltation de faculté* qui procure à un enfant de treize mois la faculté de prêcher, de citer la Bible, dans une langue qu'il n'a jamais parlée !

Plus raisonnable que le savant français, le savant russe reconnaît qu'il est « évident que les enfants à la mamelle ne savent pas écrire (ni prêcher) et que s'ils le font, c'est une preuve concluante que nous nous trouvons en présence d'une action intelligente qui est au-dessus et en dehors de l'organisme de l'enfant ; or il existe dans les annales du spiritisme plusieurs exemples du genre (p. 343) ».

Mais ce qui achève, pour M. Acksakoff et selon le bon sens, d'accuser une cause extranaturelle, c'est le phénomène, non moins constaté, de médiums parlant et écrivant des langues inconnues d'eux-mêmes. M. Acksa·koff en cite de très nombreux et très frappants exemples. Le plus remarquable est celui de la fille du juge Edmunds. Le juge Edmunds avait rempli aux États-Unis un rôle considérable : il a été président du Sénat, puis membre de la haute cour d'appel à New-York. Attiré, comme tant d'autres, à l'étude du spiritisme avec l'idée préconçue d'en dénoncer le néant, l'existence des faits qu'il peut constater lui-même l'amène à des conclusions toutes contraires. Catholique, le juge Edmunds avait élevé sa fille Laura dans les principes les plus sévères d'une religion qui interdit à ses membres de se livrer à la pratique du spiritisme. Nous ne savons quelle influence put la porter à passer outre à ces défenses ; ce qu'il y a de sûr, c'est que, au témoignage de son père, cette jeune fille, devenue médium, parlait bravement jusqu'à dix langues différentes que ni elle ni son père ne connaissaient ; on l'entendit plus d'une fois tenir des conversations en langue indienne, espagnole, française, portugaise, grecque, italienne, hongroise et latine (p. 355 et suiv.).

Je pourrais, à la suite du savant russe, étendre plus
loin cet exposé des phénomènes attestant l'action d'une
intelligence indépendante du médium ; en particulier
je pourrais mentionner les révélations des « esprits »
ayant l'écriture parfaitement reconnaissable de personnes défuntes, inconnues du médium, mais connues
d'un ou plusieurs assistants ; les réponses intelligentes
à des questions de tout ordre, faites à une table en mouvement ou à un crayon écrivant sans être touché par
aucune main humaine ; des manifestations reconnues
exactes de faits également ignorés du médium et de l'assistance, etc. ; mais ces détails nous mèneraient trop loin
et finiraient par être fastidieux. Disons seulement, pour
en finir, que la multiplicité même et la concordance de
ces faits, venant de vingt sources différentes, confirmés
par les signatures les plus respectables, fournissent une
preuve certaine de leur réalité dans l'ensemble, alors
même qu'on pourrait signaler des inexactitudes de
détails ou même des mystifications partielles. Une personne raisonnable n'admettra jamais que des faussaires
qui ne se connaissent pas, qui écrivent en vingt endroits
différents, sous l'influence de mille impressions et circonstances diverses, aient pu, par un hasard merveilleux, se rencontrer pour affirmer, dans les Deux
Mondes, des mensonges identiques. La masse des assertions des Crookes, des Gibier, des Zollner, des Acksakoff reste donc inattaquable. Ce sont des faits : à la
science et à la raison humaine d'en tirer des conclusions.

CHAPITRE VII

De la cause des faits préternaturels constatés
par les savants.

Tous ces faits extraordinaires une fois admis, en présence de réalités constatées qui les dérangent si fort,
quelle sera l'attitude des savants rationalistes? Que faut-
il penser de la nature de cette intelligence manifestée
par ces phénomènes, de cette volonté réfléchie, qui n'est
certainement pas celle de l'homme?

C'est la question à laquelle nous avons à répondre.
Mais, dès à présent, il y a de ce qui précède de graves
conclusions à tirer. En effet, mettons en présence, d'une
part, tous ces faits extranaturels admis par la science
moderne, fondés sur le témoignage exclusif, unanime,
d'hommes au-dessus de tout soupçon d'ignorance, de
prévention ou de faiblesse d'esprit, et, de l'autre, l'aveu
de Renan : « Si le miracle a quelque réalité, mon livre
n'est qu'un tissu d'erreurs. »

Aux yeux de Renan, qui ne daigne pas entrer dans
les subtilités de nos théologiens, c'est une distinction
vaine que celles qu'ils établissent entre les miracles proprement dits, venant de Dieu seul, et les prestiges attribués aux esprits mauvais. Par conséquent, pour lui, tout
ce qui, dans les livres saints, se présente avec un caractère préternaturel, est, au même titre, mensonge ou illusion. Renan d'ailleurs ne manque jamais une occasion,
toutes les fois qu'il rencontre un fait surnaturel, quel

qu'il soit, qu'il s'agisse du don des langues ou de quelques possessions, de le rapprocher de faits analogues de nos jours. Dans chacun de ses volumes, pour expliquer quelques passages embarrassants des livres saints, il nous renvoie aux spirites d'à présent, aux Shakers, aux Quackers américains, aux illuminés des Cévennes, aux convulsionnaires du diacre Paris (1) : tous faits qui, à ses yeux, sont de pures illusions ou des impostures. Il est donc bien avéré qu'à ses yeux, comme aux yeux de toute l'école rationaliste, les faits de la Bible sont bien les mêmes que ceux dont les savants dont j'ai parlé, ont été forcés, à leur corps défendant, d'admettre la pleine réalité. Or les uns comme les autres sont le renversement des lois de la nature, des axiomes reconnus de la science physique.

Tant que les faits extranaturels ou surnaturels, dont fourmillent les annales chrétiennes, n'étaient attestés que par les écrivains ecclésiastiques, malgré les témoignages les plus dignes de foi, les plus nombreux, les plus précis, nos rationalistes passaient outre sans en tenir le moindre compte. Les gens d'Église en bloc ne forment-ils pas un corps de fanatiques, promoteurs obstinés d'illusions dont ils sont bénéficiaires? Mais, à présent, voilà que des savants de tout pays, protestants, juifs, dénués de toute culture chrétienne, hostiles *à priori* et par principe à toute idée de surnaturel, viennent prendre la plume de nos hagiographes et de nos démonologues. Voilà que les Crookes et les Lombroso, les Gibier, les Richer, les Rochas et les Acksakoff font concurrence à Papebrook et à Delrio. Ils constatent et attestent avec bonne foi, quoique avec stupeur, les mêmes faits qu'on peut lire dans les Bollandistes. Or, ces faits, les uns comme les autres, sont la négation manifeste, le renversement des lois constatées du monde présent :

(1) *Vie de Jésus*, p. 250. *Les Ap.*, p. 66-73. *S. Paul*, p. 257, etc.

ce sont des corps qui perdent leur pesanteur, comme Jésus, comme Pierre marchant sur les eaux ; s'élevant dans les airs, comme Notre-Seigneur au jour de l'Ascension. Ce sont des flammes qui ne brûlent pas, comme celles qui consument le buisson ardent. Ce sont des pages qui se couvrent de caractères sans qu'aucune main tienne la plume, ou par le ministère d'une main mystérieuse qui ne se rattache à aucun corps, comme au festin de Balthazar. Ce sont des souffles mystérieux qui ébranlent les appartements, comme au Cénacle, le jour de la descente du Saint-Esprit ; ce sont des fantômes évoqués qui apparaissent et qui parlent, comme Samuel devant la Pythonisse d'Endor. Tous ces faits sont scientifiquement certains, je veux dire prouvés. Ne s'ensuit-il pas, par une conclusion rigoureuse, que, de l'aveu même de Renan, son livre n'est qu'un tissu d'erreurs ?

Voyons maintenant ce qu'il faut penser de ceux qui admettent la réalité des faits extranaturels constatés par les savants, mais croient se tirer d'embarras en disant avec le rationalisme : « le miracle n'est que l'inexpliqué ».

Voici leur raisonnement : ces faits insolites qui vous étonnent rentrent nécessairement dans quelque loi naturelle, jusqu'ici inconnue ; ils sont comme l'éruption de certaines forces latentes de la matière, dont la science saura s'emparer à son tour, pour les faire rentrer dans le cadre de ses découvertes. Un jour viendra où il en sera, de l'art de faire des miracles, comme des méthodes aujourd'hui employées pour faire jaillir de sa source mystérieuse l'étincelle électrique, et en tirer ces mille applications prodigieuses qui, sans nul doute, feraient à nos pères du moyen âge, s'ils pouvaient revenir, l'effet de miracles de premier ordre. La chimie, la physique, la médecine ne s'enrichissent-elles pas tous les jours de découvertes nouvelles, toutes plus inattendues les unes que les autres ? On a le sérum de Pasteur pour guérir la rage, celui du Dr Roux pour guérir la diphtérie. Demain on trouvera le spécifique du cancer. Hier n'a-t-on pas constaté que notre air respirable contient, comme élément constituant, un gaz nouveau dont l'existence n'avait jamais été soupçonnée? Et, chose plus incroyable encore, ne vient-on pas de découvrir un rayon qui traverse les corps opaques? Si un chimiste, au temps de Torquemada, avait à volonté, par certaines manipulations, comme on le fait aujourd'hui, liquéfié un gaz ou volatilisé une substance solide, aurait-il eu d'autre alternative que celle d'être honoré comme un saint thaumaturge, ou brûlé comme un sorcier? Donc, en présence de tant de faits extraordinaires, ne vous hâtez pas de crier au miracle, au surnaturel. Nous voulons bien ne plus dire, comme autrefois, le surnaturel est impossible, puisque les phénomènes qui le constituent, magnétisme, spiritisme, hypnotisme, etc., sont entrés dans le domaine des faits constatés par l'expérience scientifique. Mais voici notre thèse : les lois jusqu'ici connues de la nature sont immuables sans doute, comme toutes les lois; mais il y en a d'autres, jusqu'ici inexpliquées, qui se révèlent aujourd'hui et dont les phénomènes dont vous parlez sont des manifestations jusque-là inconnues et qu'il faut étudier. Laissez la science faire son œuvre, et le temps n'est pas loin peut-être où l'on saura quelles sont les conditions vraiment scientifiques dans lesquelles le feu ne brûle pas, les corps perdent leur pesanteur, les instruments de musique se promènent dans l'espace en jouant des airs variés, sans une main qui les touche, les crayons écrivent tout seuls, les fantômes des morts apparaissent et deviennent palpables à une main de chair, etc.

Voilà, ce me semble, l'objection nettement et complètement formulée; elle se résume à dire : Ces phénomènes, soi-disant surnaturels, sont l'effet de quelque loi naturelle qui a jusqu'ici échappé aux investigations de la science, mais n'y échappera pas toujours.

Or, selon nous, des évidences naturelles comme des principes posés et des faits acceptés par nos adversaires, il sort une conclusion toute contraire : non seulement les phénomènes en question ne sont pas une application quelconque de ce que la science entend par lois naturelles, force physique, propriété de la matière; mais ils sont et resteront à jamais en contradiction dirécte, formelle, absolue, irréductible, avec celles-ci. Ils laisseront à la science son domaine pleinement libre et entier, absolument respecté; mais ils formeront toujours une catégorie à part, *sui generis*, procédant d'une autre cause et tendant à une autre fin. Parlons le langage chrétien : le surnaturel — je prends ce mot dans sa plus large acception, dans le sens de nos adversaires — peut bien être *constaté* par la science : cela est vrai et, pour la démonstration de la révélation, cela doit être et cela est, mais jamais il ne pourra être *expliqué* par elle : diabolique ou divin, il fournira toujours à l'Église un terrain sur lequel elle pourra provoquer sans crainte l'examen de tous les hommes, amis ou ennemis, savants ou ignorants. Cette vérité nous paraît ressortir, comme une conséquence inéluctable, je le répète, et des principes posés et des faits avoués par nos adversaires. C'est ce que nous allons montrer en peu de mots.

Disons d'abord, avec le P. de Bonniot (1), qu'il y a des cas où le caractère surnaturel d'un phénomène s'impose de lui-même à tout homme de bonne foi. Ce sont les cas où la cause naturelle est évidemment absente. Benoît XIV emprunte aux actes de la canonisation de sainte Élisabeth de Portugal le fait suivant : la sainte reine fait une aumône à des pauvres; surprise par son mari, le roi Denis, qui lui demande ce qu'elle cache avec tant de soin, elle ouvre son vêtement et

(1) *Le miracle et ses contrefaçons*, p. 65.

montre à son époux stupéfait un bouquet de roses toutes
fraîches : on était en plein hiver (1). Or qui pourra
jamais prétendre qu'une force cachée de la nature a pu
produire un pareil effet? Les miracles évangéliques,
pour la plupart, donnent lieu à la même observation.
Notre-Seigneur ressuscite le fils de la veuve de Naïm,
dont il rencontre le convoi s'acheminant vers le cime-
tière; d'une parole il multiplie les pains, de manière à
nourrir trois mille personnes; d'un mot il calme une
tempête furieuse : où trouve-t-on place ici pour l'intervention de quelque force cachée de la nature? Si une
plaie sanglante, ou purulente et invétérée, se trouve
cicatrisée subitement, à la suite d'une prière, contre
toutes les lois connues et constatées de la médecine, à
quelle force cachée de la nature faudra-t-il recourir pour
expliquer ce fait? Dira-t-on que la nature peut se contredire à ce point? Aussi, que de tels faits soient prouvés,
il suffit pour qu'aux yeux de tout homme sensé, le miracle, le surnaturel, le préternaturel soit prouvé.

Qu'on soit rigoureux, minutieux, dans la recherche de
cette preuve, j'y consens, c'est non seulement le droit,
mais le devoir de quiconque veut s'assurer de la réalité
d'un miracle. Quand le docteur Surbled écrit que « l'important est de soumettre d'abord les faits à la critique
de la raison et de la science et de ne jamais faire appel
au surnaturel qu'en dernier ressort, et que, pour être
admis, le surnaturel ne doit pas être supposé; mais doit
être prouvé et indiscutable (2) », ce médecin parle ici

(1) *De canonis. sanct.*, t. IV, p. 176. Au même passage Benoît XIV cite,
de la bulle de canonisation de sainte Cunégonde, ce fait peut-être encore
plus étrange : « La poussière recueillie sur son tombeau fut changée plus
d'une fois en blé ». Un des miracles de l'Évangile le plus souvent reproduit dans la vie des saints, est celui de la multiplication des pains.
Voir, en particulier, dans la Vie du curé d'Ars (I, 301-307) le même miracle
deux fois répété. Dans ces faits, dont on cite cent exemples authentiques, il y a un acte divin au premier chef, une création *ex nihilo*. Que
peut-on demander de plus pour la preuve du surnaturel?

(2) *La morale dans ses rapp. avec la médecine et l'hygiène*, IV, 131.

en théologien encore plus qu'en savant. La qualité du
témoin doit se joindre à la qualité du fait, mais que
manque-t-il, par exemple, sous ce double rapport, au fait
suivant que je lis dans la Vie de saint Alphonse de Ligori?
Il s'agit d'une apparition de la Sainte Vierge survenue
à Foggia pendant que le saint y prêchait une mission.
Le fait eut lieu en 1732 et quarante-cinq ans plus tard,
Alphonse, devenu évêque et vieilli dans l'exercice des
plus héroïques vertus, interrogé canoniquement, donne
l'attestation suivante :

« Nous déclarons, sous la foi du serment, qu'en l'année
1732, pendant que nous annoncions la parole sainte dans
la ville de Foggia, nous avons vu plusieurs fois, dans des
jours différents, la face de la très Sainte Vierge Marie
apparaître dans le tableau connu sous le nom de la
Vieille Image. La Vierge avait les traits d'une jeune fille
de treize à quatorze ans. Sa tête était couverte d'un voile
blanc, son visage saillant et mobile comme celui d'une
personne vivante. Nous attestons, de plus, que nous
n'avons pas été le seul témoin de ce prodige : il est vu
de tout un peuple qui, par ses cris et ses larmes, se
recommandait à la mère de Dieu (1). »

Personne, dit-on, ne connaît toutes les forces de la
nature ; cela est vrai, et tout fait espérer que l'avenir
réserve à la science de magnifiques découvertes. Mais si
toutes les forces de la nature ne sont pas connues,
remarque fort justement le P. de Bonniot, on sait fort
bien quel est le genre de ces forces et les effets qu'elles
sont capables de produire. S'agit-il du règne minéral?
Là la vie est absente et nous savons parfaitement que,
dans cet ordre, toutes les forces sont purement mécaniques, c'est-à-dire toutes causes de mouvements purement matériels. L'idée ne viendra jamais à personne
que d'un silex brut, d'un métal quelconque, puisse sortir

(1) Saint Ligori, par le R. P. Berthe, I, 101.

un être vivant, végétal ou animal. S'agit-il du règne végétal ou animal, là où commence le domaine de la vie? Tout le monde sait que la vie procède d'un germe, déjà vivant, et qu'elle évolue par nutrition, c'est-à-dire par progrès successifs et à l'aide du temps. « Par conséquent, un fait qui appartient à la vie et qui s'écarte de cette loi n'a pas pour cause une force naturelle, cachée ou non (1). »

Venons aux phénomènes intellectuels et moraux. De ceux-là il est clair, dans le monde où nous habitons, que l'homme est la seule cause naturelle, et il est toujours facile de s'assurer si tel ou tel fait de cet ordre a l'homme pour cause. Mais l'homme exclu, « il faut, de toute nécessité, recourir à des intelligences que la nature ne renferme pas. Ni le minéral, ni la plante, ni l'animal même ne peuvent fournir la solution du problème que présentent ces phénomènes (2) ».

Ces réflexions si judicieuses ne concernent pas seulement les miracles proprement dits, les miracles divins; elles s'appliquent aussi à nombre de phénomènes spirites, ou extranaturels quelconques. La cause qui fait qu'à l'appel de M. Crookes, un fauteuil se déplace et vient à lui, n'est évidemment pas une cause physique, cachée dans le bois ou dans le crin du fauteuil. Quand un instrument de musique joue tout seul, suspendu en l'air sans être touché par aucune main, il est impossible de supposer une force cachée qui, naturellement, le soutient au-dessus du sol, naturellement fait sortir des sons et naturellement le fait obéir à la voix du médium. Il est clair, je dirai évident, pour tout homme de bon sens, qu'aucun de ces phénomènes ne se rapporte à un principe matériel, pas plus qu'à la volonté de l'homme, lequel peut en être l'agent provocateur, le témoin, l'occasion, je dirai même l'instrument, par l'action de tel ou

(1) *Ibid.*, p. 71.
(2) *Ibid.*, p. 71.

tel fluide mystérieux dont quelques savants, même chrétiens (1), soupçonnent l'existence et l'intervention dans les faits spirites, mais jamais la cause.

Les rationalistes accusent volontiers les catholiques d'ébranler la science humaine par leur notion du surnaturel et du miracle : ils ne font pas attention que par leur objection « des forces cachées de la nature » ils introduisent eux-mêmes dans la science un scepticisme mortel, irrémédiable, qui la ruine par la base. En effet jusqu'ici tout le monde, et les catholiques aussi bien que les savants incrédules, ont admis que les conquêtes de la science, une fois vérifiées par des expériences constantes, étaient acquises pour toujours ; et c'est aussi la condition *sine qua non* du progrès scientifique. On ne reviendra jamais sur le mouvement de la terre, ni sur les découvertes d'Ampère relatives au magnétisme et à l'électricité ; les combinaisons chimiques des corps ne seront jamais contestées ; les travaux de Pasteur ont pour jamais ruiné la théorie de la génération spontanée, Toutes ces lois, une fois démontrées, sont la base solide sur laquelle on s'appuie pour aller plus avant et faire monter plus haut l'édifice de la science. C'est par là qu'on peut prédire, à coup sûr, que la science du xve siècle dépassera celle du xixe. Mais quand, pour se débarrasser des phénomènes qui bravent la loi de la gravitation sans parler des autres, on vient à remettre ces mêmes lois en doute, en supposant que telle autre loi, aujourd'hui méconnue, pourrait bien les supplanter et expliquer ce qui reste naturellement inexplicable, c'est là, pour ne rien dire de plus, une témérité sans excuse ; on ne va à rien moins qu'à détruire, sans remède, toute certitude scientifique. Comme on l'a fort bien remarqué, la négation de la possibilité de

____

(1) M. Gasc Desfossés, le Dr Surbled, le Dr Audollent, etc., voir plus bas.

constater le miracle mène à la négation de la science elle-même.

« Si on ne peut jamais, écrit un judicieux auteur, prononcer qu'il y a miracle par la raison que nous ne connaissons pas *toutes* les forces de la nature, comment pourrait-on prononcer qu'un phénomène quelconque est le résultat de telle loi que l'on formule, puisqu'il pourrait être produit par une force cachée de cette même nature? Dès lors, toute science naturelle deviendrait impossible, car ces sciences consistent précisément à constater et à formuler les lois certaines et constantes des phénomènes naturels. Si l'objection était sérieuse, qui oserait jamais affirmer que telle loi naturelle existe, alors que les phénomènes annoncés, comme devant se produire d'une manière invariable, seront peut-être empêchés par une autre force cachée de la même nature? On le voit, l'objection formulée contre le miracle se retourne contre la science elle-même au nom de laquelle elle est présentée (1). » Au contraire, le catholique qui affirme le surnaturel, et par là explique les faits que la science est impuissante à justifier, n'en croit pas moins à la nature : il admet, sans doute, qu'il existe un ordre supérieur à celui du monde présent, mais nullement contraire ni contradictoire. Le domaine qu'il revendique pour le surnaturel n'empiète nullement sur le domaine de la science; mais le savant qui n'admet que la nature et en vient, contraint par l'évidence des faits, à admettre que c'est en vertu de quelque loi inconnue de la nature, que le feu ne brûle point, que le poids des corps est supprimé, etc., introduit dans le monde de la science un chaos contradictoire, un illogisme absolu, et force l'esprit le plus solide à se débattre dans le plus fatal et le plus douloureux scepticisme. Et ainsi, chose bizarre, par peur du surnaturel, les savants rationalistes tombent

____

(1) Le P. Devivier, S. J., *Cours d'apologétique*, p. 136. Paris, Retaux.

en plein dans l'inconvénient qu'ils reprochent si amèrement aux catholiques : celui de mettre en péril la certitude scientifique; et ce sont les catholiques qui sont
réduits à soutenir contre eux ce qu'ils ont d'ailleurs
toujours professé : la fixité, l'invariabilité des lois de la
nature, dans le système du monde présent.

Renan et tous les rationalistes à la suite se, sont
fait, contre le surnaturel, une objection de cette fixité
des lois de la nature. Les partisans du surnaturel,
disent-ils, supposent qu'il suffit d'une prière, d'un caprice d'un thaumaturge quelconque pour que telle maladie soit guérie, les pains multipliés, l'eau changée en
vin. Admettre une pareille thèse c'est tout simplement
rendre la science impossible. Renan écrit à ses collègues
du Collège de France :

« La condition de la science est de croire que tout est
explicable naturellement, même l'inexpliqué. Chacune
de vos leçons suppose le monde invariable. Tout calcul
est une impertinence s'il y a une force changeante qui
peut modifier, à son gré, les lois de l'univers, si des
hommes en priant ont le pouvoir de produire la pluie
ou la sécheresse. Si l'on venait à dire au météorologiste :
« Prenez garde, vous cherchez les lois naturelles là où il
« n'y en a pas; c'est une divinité bienveillante ou cour-
« roucée qui produit ces phénomènes que vous croyez
« naturels », la météorologie n'aurait plus de raison
d'être. Si on venait dire au physiologiste ou au médecin :
« Vous cherchez les raisons des maladies et de la mort,
« c'est Dieu qui frappe, guérit, tue », le physiologiste
répondrait : « Je cesse mes recherches, adressez-vous
« au thaumaturge (1). »

(1) Avant M. Renan, M. J. Simon avait écrit de même : « Considérons
la science. Sur quoi repose-t-elle ? sur la fixité des lois de la nature.
Mais si l'unité, l'immobilité, l'harmonie dominent à ce point la science,
comment pourrait-on introduire, dans le monde qu'elle nous révèle, une
volonté capricieuse, des mouvements désordonnés, des dérogations per-
pétuelles à la loi ? » *Relig. Nat.*, p. 284.

Renan, en formulant cette singulière objection, n'a
pas remarqué que, loin d'être contraire à la fixité des
lois de la nature, la notion même du surnaturel, du
miracle, implique et présuppose la constance de ces lois;
car signaler une exception, c'est proclamer la règle. S'il
n'y avait pas de nature, il ne pourrait pas y avoir de
surnaturel. C'est parce que les lois de la nature, quoique
contingentes dans leur essence, sont supposées et sont
réellement constantes et invariables, qu'on a pu parler
d'un ordre surnaturel en ce sens que, par exception, il
vient interrompre cette constance des lois naturelles.
Cette exception elle-même, loin d'être arbitraire et de
dépendre d'un thaumaturge ou des prières du croyant,
est toujours justifiée par la sagesse souveraine qui préside à l'action des forces physiques, aussi bien qu'aux
lois de l'ordre moral et religieux. Elle n'est jamais d'ailleurs la destruction d'une loi de la nature; au contraire,
en la violant elle lui rend hommage; car en la suspen-
dant, elle la laisse subsister entière, à peu près comme
lorsque ma main projette en l'air un corps lourd, je ne
détruis en aucune façon la loi de la pesanteur, quoique
j'oblige, pour un instant, un corps plus pesant que l'air
à monter au lieu de descendre. Que ce soit Dieu qui in-
tervienne directement pour suspendre à sa volonté, par
exemple, le cours d'un fleuve, pour calmer une tempête,
vous avez le miracle, mais nullement la suppression de
l'ordre naturel. Aussi, loin de prétendre que le miracle
est impossible, vu la constance des lois de la nature, il
faut dire que l'idée même du miracle ne serait pas possible si les lois de la nature n'étaient pas constantes.
Loin de faire contraste avec la marche harmonieuse de
la nature, les vrais miracles, tout en ne pouvant jamais
se confondre avec les faits naturels, c'est-à-dire restant
toujours des actes libre, rares, intermittents de la puissance souveraine, sont ordonnés de telle sorte qu'ils
ajoutent, loin de lui nuire, à la beauté de l'ensemble de

l'univers. Comme l'a dit excellemment l'abbé de Broglie, « le miracle est le signe d'une liberté qui intervient dans la nature : il n'aurait pas de signification, il ne pourrait pas même être discerné si la nature elle-même était capricieuse (1) ».

C'est précisément cette notion très certaine de la constance des lois de la nature, vérifiée par la science, qui rend impossible et contradictoire cette assertion des adversaires du surnaturel, que les faits de ce genre ne sont que l'inexpliqué, en d'autres termes ne sont que l'effet de forces cachées, jusqu'ici inconnues, de la matière. Pour s'en convaincre mettons en regard, d'une part, cette fixité qui est l'essence des lois de la nature, et de l'autre le caractère spécial des faits surnaturels, qui est l'irrégularité, la spontanéité, je dirais, volontiers, le caprice, si je pouvais faire abstraction de la providence souveraine qui préside à toutes choses. S'agit-il d'une loi de la nature, d'une propriété de la matière? On peut toujours prévoir et prédire ce qui arrivera dans telle circonstance donnée : un morceau de bois jeté au feu brûlera infailliblement; un fleuve suivra toujours sa pente, sans remonter vers sa source; les combinaisons chimiques se feront toujours dans les mêmes conditions, et cela aussi longtemps que la machine du monde présent restera établie sur sa base. Pouvoir déterminer à l'avance les résultats certains, et toujours les mêmes, de causes constatées, c'est la condition même de la science. Un physicien, un chimiste, un astronome pourront toujours prévoir et prédire, chacun dans sa sphère, comment se comporteront les éléments, astres ou atomes, qui sont l'objet de leur étude. Stuart Mill, un autre adversaire des miracles, voit précisément, dans cette faculté de prévoir et de prédire les phénomènes de la nature, un des traits caractéristiques de la science. Se-

_____

(1) *Relig. et crit.*, p. 207 (Lecoffre, 1897).

lon lui et son école, la science est la faculté de prévoir
infailliblement les effets des agents naturels (1).

Mais ici la question est tranchée par un maître incon-
testé, Claude Bernard, qui a dit le dernier mot de la
science sur les conditions d'un fait scientifique. « Le
caractère essentiel de tout fait scientifique, écrit-il, est
d'être déterminé ou du moins déterminable. Déterminer
un fait, c'est le rattacher à sa cause immédiate et l'expliquer par elle. Si un phénomène se présentait, dans une
expérience, avec une apparence tellement contradictoire
qu'il ne se rattachât pas, d'une manière nécessaire, à
des conditions d'existence déterminées, la raison devrait repousser le fait, comme un fait non scientifique...
L'admission d'un fait sans cause, c'est-à-dire indétermi-
nable dans ses conditions d'existence, n'est ni plus ni
moins que la négation de la science. La science n'étant
que le déterminé et le déterminable, on doit forcément
admettre comme évident que, dans des conditions identiques, tout phénomène est identique, de telle sorte qu'un
phénomène naturel quel qu'il soit étant donné, jamais
un expérimentateur ne pourra admettre qu'il y ait une
variation dans l'expression de ce phénomène , sans
qu'en même temps il soit survenu des conditions nouvelles dans sa manifestation (2). »

Au contraire, à un thaumaturge, à un spirite il sera
toujours impossible, l'expérience est là pour le dire, de
réduire son art en théorème. Ce sont les charlatans seuls,
les magiciens de carrefour, ceux qui s'enrichissent de
la crédulité du peuple, qui pourront dire : pour produire telle espèce de songe, pour provoquer telle apparition, voici une recette infaillible. Un prestidigitateur
seul peut toujours attendre, et prédire à coup sûr un résultat certain des trucs qu'il emploie. Rien de pareil dans

---

(1) Cf. Bonniot, *Le miracle et ses contrefaçons*, p. 43.
(2) *Introduction à la médecine expérimentale*, p. 94-95, cité dans les
Ann. de Phil. chrét., nov. 1895, p. 287.

les phénomènes spirites ou spiritualistes vérifiés par les Crookes, les Gibier, les Acksakoff. Car les savants habitués aux procédés de la science sont les premiers à reconnaître que la force quelconque qui agit dans le véritable médium, est une force intermittente, irrégulière ; elle n'est pas même au pouvoir de ceux qui en sont le théâtre, puisqu'elle se refuse souvent à leur áppel et souvent contrarie leur désir. Enfin, M. Crookes l'a établi lui-même, et avec lui tous les observateurs sérieux et de bonne foi, cette force est intelligente et répond aux questions qui lui sont posées, justifie parfois ses actes, raisonne, en un mot, avec ceux qui la provoquent ou qui l'interrogent : ce qu'aucune force de la nature n'a jamais fait ni ne peut faire (1).

Les savants qui se sont appliqués à l'étude du spiritisme, justement préoccupés de l'idée de rattacher les phénomènes qu'ils observaient à quelque nouvelle force de la nature, ont tous dû, malgré les tentatives les plus réitérées en sens contraire, avouer loyalement que ces faits ne peuvent rentrer dans le cadre de la science proprement dite.

J'ai cité Crookes. Voici des savants américains qui certifient la même chose. C'est le professeur Hystop, des États-Unis, qui déclare avoir trouvé, dans la cause quelconque qui opère ces phénomènes, des volontés résistantes, contraires à sa volonté et à ses désirs. Citons-le textuellement : « L'écriture automatique (2) que j'ai

(1) On sait que le Dr Crookes invitait à ses expériences les plus habiles prestidigitateurs de Londres, afin qu'ils pussent bien constater eux-mêmes que les phénomènes dont ils étaient rendus témoins n'avaient rien de commun avec leur art.

(2) Il s'agit ici de plumes qui écrivent d'elles-mêmes sans la volonté de celui qui les tient. Il a été grandement question dans ces derniers temps du cas de M. Flammarion, l'astronome bien connu. M. Flammarion, adepte fervent du spiritisme, médium lui-même, avait cru sérieusement recevoir des communications de l'esprit de Galilée. Détrompé, par l'étude des faits, sur la véracité des communications spirites, il soutient aujourd'hui que le spiritisme n'est autre chose qu'une sorte d'hal-

obtenue, dit-il, n'a jamais dépendu d'idées préconçues. L'écriture diffère de la mienne, et elle est produite avec une rapidité qu'il me serait impossible d'imiter. Les pensées ne sont pas les miennes et sont souvent à l'opposé de celles qui me sont le plus chères. Je ne puis jamais obtenir de l'écriture automatique à volonté. Souvent je n'obtiens rien ou seulement quelques mots comme : *Le pouvoir manque* » ou les *conditions sont mauvaises* (1). »

Un autre professeur américain, M. Elliott Coues, après avoir, ainsi que l'avait fait M. Crookes, déclaré que garder le silence sur les faits par lui constatés serait à ses yeux une lâcheté morale, M. Coues vient joindre un témoignage qui lui coûte à celui de tant d'autres, savoir : que les phénomènes les plus minutieusement vérifiés par lui-même viennent déconcerter toutes ses habitudes scientifiques. « Contrairement, dit-il, aux expériences de la science physique, les expériences psychiques ne peuvent être produites à volonté et par conséquent

lucination dans laquelle notre imagination croit écrire sous la dictée d'autrui ce qu'elle rêve elle-même. On a répondu fort justement à M. Flammarion que cette explication est en contradiction formelle avec les faits les plus avérés. (Voir *Revue du monde invisible*, août 1899, art. de Mᵍʳ Méric.) Ce n'est pas que l'explication présentée, après tant d'autres, par M. Flammarion, ne repose sur aucun fait réel. Il est certain que parfois « l'esprit » paraît se comporter comme le ferait le médium lui-même. Il a ses idées, ses façons de parler. S'il écrit (et sans que le médium, bien entendu, touche au crayon), il imite ses fautes d'orthographe. D'autres fois, l'esprit semble réfléchir simplement les idées des personnes présentes. Il est savant avec les savants et banal avec une assemblée banale. Si on lui pose une question, la réponse correspond à ce que la moyenne de l'assistance en pense elle-même. (Voir *Le péril occultiste*, p. 197.) Si tous les phénomènes spirites présentaient exclusivement ces caractères, tout mystérieux qu'ils puissent être, l'hypothèse de M. Flammarion pourrait être une solution. Mais, comme nous l'avons vu, les faits qui échappent à ce genre d'explication sont innombrables. Si, comme nous le croyons, l'agent qui s'adresse au public spirite est satanique, le démon, en recourant souvent à des procédés dont le but est de faire nier sa présence, ne fait que l'attester davantage; il est dans son rôle.

(1) V. *Le Psychisme expérimental*, étude de phénomènes psychiques. par Alfred Erny, Paris, Flammarion, 1895, p. 61.

échappent aux procédés habituels de vérification (1). »

Si donc il y a quelque chose de constaté, c'est que l'agent quelconque de tous ces phénomènes procède au rebours des agents naturels. Ceux-ci, on ne saurait trop le redire, car c'est là la condition même de la science, produisent leurs effets fatalement, automatiquement, toujours les mêmes, aussi longtemps que les conditions ne sont pas changées. Les phénomènes spirites — nous excluons les cas où la supercherie a été constatée — sont, au contraire, toujours accompagnés d'une certaine liberté, capricieuse, changeante, impossible à prévoir et à régler. Il faut donc ou renoncer à raisonner ou admettre que le spiritisme, ou la faculté quelconque d'où procèdent les faits extra-naturels, ne peuvent dépendre d'une loi naturelle, d'une propriété physique de la matière, mais d'une cause entièrement différente; car une même cause ne saurait ni se comporter différemment dans son exercice, ni produire des effets non seulement différents, mais contradictoires.

Et ici qu'on n'objecte pas les expériences de Charcot et de son école. Les mêmes savants qui ont confessé que les phénomènes spirites ne rentraient pas dans le domaine des faits scientifiques, ont aussi fait l'expérience que la faculté, chez le médium, de provoquer les phénomènes en question, loin d'être le résultat d'un détraquement du système nerveux, est, au contraire, suspendue dans les sujets malades. « Quand un médium est malade, a-t-on écrit, on n'obtient plus d'effets psychiques; ce n'est que revenu à la santé que les phénomènes reparaissent. Ce résultat a été constaté souvent par S. Moses, les docteurs Gully et Nichols et bien d'autres. Il prouve, à n'en pas douter, que les médiums ne sont pas des malades, comme le supposent certains docteurs qui les confondent avec leur clientèle... Chaque

____

(1) *Ibid.*, p. 110.

fois que j'étais malade ou souffrant, dit un médium
célèbre, Oxon, les phénomènes perdaient toute valeur
et toute clarté. A peine bien portant, l'effet contraire se
produisait. Ce qu'on obtient des malades, des hystériques ou des folles, n'est qu'un vagabondage de cerveaux
et d'organismes détraqués (1). »

Mais, de plus, et voici la réponse capitale, il suffit
d'étudier de près les phénomènes produits à la Salpêtrière pour montrer qu'ils ne se rattachent pas aux phénomènes spirites. En effet, si bizarres qu'ils soient, ils
rentrent très facilement dans la catégorie des faits scientifiques. Quelle que soit la variété de ses crises, l'hystérie, grande ou petite, est certainement une maladie,
c'est-à-dire un phénomène morbide naturel. On a pu la
classer sans peine parmi les autres affections du corps
humain, objet de la science médicale. On a pu en dé-
crire sinon toujours les causes, au moins les effets, les
phases successives, et les plus étranges phénomènes
ont pu être ramenés à des lois fixes et invariables, à
ce déterminisme absolu qui préside à toutes les évolu-
tions des forces physiques, morbides ou normales.
Savez-vous quel est le grand mérite de Charcot, sa
gloire véritable? C'est justement d'avoir définitivement
exclu, de la catégorie des faits surnaturels, tels ou tels
phénomènes d'extase ou de prétendue possession qui
ne s'y rattachent pas nécessairement, mais qui, avant
lui, avaient pu tromper une science incomplète. Grâce
à Charcot on peut dire désormais : telle ou telle né-
vrose, arrivée à certain degré, produit fatalement telle
contraction, telle convulsion, telle grande hallucination,
tel délire, absolument comme on dit, depuis la découverte du quinquina : telle dose administrée produit la
fièvre chez qui ne l'a pas, ou la calme chez celui qui l'a(2).

(1) Erny, p. 61-63.
(2) Voir dans l'ouvrage cité plus haut du P. de Bonniot, l'intéressant
chapitre intitulé les *Merveilles de l'hystérie*, p. 324 et suiv. — Voir aussi

Parmi les tentatives faites par les savants pour réduire tous les phénomènes spirites à de pures anomalies de l'ordre naturel, il faut signaler les études si curieuses de M. Pierre Janet, principalement dans son livre l'*Automatisme psychologique* (1).

M. Janet, nous l'avons vu, n'est pas de ceux qui passent à côté du spiritisme sans regarder, sous prétexte « qu'il n'est pas du domaine de la science ». Cependant il est facile de voir qu'il n'aborde la question qu'avec un certain dédain défiant, précisément à cause du côté préternaturel qu'elle présente. Ajoutons que la solution qu'il propose, même si elle était juste, ne résoudraitpas encore le problème puisque, de son aveu, il laisse de côté les phénomènes principaux, même ceux qui on été constatés par Crookes, Richer et autres savants. Il ne veut étudier que « le problème psychologique de l'écriture des médiums (p. 387) ». Il veut expliquer comment le mouvement de la main du médium peut être « *involontaire et inconscient, tout en restant cependant intelligent* (p. 388) ». Or que la main du médium obéisse à des mouvements involontaires, ce serait là un phénomène assez facile à expliquer. Il en est tout autrement de l'inconscience intelligente du médium écrivant. Cette inconscience, M. Janet est fort tenté de la mettre en doute. Quand M. Desmousseaux, après et avant mille autres, écrit que la table parlante révèle des choses que le médium ne peut pas savoir et qui dépassent la mesure de ses facultés, M. Janet avoue que ce serait là un fait décisif; mais, ajoute-t-il, « sa démonstration complète demanderait des précautions minutieuses, dont ces enthousiastes (les spirites) sont bien incapables. On peut dire qu'il n'y a pas un fait authen-

et surtout le Dr Imbert-Gourbeyre, *La Stigmatisation*, t. II, p. 433-481, Paris, Vic et Amat.

(1) In-8°, Alcan, 1854.

tique de ce genre (p. 394) ». Si M. Janet ne mettait ici
en cause que les fanatiques du spiritisme, il n'y aurait
rien à dire, et volontiers on se joindrait à lui pour
trouver, contre la prétention du médium de faire parler
une intelligence autre que la sienne, un argument dans
la quantité innombrables de balivernes et de sottises
que débitent les esprits des tables tournantes; mais il
oublie que ce sont des savants comme lui, et comme
lui ennemis du surnaturel, qui ont constaté, avec des
précautions infinies, les faits qu'il révoque si légèrement
en doute. Nous l'avons vu dans les pages qui précè-
dent. Aussi M. Janet ne veut pas nier tout à fait ce que
tant de gens attestent. Il reconnait donc qu'il y a parfois une intelligence qui existe et se manifeste par l'é-
criture de la planchette, à l'insu du médium. Comment
l'expliquer? Le voici. C'est par le système de la désagrégation psychologique ou du dédoublement des personnalités. En effet, des faits très curieux qu'il a observés dans la somnambulisme, dans l'hypnotisme, dans
diverses formes d'automatisme pathologiques, il a tiré
cette conclusion : c'est que le moi humain n'est pas un,
ou du moins doué de cette rigoureuse unité qu'on lui
avait reconnue jusqu'à lui. Il peut y avoir, et il y a dans
certains sujets (et sans doute la chose est en germe dans
tous les hommes), outre l'existence normale du sujet, une
nouvelle existence psychologique, non pas seulement
alternant, comme on l'a constaté dans certains cas célèbres et souvent cités, mais absolument simultanée. « On
s'est accoutumé, écrit-il, à admettre sans trop de difficultés que les variations successives de la personnalité,
les souvenirs, le caractère qui forment la personnalité
pouvaient changer sans altérer l'idée du moi, qui restait
un à tous les moments de l'existence. Il faudra, croyons-
nous, reculer plus encore la nature véritable de la personne métaphysique, et considérer l'idée même de l'unité
personnelle comme une apparence qui peut subir des mo-

dincations (p. 323) (1). » Cette théorie — non pas prouvée
certes — mais présupposée, les écritures inconscientes et
cependant intelligentes du médium s'expliquent de la façon suivante. Les médiums sont des somnambules incom-
plets. Leur personnalité se dédouble, comme on le voit
dans les hypnotisés. C'est leur seconde personnalité qui
frappe des coups intelligents, dit des paroles, raisonne
avec suite, sans que la première en ait le moindre soupçon
et en garde le moindre souvenir. En vain objecte-t-on,
avec M. de Mirville, que c'est une vraie folie que cette
seconde âme existant en même temps que l'autre : « sans
doute, réplique M. Janet, c'est peut-être bizarre, mais,
c'est vrai (p. 410) ». M. Janet a trouvé des somnambules
qui ont les uns trois, les autres jusqu'à quatre personnalités différentes ! Et c'est même cette multiplicité des
personnalités que l'auteur allègue contre une autre
théorie, renouvelée du Dr Lombroso : celle qui explique le
spiritisme par « la dualité cérébrale ». Selon ces savants,
si le médium écrivain se livre parfois à des inconve-
nances de langage, c'est que l'hémisphère gauche du
cerveau étant paralysé, c'est l'hémisphère droite qui
parle et qui est « sans éducation et sans morale (p. 416) ».

Nous n'insisterons pas ici sur la grande question philosophique de la personnalité humaine et sur l'unité du
moi. Cela nous mènerait trop loin. Disons seulement
qu'il est étrange de voir un savant de bonne foi, pour
expliquer certaines singularités pathologiques, en venir
à révoquer en doute, que dis-je, à nier, de toutes les vérités
philosophiques, la mieux établie, la plus certaine : vérité
dont on peut dire qu'elle a pour elle, outre le sens commun de tous les temps et l'expérience de tous les hommes, l'assentiment de tout ce qui, jusqu'à ces derniers
temps, a compté en philosophie ; vérité qu'on ne peut

(1) Voir une solide réfutation du système des personnalités multiples
dans le P. Roure, S. J., *Doctrines et problèmes* (in-8°, Retaux, 1900), p. 416. —
Voir aussi les belles études de l'abbé Piat sur la *Personnalité humaine*.

mettre en doute sans ruiner du même coup, de fond en comble, la société humaine, puisque sans l'unité de la personnalité humaine, il n'y a plus ni liberté, ni responsabilité, ni raisonnement, ni morale ni religion.

Ces graves conséquences, M. Janet ne s'en préoccupe pas. Il procède, oserais-je dire, comme un homme qui, ne pouvant trouver le secret d'une serrure trop compliquée, se résout, sans hésiter, à démolir, pour entrer, la porte toute entière, dût-il faire crouler la maison. Il ne paraît pas même s'apercevoir que la solution qu'il propose est cent fois plus difficile à comprendre que le problème qu'il veut résoudre, ni que le raisonnement à l'aide duquel on s'efforce de détruire le moi n'est même pas possible sans l'existence du moi !

Voilà à quel abîme est poussée la science par l'horreur du surnaturel. Car, au fond, c'est là avant tout la solution qu'on se propose d'écarter. En effet si on peut, à la rigueur, pardonner à M. Janet ses plaisanteries sur la crédulité dont il accuse certains témoins, fort respectables et très autorisés, des faits spirites, comment l'excuser d'avoir fait siennes les paroles suivantes, empruntées par lui à un auteur peu connu, qu'il lit avec enthousiasme parce qu'il a le premier soupçonné le dédoublement du moi : « Tel est, dit cet auteur, le somnambulisme où sibyllisme parfait : tables parlantes, écriture involontaire, *rappings* ou *knockings*, médium, somnambulisme, telles sont les différentes formes que revêt le phénomène de scission intellectuelle qu'on pourrait peut-être convenablement désigner sous le nom de sibyllisme, d'après son mode de manifestation le plus élevé, et celui *sans aucun doute* qui a joué dans le monde le rôle le plus important, puisque, *transformé en institution publique, il a été pendant des siècle la base et la sanction des religions* (p. 401) (1). »

(1) On ne s'étonnera pas d'entendre M. Janet donner sur les possessions cette explication sommaire . « *La croyance à la possession n'est que la*

En résumé l'explication, soi-disant naturelle et scientifique, donnée par M. Janet ne s'applique qu'à une seule
catégorie de faits, les moins importants de tous.

En second lieu son explication a pour fondement la plus
grave erreur philosophique qui se puisse concevoir.

Enfin elle vise indirectement à donner pour base à
l'existence des religions — lisez le christianisme — la plus
superficielle, la plus banale et la plus fausse des théories.

Tirons seulement des études fort intéressantes de
M. Janet une conclusion analogue à celle qui résulte pour
nous des travaux de M. Charcot. En poussant plus loin
que lui l'étude des faits extraordinaires du somnambulisme, de l'hypnotisme et du spiritisme, il nous fait pénétrer plus avant dans la connaissance des rapports du
physique et du moral ; peut-être nous met-il sur la voie
de quelques nouvelles lumières sur le mystère du com-
posé humain des scolastiques, qui est l'homme véritable.
Enfin, comme M. Charcot, M. Janet nous fait connaître
davantage les phases qui président aux anomalies qu'il
décrit et qui, par cela même qu'on peut leur donner des
lois fixes, rentrent dans le domaine scientifique. Il ne
résout aucunement la question du spiritisme dans son
côté préternaturel ; mais il ajoute peut-être un chapitre
utile à la science de la tératologie psychologique, en faisant mieux connaître les ressorts inconnus qui seraient
l'explication des phénomènes bizarres qu'il étudie. Mais
pas plus que les autres savants qui travaillent à éliminer le surnaturel, il ne parviendra à emprisonner les
faits de cet ordre dans le cadre rigide et fatal des lois
naturelles.

L'essence du fait surnaturel, ou préternaturel, répétons-le, c'est qu'il n'est jamais nécessaire ni fatal. Le fait
qui s'est produit aujourd'hui peut fort bien ne pas se
reproduire le lendemain, quoique les circonstances

traduction populaire d'une vérité psychologique (p. 441). » Cette vérité,
c'est la désagrégation mentale !

soient identiques. Aujourd'hui, un médium réussit dans toutes ses expériences ; demain, malgré son plus vif désir, il n'en sera plus de même (1). Qui pourrait imaginer, au contraire, que le feu qui a brûlé aujourd'hui cesse de brûler demain, qu'un corps pesant s'élève de lui-même dans l'air? Si des phénomènes de cette nature viennent à se produire, de deux choses l'une : ou bien c'est qu'une loi naturelle serait intervenue, se superposant à la première pour la neutraliser, comme quand on jette de l'eau sur le feu, ou qu'on lance la pierre en l'air; ou bien, si nulle cause naturelle ne peut être invoquée, c'est un phénomène préternaturel.

Mais qui pourrait seulement supposer cette folie : un gaz refusant d'obéir à l'expérimentateur, un sel capricieux s'insurgeant contre le savant qui s'en sert, de l'eau pure qui refuserait de bouillir à cent degrés, ou de se congeler à la température de zéro? Ce sont pourtant ces résistances, ces contradictions arbitraires auxquelles il faut s'attendre, dans nombre d'expériences spirites ou préternaturelles. Citons ici une parole fort judicieuse du Dr Hélot : « Le caprice est le seul mot capable de figurer l'inconstance, l'irrégularité, la mobilité, la diversité, le désordre de ces phénomènes, et rien n'est plus contraire à l'idée d'une *loi*. On parle bien au figuré des caprices de la nature, mais ces caprices-là sont aussi bien réglés que ses phénomènes les mieux ordonnés. Un vrai caprice supporte toujours une intelligence d'une volonté libre ; cette intelligence et cette volonté ne se montrent que trop dans les caprices du spiritisme. Bien fou qui ne veut pas l'y voir (2). »

On voit par là que le fait surnaturel, par essence,

---

(1) J'entends les vrais médiums : les médiums charlatans réussissent toujours. On n'imagine pas Robert Houdin faisant du spiritisme et manquant son tour.

(2) *Névroses et possessions diaboliques*, par le Dr Hélot, p. 153. 1 vol. in-8°, Paris, Bloud et Barral.

n'est jamais empreint du caractère de nécessité, de déterminisme fatal qui est, au contraire, le propre de tout fait du ressort des sciences naturelles et ne pourra jamais, dans l'avenir plus qu'à présent, entrer dans la même catégorie.

Mais poursuivons notre démonstration.

Un autre caractère des lois naturelles c'est qu'elles sont cohérentes entre elles, jamais contradictoires. On a abusé de ce beau mot : les harmonies de la nature. Aucune cependant ne répond à une plus magnifique, à une plus grandiose réalité. Pour ne toucher qu'aux choses qu'on ne saurait nier, quel matérialiste, si encroûté soit-il, n'est pas sensible à la succession des saisons, à la régularité bienfaisante avec laquelle la terre répond aux besoins de l'homme, qui en tire sa subsistance et en extrait toutes ses richesses? Les philosophes du jour les plus obstinés à nier un Dieu créateur, personnel et vivant, un Dieu providence, ami des hommes, ne sont-ils pas forcés, en ce point semblables au reste des mortels, à s'incliner devant cette force inconnue qui, sans se lasser jamais, sans s'amoindrir, sans connaître aucun caprice, aucune défaillance, sème à profusion dans l'espace, depuis des temps qu'ils estiment éternels, la lumière, la fécondité, la beauté et la vie?

Eh bien! je n'en veux pas davantage pour conclure que les forces irrégulières que nous manifeste le monde spirite ne pourront jamais, en aucun temps, se confondre avec les lois harmonieuses et fécondes qui président aux destinées de ce monde que nous habitons, et où, de tout temps, les hommes de tout pays ont cru reconnaître une preuve certaine de l'existence de la Divinité.

Ouvrons les livres des adeptes de cette école. Consultons les procès-verbaux de leurs congrès; ne leur attribuons rien que ce qu'ils ont eux-mêmes attesté, constaté, publié maintes fois, avec une monotonie fastidieuse, une désespérante abondance. Les réponses les plus avérées des « esprits, des âmes désincarnées » pour parler leur langage, nous font entrer non dans le monde si harmonieux de la nature, dans le monde si logique de la science, mais dans un véritable chaos. Quand on a passé quelques heures à compulser ces longs procès-verbaux de séances interminables, on en sort l'esprit étourdi, le cerveau fatigué de ces phénomènes sans but, sans utilité, de ces visions contradictoires, incohérentes, sottes ; de ces hallucinations déclamatoires, où parfois le sublime, emprunté à l'Évangile, se heurte avec des imaginations grotesques, des thèses souvent immorales. Des spirites avouent que l'obscène même s'y rencontre, et qu'il y aurait, dans ces comptes rendus, des pages qu'il faudrait déchirer, si on avait eu l'impudeur de les écrire.

Un des monuments les plus authentiques et les plus complets de la doctrine (?) spirite, c'est le recueil des procès-verbaux du Congrès international spirite, tenu à Paris en 1889. Ce congrès représentant, assurent les procès-verbaux, quinze millions de spirites, avait été précédé d'un autre congrès, aussi international, tenu à Barcelone en 1888. Là, on entend le spiritisme parler toutes les langues. Il y a des Américains, des Espagnols, des Anglais, des Italiens. On entend aussi tous les systèmes, et, à côté des prétentions les plus hautaines, les plus singuliers aveux, tous fondés sur des faits extra-naturels, dont la plupart parfaitement constatés. Le se-crétaire du Congrès, faisant l'histoire des doctrines spirites, nous dit bravement que le spiritisme remonte à la plus haute antiquité, et qu'il est l'explication et l'origine de toutes les religions. Les faits de l'Ancien et du Nouveau Testament n'auraient pu, selon lui, résister à la critique, si la doctrine spirite ne fût venue les ex-pliquer « naturellement ». Cette merveilleuse vertu du spiritisme n'empêche pas l'auteur de présenter en termes singuliers l'apologie du « Livre des Esprits » d'Allan Kardec, le grand patriarche de la secte, livre qui est la véritable bible des spirites. Aujourd'hui, arrivé à sa 34e édition, ce livre présente la classification des communications spirites du monde entier. Or voici comment cette classification a été faite : « Les réponses reçues et enregistrées, si elles étaient d'accord avec le bon sens, étaient soumises à d'autres *médiums;* par cette investigation continue et méthodique, on eut un critérium sérieux et constant (p. 23). » Ainsi de l'aveu même du patriarche de la secte, bon nombre de communications des esprits ne sont pas d'accord avec « le bon sens ». Toute la suite des procès-verbaux en fournit copieusement la preuve.

Mais quelque absurdes que soient les divers systèmes qu'on essaie d'établir sur les révélations spirites, quelque insoutenable que soit la prétention de les réduire à l'état de science, dans le sens exact de ce mot, une chose n'en reste pas moins certaine, c'est la réalité même de nombre de ces faits. M. le professeur Richer, dans un rapport sur des phénomènes de spiritisme dont il a été témoin à Milan, en compagnie de plusieurs autres savants, écrit cette phrase : « Les preuves que je donne seraient bien suffisantes pour une expérience de chimie (p. 30). » Néanmoins, se séparant en cela de ses coexpérimentateurs, il ne se déclare pas encore tout à fait convaincu. Sa raison est que les faits qu'il a vus sont tellement en opposition avec toutes les lois de la nature, en d'autres termes tellement « absurdes », qu'il faut les voir dix fois pour les croire. Mais, ajoute-t-il, « la question n'est plus de savoir si les faits sont absurdes, ce qui n'est pas douteux; il s'agit seulement de savoir s'ils existent; si l'explication mécanique, rationnelle, grossière, telle qu'une fraude et une supercherie, est plus ou moins acceptable. Nous n'aurons donc à étudier ni le plus ou moins grand degré d'absurdité des phénomènes ni l'explication plausible qu'on en peut donner, mais seulement cette question bien plus importante de savoir s'ils sont réels ou simulés (p. 31) ». M. Richer pose fort bien la question et la suite de son rapport, malgré toutes ses répugnances, suffit pour la résoudre (1). Si peu scientifiques qu'ils soient, ils existent. Ils ont donc une cause et cette cause, nous l'avons vu, n'est ni ne pourra jamais être une loi de la matière : quelle est-elle donc? C'est ce que nous allons chercher à déterminer maintenant.

(1) Voir *Ann. des sciences psychiques*, janv. fév. 1893, Paris, Alcan.

CHAPITRE VIII

La cause des faits préternaturels, d'après Crookes, Lombroso et Hartmann.

Les faits préternaturels qui font l'objet de cette étude ne peuvent s'expliquer, nous venons de le voir, par une propriété de la matière, ni prendre rang parmi les phénomènes réguliers qui sont l'objet propre de la science : jamais les « doctrines » et faits spirites ne formeront quelque nouveau chapitre d'un traité de physique, de chimie ou de médecine. Il faut donc chercher la cause de ces phénomènes en dehors des lois de la matière.

Viennent-ils donc directement de Dieu et seraient-ils de vrais miracles? Viennent-ils de l'homme et seraient-ils une application nouvelle, jusqu'ici inconnue, de quelque énergie latente de ses facultés?

S'ils ne viennent ni de Dieu, ni de l'homme, pas plus que des lois de la matière, à quelle cause faut-il donc remonter? Tel est le problème à résoudre.

Dans cette étude, comme dans la précédente, c'est aux rationalistes, aux ennemis nés du surnaturel que je m'adresse; par conséquent, c'est aux faits admis et constatés par eux seuls que j'aurai recours pour appuyer mes raisonnements.

Ajoutons, pour achever de dissiper toute prévention, qu'un théologien peut aborder ces questions avec une impartialité parfaite. En effet, tous les phénomènes

spirites fussent-ils reconnus faux, la démonstration
catholique n'en souffrirait aucune atteinte. Les miracles
évangéliques, les faits divins, sur lesquels repose la
révélation, restent ce qu'ils sont, avant comme après
l'éclosion du spiritisme, avant comme après l'attention qu'il a plu aux savants contemporains de leur
accorder. Un théologien qui les étudie n'a pas une thèse
à établir *pro domo sua* : il est, comme les savants eux-
mêmes, un simple observateur qui s'attache à vérifier, à
constater l'existence des phénomènes et qui, le phénomène une fois bien établi, se propose d'en déduire les
conséquences qui s'imposent à la logique et à la raison
du philosophe.

Écartons d'abord une solution trop facile, toujours
mise en avant par des adversaires embarrassés : elle
consiste à nier purement et simplement l'existence des
phénomènes en question, et à tout attribuer à la supercherie des uns et à la crédulité des autres.

Il est certain, ne songeons pas à le nier, que la matière prête à de singulières illusions, et que le charlatanisme, qui a pour habitude de vivre de la sottise
humaine, devait nécessairement s'en emparer. Aussi,
nombre de supercheries ont été constatées. Il y des
charlatans qui font montre de spiritisme et qui évoquent
les fantômes ou font parler les chaises, absolument
comme les prestidigitateurs gagnent leur vie à escamoter
des chapeaux et des parapluies. Et, ce qui est pire, il a
été constaté que tel médium, dont la sincérité avait été
vérifiée dans certains cas, avec une pleine évidence, a
été surpris plus tard en flagrant délit de mensonge.
C'est là un point hors de doute, et il est plus que probable que l'argument fourni par de telles impostures
aux adversaires de la réalité des phénomènes spirites,
pourra toujours être invoqué. Car il y aura toujours dans
le monde des charlatans et des têtes faibles. Le grand
pontife du spiritisme, Allan Kardec lui-même, tient à

mettre en garde les naïfs qui courent aux séances payées
de spiritisme, et le P. Franco a pu consacrer tout un
chapitre à raconter des fraudes célèbres habilement dé-
masquées (1). Un savant médecin, qui fait autorité en
ces matières, écrivait, tout récemment : « Le spiritisme
présente des faits avérés, incontestables, qui dépassent
certainement le domaine des forces naturelles et annoncent un pouvoir supérieur ; et si ces faits ne paraissent pas toujours démonstratifs, n'entraînent pas de
suite la conviction, c'est qu'ils sont assez rares, et
surtout enveloppés, obscurcis et dénaturés par beaucoup
d'autres que le charlatanisme et l'ignorance accumulent
autour d'eux. Les *médiums* les plus sûrs, les plus renommés se distinguent par le nombre et la force des
absurdités qu'ils énoncent ; mais il est incontestable que
certaines de leurs révélations sont surprenantes, inexplicables et que la double vue est plus d'une fois leur
lot. Ils obéissent alors exceptionnellement à une *inspiration* étrangère, mais restent d'ordinaire abandonnés
à leurs propres ressources ; toutefois ayant été, par
hasard, favorisés d'un secours extra-sensible, ils prennent leur rôle au sérieux et y entrent si bien (par auto-
suggestion) qu'ils ne doutent plus d'eux-mêmes, se
considèrent comme des inspirés et des voyants, et
forgent mille mensonges pour soutenir quand même
leur personnage et grandir leur réputation. L'annonce
exacte et détaillée d'un événement survenu à une
grande distance, sans qu'aucun indice extérieur ait pu
le révéler, voilà qui, en dehors de toute coïncidence,
accuse une cause surnaturelle (2). »

Mais de même que les faux miracles ne détruisent pas
la réalité des miracles véritables, ainsi les supercheries
dont le spiritisme a fourni et fournira longtemps la

---

(1) *Le Spiritisme*, p. 73-90.
(2) Dʳ Surbled, dans la *Quinzaine*, 15 juin 1896, art. sur la *Double
vue*, p. 475.

matière ne suffiront jamais à chasser du domaine de la
réalité une quantité innommable de phénomènes, constatés avec toute la rigueur des méthodes scientifiques.
Ce qui fait précisément la valeur de ces constatations,
c'est qu'elles viennent d'hommes qui ont abordé la question, non avec les dispositions des âmes crédules,
avides de merveilleux, mais avec les défiances du savant
qui redoute avant tout le surnaturel et le nie *à priori*,
et qui cherche, dans ses expériences, des arguments
contre lui. Telle était la situation d'esprit des Crookes,
des Zœllner, des Lombroso, des Gibier et autres savants
des deux mondes, qui ont été réduits à confesser, avec
une bonne foi qui les honore, la réalité de phénomènes
dont tout leur désir était de découvrir et de prouver
l'inanité (1).

Je sais bien que rien ne peut prévaloir contre le parti
pris de ceux qui écartent, par un *à priori* inflexible, tout
phénomène, tout témoignage qui contrarie leur système.
C'est ainsi qu'on ne s'est pas fait faute de traiter
M. Crookes et autres savants d' « illuminés ». Autant
dire que le mot illuminé n'a pas de sens, si l'on peut
réduire à des impressions purement subjectives, à des
hallucinations fantastiques, les sensations les plus
nettes, les idées les plus claires, résultant d'expériences
faites avec le compas, avec la balance, avec le dynamo-
mètre, en présence de physiciens et de chimistes, tous
plus ou moins matérialistes, de prestidigitateurs, tout
prêts à dévoiler tous les trucs ; expériences multiples,
répétées dans les cinq parties du monde, et qui d'ailleurs
répondent par certains côtés — nous le verrons plus bas
— à des croyances universelles aussi anciennes que
l'histoire elle-même. N'importe ! « Ajouter foi à ces
sortes de phénomènes, a-t-on dit, c'est fournir aux phi-

____

(1) Sur la réalité des phénomènes spirites vrais, voir Franco, *op. cit.*,
p. 90-156.

losophes sérieux de nouveaux arguments en faveur de
la subjectivité absolue. » Pardon ! c'est fournir un argument de plus contre une doctrine qui n'a jamais été
qu'un jeu d'esprit. Un « subjectiviste absolu » n'a jamais
été un « philosophe sérieux » ; c'est un être de raison, ou
plutôt de folie, qui n'a jamais existé que sur le papier.
Il y a plus d'un siècle qu'Euler écrivait : « C'est un fait
bien constaté que d'une sensation quelconque, l'âme
conclut toujours à l'existence d'un objet réel qui se trouve
hors de nous. Quand mon cerveau excite dans mon âme
la sensation d'un arbre ou d'une maison, je prononce
hardiment qu'il existe hors de moi un arbre ou une maison. Aussi ne trouve-t-on ni hommes ni bêtes qui doutent de cette vérité. Si un paysan en voulait douter, on le
prendrait pour un fou et cela avec raison ; mais dès
qu'un philosophe avance de tels sentiments, il voit
qu'on admire son esprit et ses lumières qui surpassent
infiniment celles du peuple. Aussi me paraît-il très
certain que jamais on n'a soutenu de tels sentiments
bizarres que par orgueil et pour se distinguer du commun (1). »

Que ce soit l'orgueil ou un sophisme de l'esprit qui
les fasse parler, nous sommes persuadé que ces fiers
idéalistes croient, aussi bien que l'ouvrier le plus ignorant, à la réalité du pain qu'ils mangent et du vin qui
les désaltère ; ils ne confondent nullement les aliments
solides que leur estomac digère, avec les abstractions
qu'élabore leur cerveau. Sans comprendre plus que
nous l'essence de la matière, et, comme tout le monde,

(1) Let. XXIX à une princesse d'Allemagne. Faut-il en appeler, pour
étayer ces vérités de bon sens, à Aristote lui-même ? Ouvrez le plus savant
de ses livres, sa *Métaphysique*, et vous y lirez ces mots aussi simples
que profonds : « Qu'il n'existe pas une substance produisant la sensation et indépendante de la sensation, cela est impossible. Car la sensation n'est point par soi ; mais il y a quelque chose de distinct de la sensation et qui, nécessairement, est antérieur à la sensation. Ainsi le moteur
est naturellement antérieur au mobile. » *Mét.*, IV.

sachant tenir compte, pour rectifier leurs jugements, des
causes d'erreur qui se glissent dans la perception des
objets sensibles, ils croient parfaitement et à la réalité
de la matière et à l'objectivité des causes d'où dérive la
sensation. Le regretté abbé de Broglie, dans son admirable et profonde étude sur le positivisme, a écrit, avec
autant de finesse que de bon sens : « Si l'univers était
subjectif tout entier, toutes les expériences devien-
draient des expériences internes ; la vision et le tact des
corps seraient autant de phénomènes d'hallucination,
personnelle à chacun, et jamais il ne serait possible de
faire voir et toucher le même fait à deux personnes distinctes... il faudrait admettre, avec Schopenhauer, que,
quand je ferme les yeux, le soleil cesse d'exister ; que,
quand j'enferme de l'argent dans mon tiroir, cet argent,
n'étant plus ni vu ni touché, n'existe plus du tout, et
qu'en rouvrant mon tiroir plus tard, si je vois reparaître
les mêmes sensations, c'est un nouveau phénomène
subjectif qui se produit (1). »

Nous sommes donc, au fond, d'accord avec nos contradicteurs. Si le subjectivisme absolu n'est pas lui-même
la plus sotte des hallucinations ou le plus effronté des
sophismes, tout fait extra-naturel, même touché, palpé,
expérimenté par mille personnes différentes, n'est qu'une
pure hallucination, et M. Crookes et tous les savants cités
dans ce travail sont de purs illuminés. Mais, pour croire
cela, il faut être subjectiviste absolu, c'est-à-dire en révolte ouverte contre le bon sens et en dehors de la réalité. Or ce n'est pas pour ces lecteurs que nous écrivons,
puisque de telles gens ont toujours la ressource de dire
qu'ils ne sont pas même certains de la réalité des lignes
que nous faisons passer sous leurs yeux !

Revenons donc à notre question : pour des faits réels,
absolument objectifs, si bizarres qu'ils soient, si extra-

____

(1) *Le positivisme*, I, p. 419.

naturels qu'ils paraissent, il faut chercher, sinon trouver une cause.

Dans l'origine du spiritisme, en Amérique, alors que tout se passait dans un petit cercle d'initiés sans science, tous plus ou moins préoccupés de l'idée du surnaturel, avides du merveilleux, et cela dans un milieu protestant, où aucune règle précise de théologie ne venait mettre un frein aux divagations du libre examen, plusieurs crurent se trouver en présence de phénomènes absolument divins, de révélations véritables. C'était une religion nouvelle, la religion définitive, que Dieu manifestait à la terre, c'était sinon la vraie réforme, au moins le complément du christianisme. On avait, dans le spiritisme, le renouvellement ou la continuation des miracles qui ont fondé la religion de Jésus-Christ et des Apôtres (1).

Cette conception est-elle encore celle d'un grand nombre? Nous ne le pensons pas. Il ne faut, en effet, qu'une philosophie médiocre, ou plutôt un bon sens vulgaire, pour comprendre que les révélations du ciel ne sauraient être à la merci du premier médium, de la première table venue. Qu'à l'appel d'une société de bonnes gens, réunie dans un appartement quelconque, Dieu se croie tenu d'envoyer les messagers qu'on daignera lui désigner, tantôt S. Vincent de Paul, tantôt Pascal ou Bossuet, quelquefois Platon ou Aristote, que dis-je, Jésus lui-même, cela choque par trop toutes les idées qu'on peut se faire de la divinité. D'ailleurs, la nature même des révélations fournies par les esprits n'a pas permis bien longtemps aux adeptes de bonne foi de conserver leur illusion. L'esprit le plus borné n'a aucune peine à com-

(1) Un spirite convaincu, M. Léon Denis, affirme gravement et voit dans l'Évangile même que les doctrines spirites, sur la préexistence des âmes et leur réincarnation, étaient celles de Jésus, et il trouve dans l'épître aux Corinthiens décrits « sous le nom de dons spirituels tous les genres de médiumnités ». *Après la mort, exposé de la philosophie des esprits*, 1 vol. in-12, Paris, Librairie des Sciences psychologiques, p. 88.

prendre que Dieu, pas plus que les anges et les saints, ne s'abaisse jusqu'à tenir des conversations ineptes ou ridicules, quand elles ne sont pas immorales et contradictoires, avec le premier venu. Aussi pouvons-nous, sans y insister davantage, écarter l'hypothèse que Dieu même soit la cause directe des phénomènes spirites. Et si quelque esprit prévenu, à la façon de Renan et des dilettantes ses disciples, voulait s'aviser de confondre les miracles évangéliques et tous ceux que l'Église a vérifiés et admis, avec les prestiges du spiritisme, un simple rapprochement suffirait à tout esprit de bonne foi. Que telles ou telles âmes sincères et sérieuses aient cru trouver dans la science des raisons véritables de mettre en doute la réalité des miracles évangéliques, on le conçoit; mais ce ne sont pas les merveilles spirites qui sont de nature à justifier leur incrédulité (1).

Écartons donc résolument la solution admise par certains fanatiques de spiritisme : non, ce n'est pas Dieu qui est la cause directe de ces phénomènes. Si ce n'est Dieu, c'est peut-être l'homme. N'y aurait-il point quelque faculté de l'organisme humain, inconnue jusqu'ici, qui apparaîtrait dans le médium, et serait capable d'agir par quelque propriété de la matière analogue à l'électricité ou au magnétisme?

Comme on le pense bien, ce point de vue a suscité des myriades d'hypothèses et la seule énumération en serait longue.

Il y a d'abord les hypothèses fluidiques mises en vogue dès l'époque de Mesmer. Tout s'expliquerait par un certain fluide universellement répandu, « intermédiaire d'une influence réciproque entre les corps célestes,

---

(1) Il ne manque cependant pas, même aujourd'hui, d'âmes candides qui veulent se persuader que les doctrines spirites — quoique condamnées par l'Église — se concilient très bien avec la doctrine catholique : voyez *Revue du monde invisible*, n° du 15 oct. 1899, p. 295, art. du D‍ʳ Surbled.

la terre et les corps animés (1) ». Ce fluide, très mystérieux de sa nature, aurait besoin d'être expliqué plus
encore que les phénomènes dont il serait l'explication.
Aussi l'a-t-on travaillé sous toutes les formes et, avec
le temps, il a changé cent fois de nom sans jamais par-
venir à satisfaire personne. Il est devenu successivement le fluide éthéré, le fluide lumière, le biolique ou
vital, l'électrique, le magnétique, le néo-magnétique,
l'électrique-magnétique, l'électro-dynamique, le nerveux, la force nerveuse transmissible, le sympathique,
l'odique, le psychodiodique, l'énectique. N'oublions pas
même le fluide escargotique! Il y a enfin le fluide nerveux
rayonnant et le fluide hystérique. Aux hypothèses fluidiques succèdent ou se mêlent à l'envi les hypothèses
mécaniques, physiologiques, psychologiques, psycho-
pathologiques. Tous ces mots, pour être plus ou moins
grecs, n'en sont pas plus clairs, et chacune des hypothèses mises en avant se brise contre l'impitoyable réalité de faits qui déjouent tous les systèmes. D'ailleurs la
seule multiplicité de ces hypothèses prouve assez qu'aucune ne répond à toutes les conditions du problème.
Personne n'a pu faire admettre dans l'homme le sixième
sens qui, réveillé par les passes magnétiques, donnerait
la faculté de voir à distance et de deviner les choses
cachées (2) ni, dans les corps, cette quatrième dimen-
sion, imaginée par un Allemand, qui expliquerait toutes
les dérogations constatées aux lois physiques et mécaniques (3). Les spirites ont-ils davantage satisfait la
raison par leur *périsprit,* par leur corps astral, par leur
force psychique? En aucune façon, toutes les explications de l'ordre philosophique s'évanouissent devant la
raison quand on les presse un peu. Nous n'entrepren-
drons pas ici de les réfuter une à une et de recommencer

(1) Franco, p. 315.
(2) Hypothèse de Tardy de Montravel dans Ribet, *Mystique,* t. III, 674.
(3) Il s'agit ici d'un professeur de Leipzig, Zœllner.

un travail déjà fait tant de fois (1). Bornons-nous à quelques-unes des explications tentées par des savants proprement dits, et voyons où aboutissent leurs efforts, aussi désespérés que sincères, pour échapper au surnaturel : il s'agit ici de l'anglais Crookes et de l'italien Lombroso.

M. Crookes attribue les phénomènes qu'il a si longuement étudiés et minutieusement décrits à une force nouvelle, jusqu'ici inconnue, et à laquelle il donne le nom de force psychique. Voici ce qu'il en dit :

« 1° Les résultats de nos longues et patientes investigations paraissent établir, sans conteste, l'existence d'une nouvelle force liée à l'organisme humain, et que l'on peut appeler *force psychique;* 2° tout homme serait plus ou moins doué de cette force secrète, d'une intensité variable, pouvant être développée et, par suite, agir, soit à volonté, soit pendant son sommeil, soit contre son gré, soit à son insu, sans le secours d'aucun mouvement ni de communications physiques, sur des êtres ou des objets quelconques plus ou moins éloignés (2). »

Cette force psychique, comme toutes les forces de la nature, ne se manifeste et n'est connue que par ses effets. Mais voici l'effet merveilleux, le fait capital que M. Crookes a la bonne foi de constater, c'est que cette force psychique, résidant dans le médium, sert à d'*autres êtres intelligents* de moyens de se manifester. Écoutons M. Crookes :

« Le médium ou le cercle des expérimentateurs... fait rayonner à l'intérieur une force, exerce une influence, acquiert une faculté dont *des êtres intelligents se servent pour se manifester*. Quels sont ces êtres? C'est là une autre question qui a pour *postulatum* l'existence de la force psychique... » Mais cette force, quelle est-elle? C'est probablement, pour M. Crookes, celle qui sert ou

----

(1) Notamment par le P. Franco dans l'ouvrage cité, p. 323 à 367. — Voyez aussi la *Revue du monde invisible*, passim.
(2) *Force psychique*, cité par Franco, p. 345.

constitue l'âme, l'esprit, l'intelligence, le principe, en un mot, de notre individualité, la force qui, dans les conditions normales, ne détermine que les mouvements dans les limites de l'organisme lui-même, mais qui, *dans d'autres conditions exceptionnelles*, va au delà, exerçant son action sur les corps qui l'environnent.

« Cette force, nous l'avons appelée *psychique* précisément à raison de ses origines. En étudiant ses effets, même dans le second cas, il s'y révèle souvent, tout comme dans le premier cas, l'action d'une intelligence qui sera peut-être la même dans les deux cas. Peut-être, dirons-nous, parce qu'il n'est pas dit qu'une autre intelligence étrangère ne puisse pas se servir de la force psychique du médium pour se manifester, mais de cela nous n'avons pas une preuve suffisante; nous n'en avons aucune en faveur de la prétendue évocation des morts qui, d'après l'expression impropre des spirites, produit toute la série si variée des nouveaux phénomènes par l'intermédiaire du magnétisme du médium (1). »

Il n'est pas nécessaire de raisonner longuement sur l'hypothèse de la force psychique, à laquelle l'esprit positif de M. Crookes ne paraît guère croire lui-même, pour montrer que cette force. réelle peut-être. qui pourrait exister et produire certains phénomènes physiques, laisse sans réponse la question capitale : l'intervention d'une intelligence autre que celle de l'homme, dans les phénomènes à expliquer; mais, dès lors, son existence importe peu, puisqu'elle ne serait, tout au plus, qu'une condition ordinaire, non une cause des phénomènes en question. M. Crookes avoue franchement qu'il ne sait rien des êtres intelligents qui se servent de cette force pour se manifester, si ce n'est que rien ne prouve que ce soient les âmes des morts. Je le veux bien, et pour moi, j'en suis convaincu. Mais, âmes des morts ou

____

(1) Franco, p. 356.

non (1), il y a là des êtres intelligents : qui sont-ils?
d'où viennent-ils? pourquoi viennent-ils? Quand même
il serait bien prouvé qu'ils se servent de telle ou telle
faculté du médium, d'une force naturelle du corps ou de
l'âme humaine, jusqu'ici inconnue des savants, ce qui est
fort possible, cela ne résoudrait pas la question essentielle et la solution du problème surnaturel ne serait
pas avancée d'un pas.

Cette force psychique est, nous dit-on, engendrée par
la conspiration de la volonté du médium et de la volonté
des assistants. Cela est faux : nombre de fois des phénomènes sont obtenus par des individus isolés, sans
cercle d'assistants, ni médium. D'autres fois, et cela a été
constaté souvent par M. Crookes lui-même, les phénomènes que veulent les médiums n'ont pas lieu ; et il s'en
produit qu'ils ne veulent pas et auxquels ne pensaient
ni eux-mêmes ni les assistants. Donc la conspiration
des volontés n'est pas la cause ni l'occasion nécessaire
des phénomènes, et la force psychique, n'ayant aucun
rôle à jouer, s'évanouit comme une hypothèse sans
objet.

Écoutons maintenant un autre savant, moins sérieux
que M. Crookes, mais bien connu par ses écrits, renommé
pour son matérialisme tapageur, et, à son grand dépit,
convaincu, par maintes expériences, de la réalité des
phénomènes, scientifiquement inexplicables, attribués
aux esprits : j'ai nommé le célèbre docteur israélite italien, César Lombroso.

---

(1) Pas plus que M. Crookes, S. Jean Chrysostome ne croit que les esprits qui se manifestent soient les âmes des morts, les âmes désincarnées,
comme disent nos spirites. On lit dans son *Commentaire sur S. Ma-
thieu :* « Les démons eux-mêmes, me direz-vous, crient tous les jours : Je
suis l'âme d'un tel. Mais cela n'est-il pas un piège qu'ils nous tendent et
un effet de leur tromperie? Ce n'est point l'âme de cet homme mort qui
parle de la sorte, c'est le démon qui feint de l'être et qui tâche de nous
séduire par cette imposture » (Hom. XXVIII in Mat. V. Ribet, *Mystique*, III, 203). Ce texte prouve tout au moins aux rationalistes que les
illusions spirites ne datent pas d'hier.

Répétons-le : tout ce qu'a éprouvé et constaté M. Crookes, M. Lombroso l'a expérimenté et constaté par lui-même, dans des réunions de savants provoquées et présidées par lui. Nier tout, à la façon d'un subjectiviste absolu qui ne croit pas même à ce qu'il voit, lui eût été avantageux et commode. Quoi de plus difficile à un professeur de matérialisme que d'expliquer des phénomènes qui se passent dans la matière, en violant les lois de la matière et se comportant exactement comme ne peuvent logiquement l'admettre que ceux qui croient à l'esprit et aux esprits? Pourtant, si matérialiste qu'on soit, il faut, quand on est savant et qu'on professe un système, ramener tout à ce système, de gré ou de force. C'est ce qu'a tenté M. Lombroso. Nous allons voir de quelle façon et avec quel succès.

Pour M. Lombroso les phénomènes spirites sont une production mécanique du « mouvement cortical du cerveau dans lequel consiste la pensée ». Ce mouvement cortical se transmet à distance, et se transforme au besoin en force motrice. Mais quel sera le moyen de communication de cette pensée, sorte de sécrétion du cerveau, et surtout de sa transformation en force motrice? Ce sera le même qui sert à toutes les autres communications d'énergies et qui s'appelle éther. Il agit à distance comme l'aimant (1).

Ces explications, qu'aucun lecteur ne saurait *à priori* trouver nettes et lumineuses, ont besoin d'être empruntées textuellement à M. Lombroso, et nous ne résistons au plaisir de les reproduire, d'après le P. Franco. Voici donc la prose du savant italien :

« Lorsque la transmission de la pensée a lieu, qu'arrive-t-il? *Évidemment alors*, dans une condition donnée, qui se rencontre très rarement, ce *mouvement cortical dans lequel consiste la pensée*, se transmet à une petite

(1) Franco, p. 356.

ou à une grande distance. Or, de même que cette force
se transmet, elle peut aussi se transformer, et la force
psychique peut devenir force motrice... Mais on dira
que les mouvements spirites n'ont pas pour intermédiaire le muscle qui est le moyen le plus commun de
la transmission des mouvements. C'est vrai, mais dans
ces cas il faut admettre l'hypothèse que le moyen de
communication est celui qui sert à toutes les autres
énergies, lumineuses, électriques, etc., et qui s'appelle,
de par une hypothèse que tous admettent, l'éther. Ne
voyons-nous pas l'aimant faire mouvoir le fer sans autre
sentier? Ici du reste, le mouvement prend une forme
plus semblable à la forme volitive, plus intelligente,
parce qu'il part d'un moteur qui est en même temps un
centre psychique, c'est-à-dire la croûte cérébrale. »

Une fois sur le chemin des hypothèse que lui impose
son matérialisme, M. Lombroso ne s'arrête plus, il a réponse à tout. S'agit-il de phénomènes matériels, comme
ces déplacements de lourds objets flottant dans l'espace
sans aucune main qui les pousse, au mépris de toutes les
lois de la gravitation? S'agit-il de ces apparitions qui
viennent jeter un si grand trouble dans la réunion des
curieux spirites? L'explication est toute simple : c'est la
pensée transformée qui fait cela. Mais voici qui ajoute
encore à la lumière de cette réponse : il s'agit de l'écriture automatique. C'est le phénomène du médium écrivant sans savoir ce qu'il écrit, sous l'impulsion d'une
force intelligente inconnue. M. Lombroso l'explique,
en s'appuyant sur le savant anglais Grégory, par la
« dualité du cerveau », explication si étrange que les
plus étranges phénomènes qu'il s'agit d'expliquer ne
sont rien en comparaison. Écoutez : le médium, quand
il écrit ainsi, trace ce que pense l'hémisphère droite du
cerveau, tandis que l'hémisphère gauche reste inactive,
et c'est là ce qui fait qu'il se persuade écrire sous la dictée d'un esprit : et voilà le phénomène éclairci! Le texte

de Lombroso vaut la peine d'être cité. Je l'emprunte au
P. Franco, « le médium (le médium écrivant) travaille
dans un état demi-somnambulique dans lequel, grâce à
l'action plus puissante de l'hémisphère droite, tandis
que l'hémisphère gauche, qui d'ordinaire est la plus
énergique, demeure ici inactive, il n'a pas conscience de
ce qu'il fait et croit par conséquent agir sous la dictée
d'un autre (1) ».

Voilà qui est simple et d'une clarté toute scientifique !

Quant aux réponses que donnent les prétendus esprits, elles trouvent leur explication dans une autre
hypothèse qui n'est pas propre à M. Lombroso, mais
qu'il adopte faute de mieux. Seulement, tandis que l'hypothèse de la dualité contradictoire du cerveau est absolument invérifiable, celle-ci a le malheur, aussi grand,
d'être absolument contredite par les faits. Elle consiste
à dire que lorsqu'une question est posée au médium,
les spectateurs pensent la réponse et la transmettent au
médium. Celui-ci, qui la reçoit à son insu, la répète à sa
manière, qui paraît merveilleuse, même à ceux qui la lui
ont dictée sans le savoir. Les impressions du cerveau
du médium sont en quelque sorte calquées sur celles du
cerveau des spectateurs.

Une objection se présente tout de suite, qui démontre
à *priori* le néant de cette explication fantaisiste. Quand
on fait une question au médium dans une réunion, il n'y
a sans doute qu'un seul des spectateurs présents qui la
pose en élevant la voix; mais, suivant la théorie de
M. Lombroso, tous peuvent et doivent penser une réponse, c'est-à-dire qu'il y a autant de réponses pensées,
autant par conséquent de réponses diverses ou contradictoires qu'il y a de spectateurs présents, et dès lors
comment peut-on dire du médium quand il répond —
lui qui ne peut faire qu'une seule et unique réponse —

____

(1) Franco, p. 357.

qu'il reproduit la pensée des multiples cerveaux qui l'environnent?

D'après la théorie de M. Lombroso, si la pensée du médium est dictée implicitement par la pensée de l'interrogateur, il doit s'ensuivre (et c'est M. Lombroso lui-même qui le dit) que si aucun des spectateurs ne savait le latin ou l'allemand, par exemple, le médium ne pourrait pas répondre en une de ces langues. Si le médium répond en grec, il faut que quelqu'un de la société ait pensé en grec. Or tous les faits démentent cette théorie. Comme nous l'avons déjà remarqué, à propos des expériences de M. Crookes, les cas ne sont pas rares où tout est surprise, tout est imprévu pour le médium comme pour ceux qui l'interrogent, et c'est avec raison que le P. Franco fait appel à la bonne foi de M. Lombroso, en lui signalant des séances auxquelles il a assisté lui-même et dont il a signé les procès-verbaux. Si matérielle qu'elle soit selon le système de M. Lombroso, comment la pensée répercutée, transformée, polarisée dans un cerveau quelconque, pourra-t-elle jamais créer, en dehors de toute prévision, un de ces fantômes palpables, visibles, parlant, qui ont été touchés, étudiés, entendus, moulés par des savants et qui, de palpables et visibles qu'ils étaient, sont devenus en un instant invisibles et impalpables?

Le Dr Acksakoff nous fait part d'une explication du phénomène spirite au moins aussi bizarre que celle de M. Lombroso tentée par le célèbre philosophe allemand Hartmann, auteur du système panthéiste, fataliste et fantaisiste de l'Inconscient. Selon Hartmann, qui ne conteste pas la réalité des faits, tout s'explique par une « force nerveuse qui produit, en dehors du corps humain, des effets mécaniques et plastiques, par des hallucinations... par une conscience somnambulique latente qui est capable, le sujet se trouvant à l'état normal, de lire dans le fond intellectuel d'un autre homme son présent et son passé ; et enfin par cette même conscience disposant aussi, à l'état normal du sujet, d'une faculté de clairvoyance qui le met en rapport avec l'Absolu et lui donne, par conséquent, la connaissance de tout ce qui est et qui a été (1) ».

Avouons, en vérité, qu'il faut être allemand, moniste et inventeur de la philosophie de l'Inconscient, pour trouver, dans de pareilles hypothèses, une explication « naturelle » à la fois claire, simple et rationnelle des phénomènes spirites ! M. Acksakoff observe fort bien que cette dernière hypothèse surtout : « une faculté de clairvoyance qui met en rapport avec l'Absolu », est purement surnaturelle, métaphysique, invérifiable. J'ajoute que, si c'est par ce genre du surnaturel qu'on prétend expliquer et éliminer le surnaturel véritable, il est deux fois impossible de comprendre les objections du rationalisme contre nos mystères. En effet, pour croire aux mystères de la foi, le chrétien commence par s'appuyer sur des faits d'une certitude absolue, visibles à tous les gens attentifs, contrôlés par la raison et la conscience. C'est à cette double lumière qu'il peut les considérer comme divins, puisque aucune loi naturelle ne les explique, et qu'étant souvent en contradiction avec celles-ci, ils sont cependant en pleine conformité avec l'idée que nous donnent de Dieu les exigences de la raison et de la conscience. Voilà comment la foi aux mystères, au surnaturel, nous apparaît parfaitement justifiable au tribunal du sens commun. Quel est, au contraire, le surnaturel où se laisse acculer la libre pensée, pour se rendre compte du spiritisme? C'est un surnaturel qui ne repose que sur l'imagination d'un philosophe aux abois, lequel a découvert, assure-t-il (il est le seul à le croire), le fond des choses, le principe absolu! Or, ce principe, le voici : c'est une intelligence inconsciente

____

(1) *Animisme et spiritisme.*

laquelle, se développant fatalement et sans savoir ni ce qu'elle est ni ce qu'elle fait, aboutit néanmoins à la production de tous les êtres matériels et pensants (1)!

M. Acksakoff ne réfute pas un pareil système. Avec la large tolérance des esprits élevés au milieu des brouillards de la pensée allemande, il ne s'inquiète pas même de savoir si elle est d'accord avec le sens commun : au contraire il l'admet bénévolement, mais il montre fort bien qu'en faisant à Hartmann toutes les concessions possibles, on n'y trouvera jamais une explication raisonnable des faits du spiritisme dont son livre est plein.

Pourtant M. Acksakoff écarte partout, sans la discuter, l'explication chrétienne et il attend toujours de la science une solution qu'elle ne donne pas : il imite en cela tous les savants libres penseurs. Contre les faits du surnaturel divin, base du christianisme, quand il n'y a pas négation pure et simple, on pratique la conspiration du silence.

On pourrait pousser plus loin l'étude des invraisemblances, des impossibilités, je dirais même des extravagances de l'explication rationaliste, mais il est inutile d'insister : nous arriverions toujours à cette conclusion donnée à propos de faits récents par une assemblée de savants, il y a là des faits « certains, démontrés, qui dans l'état actuel de la science, réstent inexplicables (2) ».

Nous croyons avoir déjà donné les raisons pour lesquelles la plupart de ces faits échappent et échapperont toujours à toute explication scientifique, la science ne s'étendant pas au delà de la sphère des choses naturelles. Tournons-nous donc maintenant d'un autre côté pour faire s'il se peut la lumière sur la cause mystérieuse dont il s'agit.

---

(1) *Animisme et spiritisme*, p. XVIII.
(2) Rapp. sur le fait de Mlle Couesdon.

CHAPITRE IX

La cause des phénomènes spirites jugée par ses effets.

Il faut juger l'arbre par ses fruits. Cet axiome de bon sens, que Notre-Seigneur a donné au monde, pour critérium de la vérité religieuse, est la seule ressource qui nous reste pour remonter à la cause mystérieuse des faits étranges dont l'existence est scientifiquement constatée, ou, en d'autres termes, constatée par des savants. Des effets connus, efforçons-nous de remonter à la cause inconnue, cette cause qui n'est ni la supercherie, ni quelque propriété de la matière, ni l'esprit de l'homme, ni Dieu lui-même, en tant que cause directe et immédiate. Voyons si, en étudiant en eux-mêmes les résultats avérés des phénomènes spirites, nous n'arriverons pas à serrer de plus près cette cause mystérieuse, qui tourmente si fort les savants rationalistes et suscite de si étranges systèmes. Sans doute, par ce procédé, nous n'avons nulle assurance d'arriver à une connaissance adéquate, formelle et complète ; du moins il nous en dira beaucoup sur la nature de cette cause, ne fût-ce qu'en nous faisant toucher du doigt, une fois de plus, combien elle diffère radicalement de tout ce qui est naturel, réellement scientifique ou purement divin. A la saveur du fruit qui tombe d'un arbre, je puis juger si l'arbre est bon ; cela ne me suffit pas, il est vrai, pour connaître à fond la nature de l'arbre, la densité de son bois, la structure de ses feuilles, en un mot, la place qu'il occupe, aux yeux des savants, dans la classification des plantes. Toutefois, il me sera fort utile d'avoir constaté si l'arbre donne de bons fruits, ou des fruits empoisonnés ; ce sera assez pour juger si je dois le cultiver et le propager dans mon jardin, ou si je dois l'arracher et le jeter au feu.

J'ai déjà parlé plus haut, et je n'y reviens que pour mémoire, des phénomènes puérils, inutiles, des révélations contradictoires, extravagantes, malhonnêtes, dont les séances spirites offrent souvent le répugnant spectacle. Tout homme sensé s'associera sans hésiter au sénateur italien Cajetano Nigri, cité par le P. Franco, qui, au sortir de réunions de ce genre, où il avait été le témoin très clairvoyant et très convaincu de faits de l'ordre le moins élevé, opérés soi-disant par des esprits désincarnés, écrivait ces propres paroles :

« Au nom du ciel, est-il possible que le grand mystère, le suprême mystère de la mort se réduise à cette farce ? Est-il possible que l'esprit d'un mort vienne de l'autre monde, pour me mettre une sonnette sur la tête ? En face de ces scènes, il se fait au dedans de moi une irrésistible révolte. Non, le secret de la mort n'est pas là... Quoi ! quand je serai mort je devrai me mettre au service de quelque Eusapia (1) de l'avenir... et courir le monde pour battre du tambourin sur la tête des gens, pour enlever les bancs de dessous ceux qui y sont assis, pour donner des coups de poing sur les tables, pour agiter des sonnettes ! Tout finit à cela ! C'est là la révélation suprême d'outre-tombe ! C'est là l'avenir qui nous attend ! Oh ! non, c'est impossible ! Laissons le spiritisme à qui en veut et pensons à autre chose... (2). »

M. Nigri a raison : chercher dans les phénomènes

(1) Nom d'une célèbre médium.
(2) Franco, p. 164-165.

spirites, même les plus avérés, des révélations vraies
sur la vie d'outre-tombe, ce serait folie, à s'en rapporter
à ces révélations elles-mêmes; car, outre leur puérilité
ordinaire, j'en atteste les plus fervents spirites, elles
forment un tissu de contradictions. Ouvrez les procès-
verbaux du Congrès spirite international de 1889. Vous
verrez défiler devant vous la sarabande incohérente de
tout ce que l'imagination humaine a pu concevoir de
doctrines philosophiques, religieuses, mystiques, humanitaires, les plus diverses et les plus bizarres! C'est
une religion nouvelle qu'apportent les esprits. Mais dans
cette religion, qui abonde en formules chrétiennes, tout
se trouve sans excepter, le croirait-on? l'athéisme même
et le matérialisme.

Commençons par un spirite convaincu de tout son
cœur que le spiritisme n'est autre chose que le catholicisme lui-même, mais perfectionné et agrandi. Il s'agit
d'un citoyen de Turin qui a nom Enrico Dalmazzo. Selon
lui les catholiques ont tout ce qu'il faut pour se sauver,
et, comme preuve de la vérité du dogme catholique, il
cite les miracles de plusieurs saints canonisés, comme
S. François d'Assise, S. Antoine de Padoue, Ste Brigitte;
mais il met toutes ces merveilles sur le compte du spiritisme. C'est le spiritisme aussi qui a inspiré les miracles de la charité contemporaine : en Italie, les créations
du vénérable chanoine Cottolengo; en France, les Petites
Sœurs des pauvres. Dalmazzo proteste contre le libre
examen protestant et exalte le culte de la Sainte Vierge.
Comme conclusion, il se plaint amèrement des défenses
portées par l'Église contre le spiritisme et fait des vœux
pour que les prêtres catholiques étudient avec soin les
phénomènes spirites (1).

(1) V. Procès-verbaux du Congrès international spirite de Paris, 1889,
p. 333. — Comme curiosité, dans le même sens, nous trouvons une brochure de 1867, adressée par « une catholique » à Mᵍʳ Dupanloup en réponse à sa brochure : *L'athéisme et le péril social.* Dans cette brochure

Si vous étiez tenté, après avoir lu ces pages quasi catholiques, de vous réconcilier avec le spiritisme, vous seriez dans une singulière erreur. En effet, tournez le feuillet des mêmes procès-verbaux, et, après avoir entendu le pieux Dalmazzo, écoutez le romain Ercolani : voici ce que les esprits lui ont révélé du catholicisme :

« Le catholicisme, si mesquin et si attristant, pas plus que le matérialisme, cette pure codification de l'égoïsme, n'avait qualité pour formuler une règle morale, universelle et éternelle. Le spiritisme est venu ; il a réuni en une synthèse sublime la science philosophique et la religion, et la loi a été révélée. Or cette loi est la même pour le moral et le physique : progrès par la coopération. La cohésion dans les minéraux, l'assimilation dans les végétaux, l'affectivité dans les hommes, ne sont que des manifestations différentes de la même loi d'amour (1). »

Ce pathos humanitaire n'était sans doute pas du goût du spirite catholique Dalmazzo. Mais qu'a-t-il dû penser de cet autre révélateur, le napolitain G. Palazzi (2) à qui les esprits ont enseigné ce qui suit, sur la nature de Dieu :

« Il n'existe pas autre chose qu'une substance unique

Intitulée : *Recherches sur les causes de l'athéisme*, la dame remontre à l'évêque qu'un des grands remèdes de l'athéisme, c'est le spiritisme, lequel n'est qu'une face nouvelle du vrai catholicisme contenu, mais jusqu'ici trop voilé, dans l'Écriture et la Tradition. Elle soutient, avec les spirites, que l'éternité des peines n'est pas de foi absolue, et a contre elle à la fois la logique et la grammaire, les mots hébreux qui désignent l'éternité n'ayant pas le sens qu'on leur donne. Elle ajoute : « Le spiritisme donne la preuve de l'immortalité de l'âme et de la pluralité des existences ; il ne se fonde pas exclusivement sur la révélation des esprits, en annonçant que nous devons renaître, mais sur l'autorité des livres saints, ainsi que sur le sentiment de plusieurs Pères et de théologiens catholiques (p. 22-23). » Suivent des citations qui justifient ce que la dame dit, modestement et justement, dans son avant-propos, que les questions de théologie ne sont pas de sa compétence.

(1) Procès-verbaux, p. 340.

(2) *Ibid.*, p. 343.

laquelle n'a pas eu de commencement et n'aura pas de fin, et qui est perfectible à l'infini. Dieu n'est que le plus évolué des esprits, et s'il est certain qu'il existe des esprits qui le suivent à une distance relativement minime, il est certain aussi que nul ne l'atteindra jamais, puisque Dieu lui-même ira toujours se sublimant. »

On vient de voir la formule nouvelle donnée par le spirite au vieux panthéisme. Cela, c'est de la dogmatique; voici maintenant, toujours dans le même recueil, l'athéisme pratique et ses conséquences morales très logiquement déduites :

« Ne nous parlez pas d'une justice divine qui ferait la part plus large aux bons qu'aux mauvais. Qu'on représente la justice humaine une balance allégorique à la main, soit... Quant à l'idéale figure de la vraie justice, elle ne saurait être ainsi humainement représentée, et c'est l'offenser, c'est blasphémer contre elle, que la supposer capable de se montrer plus clémente aux heureux détenteurs des mâles vertus qu'aux malheureuses victimes des fausses tendances. Il est une réflexion qui ne devrait jamais s'effacer de la mémoire de ceux qui ont le bonheur de marcher en éclaireurs dans la voie du bien. Qui sait, devraient-ils se dire, à l'aspect de n'importe quelle basse et criminelle créature, s'il ne fut pas un temps, dans les siècles écoulés, où je me vautrais plus bas encore? (*Bravos.*) Telle est l'expression de nos âmes, telle est la mesure de notre athéisme (1). »

Bonne mesure assurément, puisqu'elle supprime la liberté et la distinction du bien et du mal! Est-il donc nécessaire à un athée d'être spirite pour arriver à des conclusions si pratiques? Voici en quels termes un autre spirite, un français celui-là, se justifie de l'accusation d'athéisme.

« Aux yeux de beaucoup de nos confrères, nous se-

(1) *Ibid.*, p. 365.

rions les athées du spiritisme, je ne me défends pas
outre mesure, en ce qui me concerne, d'une qualification
qui, si flétrissante qu'elle est encore aujourd'hui, perdra
toute acuité, lorsque au lieu de signifier amour de la
matière et néantisme, elle sera devenue synonyme
d'immortalité et d'amour passionné de l'humanité. »
(*Très bien! très bien.*)

Il paraît que les auditeurs de M. Marius Georges, plus
heureux que nous, ont compris cette étrange synonymie,
puisqu'ils ont applaudi. Mais achevons notre citation :

« Telle est bien, en effet, l'expression de notre athéisme.
Contrairement à la majorité des croyants qui fait du
mot Dieu une borne, nous en faisons, nous, un achemi-
nement. C'est assez dire que nous ne répugnerons nullement à la pensée qu'au-dessus de l'état divin, il puisse
exister des états plus sublimes encore. » (*Applaudissements.*)

Ici encore nous osons dire qu'il est plus facile d'ap-
plaudir que de comprendre.

On avouera du moins que, pour des gens qui ont la
prétention de fonder la religion définitive de l'humanité,
il est fâcheux de ne pas même réussir à s'entendre sur
l'existence et sur la nature du Dieu de cette religion.
Eux-mêmes en font l'aveu. En lisant telle page des
procès-verbaux, on croirait assister non pas à une réunion d'hommes convaincus, qui se proposent d'initier
leurs frères aux réalités du monde supérieur des esprits,
mais tout simplement à un convent de francs-maçons
qui, à l'exemple de ceux de France, font, par politique,
abstraction de Dieu et de l'idée même de Dieu, pour ne
pas susciter de funestes divisions. C'est ainsi qu'à la
séance du 16 septembre, le président interrompt un orateur en ces termes :

« Vous savez qu'on a évité autant que possible de
parler de Dieu, les uns parce qu'ils y croient, les autres
parce qu'ils n'y croient pas dans le même sens... » Et

plus bas, fidèle à cette injonction, un orateur fait cet aveu : « Je ne prononce pas le mot de Dieu. C'est le mot qui nous divise le plus... à l'heure où nous sommes (1). »

La religion qu'on veut fonder est une religion, nous dit-on, qui a horreur de l'intolérance. Sa tolérance va si loin qu'elle n'ose même pas prononcer le nom de Dieu ! « Les groupes spiritualistes, dit un congressiste, repoussent tous le fanatisme sacerdotal et l'intolérance du matérialisme érigé en dogmes. Unifier nos croyances en un tout irrévocable, cette pensée dogmatique, catholique, inquisitoriale, nul de nous ne peut l'avoir. Le spiritisme doit et veut participer à tous les progrès de l'avenir. S'il était mis en défaut sur un point par la science, il se reviserait sur ce point. Qui parle ainsi ? Allan Kardec lui-même. Vous voyez qu'il ne visait pas à faire du spiritisme une religion infaillible (2). »

La religion spirite ne sera donc pas une religion, mais en réalité une synthèse philosophique, basée sur la révélation des esprits extra-terrestres, mais soumise au contrôle des esprits de ce bas monde : synthèse bizarre dont la logique sera bannie, où l'on verra le déisme, le panthéisme, l'évolutionnisme athée figurer avec la même autorité et au même titre ; où toutes les rêveries les plus contradictoires pourront se coudoyer et se remplacer, selon le caprice des esprits.

Ce n'est pas une religion, et cependant il y a des églises spirites. Les procès-verbaux nous signalent celle de Weeling (États-Unis) qui a reçu son credo (un déisme assez anodin) « d'une délégation d'esprits, parmi lesquels figurent — vrai miracle de syncrétisme — Emmanuel Swedenborg, Ignace de Loyola et Martin Luther (3) ».

Il serait étonnant que, dans ce pandémonium, le so-

(1) *Ibid.*, p. 154.
(2) P. 138, *disc. de M. Laurent de Faget.*
3) P. 345.

7.

cialisme ne fût pas représenté. Un esprit qui s'appelle « Jean » y a pourvu. Voici ce que « Jean » nous apprend de l'état futur de la société humaine, régénérée par le spiritisme : « La loi de solidarité remplaçant la charité, tout homme, non au prix d'un avilissant labeur, mais en vertu d'un droit indéniable, ayant le nécessaire pour vivre de par la société, le mot charité est appelé à disparaître (1). »

C'est à se demander si M. Guesde a soufflé l'esprit Jean ou si c'est l'esprit Jean qui inspire M. Guesde !

Voilà donc, au point de vue doctrinal, le fruit manifeste de l'arbre spirite : un déluge de divagations propres à détraquer les cerveaux faibles, et, comme révélation d'une vérité d'ordre quelconque, religieuse, philosophique, scientifique, naturelle, la nullité la plus nulle, la plus absolue.

Au milieu de ce chaos il y a cependant un point à noter sur lequel nous reviendrons plus bas : c'est que les esprits les plus religieux, comme les plus incrédules, s'accordent cependant merveilleusement sur un point : l'hostilité à l'égard du dogme catholique. Les élucubrations les plus pieuses, les plus doucereusement mystiques des esprits, aboutissent invariablement à quelques propositions contraires à l'enseignement de l'Église : tantôt c'est la divinité de Jésus-Christ qui est niée, tantôt et surtout, avec insistance, la réalité de l'enfer et des peines éternelles. Cette hostilité à l'égard de l'Église, les spirites eux-mêmes non seulement l'avouent, mais s'en font un titre de gloire. Ceci soit dit à l'adresse d'un grand nombre d'âmes simples, qui cherchent et croient trouver, dans les manifestations des « esprits désincarnés », une confirmation de leur foi religieuse et un gage de plus pour leurs espérances éternelles. Un fervent disciple des esprits croit devoir, en plein congrès, défendre comme

____

(1) P. 144.

d'une affreuse calomnie, le patriarche Allan Kardec d'une prétendue faiblesse pour le catholicisme. Voici en quels termes :

« Allan Kardec a maintenu et purifié la morale évangélique parce qu'elle n'est pas seulement la morale d'une religion, d'un peuple, d'une race ; elle est la morale supérieure, éternelle, qui régit ou régira les sociétés terrestres comme les sociétés de l'espace. Si Allan Kardec a respecté les principes du Christianisme primitif, il a combattu, avec une logique rigoureuse, tout ce qui constitue le Catholicisme moderne. Ces dogmes qu'on l'accuse d'avoir ménagés, il n'en a pas laissé un seul debout. Qu'on lise attentivement ses ouvrages et on constatera que partout il s'élève avec une grande énergie contre l'éternité des peines, la grâce et tout le cortège des superstitions aveugles (1). »

Écoutons maintenant le Dr Surbled, analysant l'ouvrage récent d'un des savants du spiritisme :

« Un grossier panthéisme, tel est le fond de la doctrine spirite qui s'accuse plus ou moins nettement partout et traduit la foi matérialiste la plus accentuée. L'unité substantielle de tout l'univers embrasse le monde vivant, l'homme et Dieu ; et les notions de matière et d'esprit, de matérialité et d'immatérialité s'y rencontrent et s'y perdent. C'est du moins l'avis d'un spirite déterminé, le Dr Baraduc, qui croit aveuglément à la force vitale et l'identifie avec le grand tout. Toute la nature, écrit-il, est dans une admirable adaptation, avec une seule substance, la force vitale, par la volonté

(1) *Ibid.*, p. 156. Discours de M. Léon Denis. Voyez à l'appui un opuscule de propagande d'Allan Kardec lui-même : *Le spiritisme à la plus simple expression* (année 1889). Après avoir vanté la large tolérance du spiritisme, l'auteur ajoute : « Le spiritisme combat, il est vrai, certaines croyances, telles que l'éternité des peines, le feu matériel de l'enfer, la personnalité du diable, etc. (p. 13). » Il est donc vrai que le spiritisme, qui s'accorde avec toutes les philosophies, avec toutes les religions, exclut formellement le catholicisme.

d'un seul qui comprend tout (1). Il attribue à l'homme, outre une âme *psychique*, une âme physique faite d'une matière subtile. C'est cette distinction que l'Église a eu tort de ne pas faire. A travers les obscurités voulues ou non de son langage, M. le Dr Baraduc est plus explicite que beaucoup d'autres et révèle nettement la pensée spirite contraire à la doctrine de l'Église et à l'enseignement de toute la philosophie. Très idéaliste en apparence, elle est foncièrement positiviste : son objectif constant est de matérialiser toutes choses sous le couvert d'expressions spiritualistes. C'est le jeu ordinaire du panthéisme : on divise et on mutile l'âme pour mieux la supprimer, on exile au loin, dans une sphère inaccessible, l'esprit *d'intelligence, l'ego divin*, et on donne tous les attributs de la puissance au prétendu *périsprit* qui n'a pas la moindre base dans les faits et qui n'a jamais existé. *L'esprit* se confond avec Dieu même et *l'âme*, découronnée de ses facultés distinctives, psychiques et spirituelles, réduite à l'humble rôle de principe vital, est assimilée à un fluide vulgaire de même nature que le fluide cosmique. Le but avéré du spiritisme est de matérialiser l'âme comme Dieu même et de confondre dans une seule substances tous les êtres visibles et invisibles, les corps et les esprits (2). »

Ainsi, outre qu'il est anti-chrétien, le spiritisme se révèle comme la saisissante antithèse du vrai spiritualisme.

Nous ne serions pas complet, sur la nature essentiellement antichrétienne des doctrines spirites, si nous ne disions un mot d'une autre forme de superstition qui se confond souvent, et à juste titre, avec le spiritisme. Je

(1) Le Dr Baraduc est l'auteur d'un livre sur la *force vitale* et l'inventeur d'un appareil qu'il a appelé *biomètre*, et à l'aide duquel il prétend étudier et mesurer ce qu'il appelle la *force vitale* ou *psychique*. V. le livre du Dr Surbled : *Spiritualisme et spiritisme* (1 vol. in-18, Paris, Régnier, 1898), d'où j'extrais ces citations p. 258 et suiv.

(2) Dr Surbled, p. 265-266.

veux parler de l'occultisme qui a aujourd'hui, en France même, sous la haute direction du docteur Papus (c'est le nom cabalistique du docteur Encausse), de nombreuses publications, des revues, des séances et bientôt des cours publics conférant des diplômes! Les nouveaux mages, — le nom de sorcier leur conviendrait mieux, — comme les spirites, se flattent d'évoquer les morts, de les consulter et de leur faire enseigner, en reprenant tous les termes et les signes de l'ancienne alchimie, les mêmes erreurs que nous avons signalées dans le spiritisme proprement dit. Comme lui employant volontiers les termes les plus expressifs du vocabulaire chrétien, comme lui panthéiste, comme lui pieux matérialiste, l'occultisme vise également à supprimer et à remplacer l'Église. Son crédit est-il plus grand que celui des spirites proprement dits? Nous ne saurions l'affirmer; mais l'affinité est tellement grande entre les deux écoles qu'on peut facilement les confondre. Peut-être serait-il juste de dire que les occultistes sont les hauts théoriciens du spiritisme, tandis que la plèbe spirite est occultiste sans le savoir (1).

Ajoutons un dernier et important témoignage. M. le baron Carra de Vaux, professeur à l'Institut catholique de Paris, à la suite d'un voyage en Amérique, rend compte de ce qu'il a observé, aux États-Unis, au sujet des spirites. Il constate qu'il existe en Amérique une religion spirite dans les masses populaires et une science psychique dans les milieux savants. Il parle, comme témoin, de séances spirites dans lesquelles il signale nombre de faits qui sont simple puffisme et pure charlatanerie.

Mais il y en a d'autres dont la réalité ne saurait être contestée et qu'aucune cause naturelle ne peut expliquer; l'influence démoniaque s'y montre, les doctrines qui

______

(1) V. *Le Péril occultiste*, par Georges Bois, Paris, Retaux, 1 vol. in-12.

se dégagent du spiritisme étant contraires à l'Évangile et à la Révélation. Il constate de plus et il déplore, avec grande raison, l'envahissement croissant des sectes spirites en Amérique (1).

C'est un fait douloureux à constater, mais certain, que ce n'est pas en Amérique seulement que le spiritisme, chez beaucoup de personnes religieuses, forme une seconde religion, ou plutôt une contre-religion. Un écrivain qui a lui-même appartenu à l'occultisme fait cette remarque, dont nous avons pu par nous-même constater l'exactitude. Les adeptes du spiritisme, victimes du faux surnaturel au milieu duquel ils vivent, finissent par s'endurcir. « Après avoir vu trop de prestiges, ils ferment les yeux aux miracles, quand Dieu daigne en faire devant leurs yeux pour les désabuser. Ils ne nient point les miracles, d'ordre divin, ils les attribuent aux esprits ; ils perdent le sens du surnaturel. Il faut une grâce exceptionnelle pour les ramener à l'Église (2). »

Des conséquences doctrinales du spiritisme, pour achever de nous édifier, passons à ses résultats pratiques.

Doctrinalement, nous venons de le constater, l'arbre ne saurait être bon. Mais ce n'est rien encore, tant que la doctrine fausse ne s'est pas incarnée dans les faits. Penser mal conduit toujours à mal agir, et d'un dogme erroné, surtout quand il s'agit de religion, sortent toujours des conséquences funestes, même dans l'ordre physique et matériel ; le corps où réside une âme déséquilibrée finit par être atteint à son tour. C'est l'histoire du spiritisme. De la folie spirituelle qui le caractérise sont promptement sorties de véritables folies, dans le sens physiologique du mot, des suicides, des crimes et des vices de toute sorte. C'est ce que nous allons cons-

(1) V. *Univers* du 21 janvier 1909.
(2) *Lucifer démasqué*, par Kotska, p. 115.

later par les aveux mêmes des spirites, comme nous avons constaté, par leurs propres écrits, les incohérences et les inepties de leurs doctrines.

Que les pratiques du spiritisme soient dangereuses et pour la raison de ses adeptes et pour leur santé physique, c'est un point avoué par les écrivains spirites, à toutes les pages de leurs livres et de leurs annales. Un fervent spirite, M. Léon Denis, écrit ces propres paroles :

« Les esprits inférieurs parfois dominent et subjuguent les personnes faibles qui ne savent résister à leur influence. Dans certains cas leur empire devient tel qu'ils peuvent pousser leurs victimes jusqu'au crime et à la folie. Ces cas d'obsession et de possession sont plus communs qu'on ne pense. C'est à eux qu'il faut demander l'explication de nombreux faits relatés par l'histoire.

« Il y aurait danger à se livrer sans réserves aux expérimentations spirites... Celui qu'inspirerait seul l'intérêt matériel ou qui ne verrait dans ces faits qu'un amusement frivole, celui-là deviendrait fatalement l'objet de mystifications sans nombre, le jouet d'esprits perfides qui, en flattant ses penchants et le séduisant par de brillantes promesses, capteraient sa confiance pour l'accabler ensuite de déceptions et de railleries (1). »

Fort loyalement, le Dr Gibier s'efforce de prémunir contre le péril qu'ils encourent les imprudents qui s'y livrent par curiosité, et ceux qui le permettent aux autres comme amusement. « Pour certains individus, écrit-il (nous dirions pour tous), il est nécessaire de déconseiller les pratiques du spiritisme expérimental. Il faut, en effet, être fortement trempé et sûr de ses bons antécédents héréditaires, au point de vue cérébral, si on ne veut pas voir sa raison ne plus revenir, à la suite d'une envolée, et s'ébranler dans des dialogues troublants avec l'invisible. Il est de notre devoir de signaler le péril inhérent

____

(1) Ouv. cit., p. 230-231.

aux expériences de psychisme avec lesquelles on joue
cependant, sans se douter du .grand danger qu'elles
font courir (1). » Dans un autre ouvrage que nous avons
déjà cité (2) plus haut, le Dr Gibier s'élève contre la facilité avec laquelle certaines administrations municipales
autorisent des séances publiques de magnétisme. « Elles
excitent, dit-il, chez les vrais initiés l'indignation et la
pitié : autant vaudrait laisser les enfants jouer avec de
la dynamite. »

Les faits ont, partout et toujours, donné largement
raison à ces avertissements. Les statisticiens des deux
mondes se sont plu à énumérer les cas nouveaux d'alié-
nation mentale qui encombrent les maisons de santé,
depuis l'invasion du spiritisme. Allan Kardec, en dé-
plorant les cas de folie produite directement par les
pratiques dont il s'était fait le prophète, s'en console
philosophiquement, en prétendant que c'est là une folie
d'un nouveau genre et une espèce de folie dont la cause
est inconnue du monde, mais qui n'a pas de rapport
avec la folie ordinaire (3). Cause nouvelle, c'est incontestable ; mais dire que le mal produit diffère essentiellement de celui qui remplit les hôpitaux d'aliénés, c'est là
une assertion qui fait sourire. Ouvrez les journaux de
médecine, tous les aliénistes mettent au premier rang,
avec l'alcoolisme, parmi les causes qui font progresser
les cas de folie d'une façon si effrayante, les expériences
du magnétisme, les évocations spirites, les tables tournantes. Ainsi, dès 1855, à Zurich, sur 200 aliénés, un
quart est spirite. A Gand il y en a 95 sur 255. A Genève,
à Munich, à Bruxelles même résultat. Que dirait-on si
on passait l'Atlantique ?

Le pire est que la folie produite par le spiritisme est
presque toujours une folie qui porte au suicide et qui

(1) Cité par Franco, p. 206.
(2) P. 123.
(3) Franco, p. 205.

en produit effectivement une quantité innombrable. Ainsi le veut d'ailleurs la logique. Pour le vrai spirite qui ne croit qu'à peine à la responsabilité morale, ou n'y croit pas du tout; pour qui il n'y a pas d'enfer, mais une certitude d'arriver tôt ou tard au bonheur pour lequel il a été créé, se débarrasser de la vie, ce n'est que changer d'habit, c'est renoncer à une tentative malheureuse pour en essayer une meilleure (1). C'est d'ailleurs une invitation que reçoivent fréquemment les spirites des esprits qu'ils évoquent. Pourquoi se refuser à aller rejoindre, dans un monde invisible, le père, le frère, l'ami que l'on pleure et qui a daigné répondre lui-même à notre appel? Le suicide est presque un acte de charité; c'est un acte d'obéissance à une invitation divine, ou du moins surnaturelle : ainsi c'est en sûreté de conscience, en croyant faire un acte de piété, qu'on va au-devant du crime, comme ces fanatiques adeptes du Vieux de la montagne qui, au dire de la légende, sur un signe du maître, s'abîmaient dans un précipice où ils croyaient trouver les délices du paradis de Mahomet.

Le suicide n'est pas le seul crime provoqué par le spiritisme. Tous les spirites, sans exception, avouent que les esprits qui leur parlent sont parfois malfaisants. Leurs annales sont remplies du récit des agressions parfois violentes des médiums, ou même des tables et des meubles mis en mouvement par leurs pratiques. Plus d'un curieux a été dégoûté à jamais des conversations avec les esprits par les horions qu'il en a reçus (2). M. Gibier écrit nettement : « D'une manière générale je ne crois pas qu'il soit bien sain de se livrer assidûment à la pratique des évocations. On n'est toujours maître de

---

(1) Il est vrai qu'A. Kardec, dans l'opuscule cité plus haut, trouve au spiritisme, entre autres mérites, celui-ci : « Il dissipe les incertitudes ou les terreurs de l'avenir, *arrête la pensée d'abréger la vie par le suicide* (p. 22). » A. Kardec a malheureusement contre lui à la fois la logique et les faits.

(2) Voyez plusieurs faits cités par Franco, p, 169-178.

recevoir qui on veut et lorsque le médium, devenu passif, laisse échapper son énergie animique (force, fluide vital, pur esprit des spirites), la première intelligence mauvaise qui se trouve attirée par certaines influences magnétiques d'ordre inférieur, la première larve venue, selon l'expression occultiste, peut s'en emparer et causer des malheurs irréparables (1). » Le Dr Gibier cite à l'appui trois exemples très significatifs, dont l'un est personnel à l'auteur lui-même.

Il y a quelque chose de pire encore que les sévices matériels, c'est le vice et l'immoralité. Je me borne, sur ce point, à renvoyer au chapitre du P. Franco intitulé : La sensualité dans le commerce spirite (2). Je n'en extrais qu'un seul passage que le savant Jésuite a tiré lui-même des *Annales spirites* (3). V. Fournier, une des lumières du spiritisme, écrit ceci : « J'ai des rapports plus fréquents que je ne le voudrais avec un esprit d'une malice infernale : sa morale est celle du trop célèbre marquis de Sade qui se glorifie d'avoir étouffé en lui-même, après une lutte acharnée, la conscience, le grand ennemi, sans la mort duquel l'esprit ne saurait acquérir le calme. Son intelligence étant égale à sa perversité, il n'y a pas de détour qu'il ne soit capable de prendre pour tromper. »

Chose étrange et qui montre l'état moral où peuvent tomber les meilleurs, parmi les adeptes du spiritisme : M. Fournier, après avoir stigmatisé comme il le mérite l'infâme esprit qui l'obsède, ajoute : « De tels esprits doivent inspirer de la pitié et être tendrement aimés plutôt que haïs ! »

(1) V. p. 185.

(2) P. 211 et suiv. Sans même être provoqués les « esprits » se livrent parfois, d'eux-mêmes, à de cruelles persécutions sur les *médiums* et leurs familles. Voyez à ce sujet Acksakof, *Animisme et spiritisme*, p. 296 et sq.

(3) *Spirites*, 1879, p. 221.

On ne saurait passer sous silence que, chez les Mormons, les esprits approuvent la polygamie. En d'autres lieux, où l'avortement volontaire n'est que trop commun, les esprits s'en accommodent prudemment. La remarque est du docteur Gibier (1).

Mais voici qui est plus grave encore, s'il est possible : c'est au spiritisme encore qu'on peut faire remonter l'origine de telle secte infâme, formant une société digne des flammes de Sodome. Ce n'est pas un théologien qui me l'apprend, c'est le D*r* Gibier lui-même.

Dans son livre *L'analyse des choses,* tant de fois cité ici, le docteur parle de la méthode à suivre pour développer dans certains sujets la *médiumnité* ou faculté d'être médium, ou, en d'autres termes moins clairs, l'*abmatérialisation*, et, après avoir exposé ses idées, il conclut ainsi :

« J'ajouterai qu'en ce qui concerne l'entraînement destiné à développer les facultés supérieures du *médium*, il conduit presque toujours à la démence ou à une péjoration des penchants et, parfois, à l'éclosion de nouvelles passions dépendant le plus souvent d'une aberration du sens génésique. » En voici un exemple cité par l'auteur : « Un certain anglais (écrivain de talent), détraqué par le régime qu'il avait suivi pour se donner des facultés *surordinaires,* avait réussi à fonder en Orient une communauté où se trouvaient un certain nombre de jeunes filles et femmes, anglaises ou américaines, de bonne société. La communauté avait — et a encore au moment précis où j'écris — des adhérents et des adhérentes en Europe, même à Paris, et en Amérique. J'en connais quelques-uns des deux sexes. Eh bien ! derrière le spiritisme et le mysticisme raffiné des adeptes, se cachaient et se cachent encore les pratiques obscènes les plus dégoûtantes, élevées à la hauteur d'un

____

(1) *Le spirit.*, 1891, p. 137 et suiv.

principe et d'un culte *ad majorem Dei gloriam* (1). »

Ainsi, d'après l'autorité d'un docteur nullement suspect de cléricalisme, on pourrait faire remonter au spiritisme lui-même ces prodiges d'immoralité qui se perpétuent parmi nous, dans des sociétés occultes désignées naguères sous le nom, plus ou moins exact, de pallalisme ou de luciférianisme : le culte de la chair uni au culte du démon !

Voilà donc, d'après les membres du spiritisme euxmêmes, la doctrine spirite convaincue de tous les méfaits réunis. A quoi bon pousser plus loin notre enquête? C'est sur le témoignage de ses propres adeptes que je puis établir les conclusions suivantes :

Le surnaturel spirite, s'il a fait quelque bien, ne l'a fait qu'à titre exceptionnel : les maux qu'il produit sont incalculables : ni l'esprit n'y trouve une lumière nouvelle, ni la conscience une sécurité, ni la faiblesse humaine un point d'appui, ni le vice une barrière. Les spirites peuplent les maisons d'aliénés; ils accroissent sans cesse la liste des suicides; ils tolèrent, approuvent, encouragent l'immoralité même, sous la forme la plus abjecte. Ne nous est-il donc pas désormais possible de répondre, de la manière la plus précise, à la question de savoir quelle est la nature de la cause d'où procèdent de tels phénomènes, ou, pour suivre la comparaison évangélique, quelle est la valeur de l'arbre qui porte de tels fruits? Évidemment la cause est malfaisante et l'arbre est vénéneux. Une telle solution s'impose d'elle-même, et le savant libre penseur doit être en ce point d'accord avec le théologien.

Mais la science peut-elle aller plus loin? A-t-elle le droit, comme le font nombre de savants, d'affirmer que cette cause inconnue, quelle qu'elle soit, qui défie et confond leur science, et toute science, par les faits indé-

(1) P. 183.

niables qu'elle produit, n'est certainement pas celle que l'Église signale à ses fidèles? Non sans doute, car ici les conclusions dépasseraient les prémisses. Pour nous, sans prétendre arriver à une démonstration mathématique, que ne comporte pas notre sujet, nous allons nous borner à faire voir, en invitant les savants à y regarder de près, l'analogie étrange, stupéfiante, et humainement tout à fait inexplicable, que présentent les phénomènes spirites, attestés et décrits par les spirites de toutes les écoles sans exception et par les savants eux-mêmes, avec tous ceux que, de tout temps, l'Église a présentés au monde comme étant des preuves manifeste de l'existence du démon et des esprits malfaisants.

CHAPITRE XI

Le Démon.

L'Église nous enseigne qu'une partie des esprits célestes succombèrent à l'épreuve dont le succès était la
condition de leur entrée définitive dans la gloire. Ces
anges de l'abime restent déchus à jamais de toute espérance de réhabilitation. Mais, du sein de leur éternel
désespoir, Dieu permet, pour le bien des hommes, qu'ils
soient à leur tour employés à notre épreuve dans le combat de cette vie. Dans une mesure que Dieu connaît et
qu'il a renfermée dans des limites fixées par sa sagesse,
ils ont reçu le pouvoir de nous tenter et de nous porter au mal. Ils peuvent agir d'une manière mystérieuse
sur nos esprits et sur nos corps. Pour arriver à nous
perdre, tous les moyens leur sont bons : ils y emploient
leurs puissantes facultés naturelles, bien supérieure aux
nôtres, et qui n'ont été nullement amoindries par leur
chute. Ils ont sur les corps une puissance dont nous
ignorons le mode et l'étendue, mais qui est singulièrement supérieure à celle de l'homme et qui, en certains
cas, semble déceler à nos yeux une force presque divine.
Toutefois, en nous attaquant, c'est principalement à la
ruse qu'ils ont recours; ils sont, par excellence, des esprits menteurs; ils savent, au besoin, se transfigurer en
anges de lumière et proférer de saintes paroles; ils
provoquent de fausses visions, des apparitions illusoi-

res (1). Comme ils causent certaines maladies, ils opèrent certaines guérisons; ils ont des oracles qui mêlent
parfois la vérité au mensonge, et c'est par là qu'ils ont
séduit tant de peuples et tiennent encore sous leur joug
tant de nations idolâtres.

Toutefois leur pouvoir est strictement limité par la sagesse divine, et personne ne succombe jamais sous leur
pouvoir que par sa propre faute : de telle sorte que nul
ne peut jamais les rendre responsables de ses erreurs et
de ses vices. Toute fatalité du mal est écartée. S'il leur est
donné, en certains cas, de s'emparer des corps et de les
« posséder », cette possession, si elle s'attaque à des âmes
innocentes, ne peut que tourner à leur plus grand bien
et à la confusion des démons eux-mêmes. Jésus-Christ,
par sa venue, par les mérites de son sang, les a vaincus,
non seulement en ce qu'il a strictement enchaîné leur
pouvoir, mais en ce que son seul nom prononcé, et surtout invoqué avec foi, suffit pour les mettre en fuite.
Quelles que soient leurs ruses, ils sont impuissants à
remporter sur la vérité aucun triomphe définitif; et,
pour toute âme fidèle et de bonne volonté, il reste toujours des signes caractéristiques, décisifs, qui permettent de distinguer les prestiges, c'est-à-dire les faux
miracles des démons, des véritables miracles, c'est-à-dire
des miracles divins.

Bossuet a consacré deux de ses plus beaux sermons à
exposer, dans son grand style, cette théologie. Le lecteur nous saura gré d'en reproduire ici une page. Il
explique les raisons de la chute des anges, et leur rôle
parmi les hommes.

« Les anges rebelles, nous dit-il, se sont endormis
en eux-mêmes dans la complaisance de leur beauté : la
douceur de leur liberté les a trop charmés, ils en ont

____

(1) V. *Rev. du Monde invisible*, nos de sept. et oct. 1899, deux art. de
Mgr Méric intitulés : *Le faussaire de Dieu.*

voulu faire une épreuve malheureuse et funeste, et déçus par leur propre excellence, ils ont oublié la main libérale qui les avait comblés de ses dons. L'orgueil insensiblement s'est emparé de leurs puissances, ils n'ont plus voulu reconnaître Dieu, et quittant cette première bonté qui n'était pas moins l'appui nécessaire de leur bonheur que le seul fondement de leur être, tout est allé en ruine. Ainsi donc il ne faut pas s'étonner, si d'anges de lumière ils ont été faits enfants de ténèbres, si d'enfants ils sont devenus déserteurs, et si, de chantres divins qui, par une mélodie éternelle, devaient célébrer les louanges de Dieu, ils sont tombés à un tel point de misère que de s'adonner à séduire les hommes. Dieu l'a permis de la sorte, afin que nous reconnaissions dans les diables ce que peut le libre arbitre des créatures quand il s'écarte du bon principe, pendant qu'il fait éclater, dans les anges et dans les hommes prédestinés, ce que peut sa miséricorde et sa grâce toute-puissante (1). »

Le mystère de la chute des anges rebelles et de leur mission parmi les hommes étant présupposé, quels seront les signes auxquels se reconnaîtra leur présence, comment se manifestera leur action? Leur nature spirituelle fait qu'ils échappent à nos sens. Appartenant à un monde surnaturel par rapport à nous, notre seule raison ne peut arriver à prouver leur existence par aucune démonstration directe. Il faut cependant que quelque preuve expérimentale, *sui generis*, les décèle; autrement, on ne pourra jamais avec certitude distinguer les tentations du démon, par exemple, des autres causes qui font succomber la vertu des mortels. Sur ce point, que nous apprend l'histoire? Sur quels faits s'appuient la créance commune de l'Église et les enseignements qu'elle distribue aux fidèles?

Chose étrange et sur laquelle on ne saurait trop atti-

(1) Bossuet, *Serm.*, édit. Lebarq, I, 347.

rer l'attention de la science rationaliste : pour répondre
à ces questions, pas n'est besoin d'ouvrir un manuel de
théologie, ni de feuilleter l'histoire ecclésiastique ; ou du
moins on peut consulter indifféremment les écrits de
nos démonologues ou les annales du spiritisme, écrites
par les spirites eux-mêmes et les procès-verbaux des expériences des savants. Suivons pas à pas ces curieux
rapprochements.

Où résident ces esprits malfaisants avec qui nous
sommes en guerre? S. Paul, dans un texte qui nous
paraît bien étrange à première vue, nous dit que l'air
que nous respirons est peuplé de ces esprits de malice,
« qui sont les princes et les puissances, les gouverneurs
des ténèbres d'ici-bas » (Eph., vi, 12). Plus haut il avait
nommé Satan, « le prince des puissances de l'air » (Eph.,
ii, 2) avec qui nous sommes en lutte continuelle (1).

Ceux qui, sur ce point, ont peine à se rendre au témoignage de S. Paul et de toute la tradition catholique,
n'ont qu'à feuilleter Allan Kardec, Léon Denis, du Potet,
le D' Gibier et les innombrables procès-verbaux des séances spirites. Le livre des *Médiums* d'Allan Kardec leur

(1) S. Thomas justifie ainsi cette présence d'un grand nombre de
mauvais esprits dans l'air que nous respirons. Après avoir dit que c'est
pour le bien des hommes que Dieu permet l'épreuve qu'ils subissent par
les tentations du démon, il ajoute : « Le soin du salut des hommes s'é-
tend jusqu'au jour du jugement et c'est pour cela que le ministère des
anges et la tentation du démon dureront jusqu'à ce terme. Et c'est aussi
pourquoi jusqu'à présent, d'une part, les bons anges sont envoyés ici-
bas pour notre salut et les démons résident dans cet air ténébreux pour
nous éprouver. Après le jugement tous les méchants, hommes et anges,
sont relégués en enfer et tous les bons sont au ciel. » I, q. lxiv, a. 4.

Il est remarquable que Platon, parlant au nom de toute la tradition
antique, tient sur les esprits un langage analogue à celui de S. Paul et
de S. Thomas. On lit dans le *Banquet* : « Les esprits maintiennent l'harmonie entre les deux sphères : la sphère divine et la sphère humaine ;
ils sont le lien qui unit l'univers. C'est d'eux que provient toute la science
divine et tout leur art est relatif aux sacrifices, aux initiations, aux enchantements, aux prophéties, à la magie. » Platon fait, tout comme nos
spirites, la distinction entre les bons esprits et les mauvais (*agatho-dé-
mons* et *caco-démons*). On voit qu'en présence des faits d'aujourd'hui il
aurait été moins étonné que nos savants.

apprendra que les esprits « pullulent » autour de nous
dans l'atmosphère que nous respirons.

Allan Kardec ne se borne pas à affirmer la chose, il la
déplore. Ils ne pullulent que trop, dit-il. Pourquoi? parce
que nombre de ces esprits sont « légers, menteurs et malfaisants ». S. Paul les appelle des esprits de malice, des
esprits malfaisants : *spiritualia nequitiæ* (Eph., vi, 12).

La tradition chrétienne, en effet, est unanime à représenter les démons comme des esprits méchants qui, par
jalousie, et comme pour se consoler de leur malheur
par le malheur d'autrui, se plaisent sans autre motif à
faire souffrir les hommes. Mais que dit Allan Kardec?
Écoutez : « Souvent l'esprit n'a d'autre raison que le
désir de faire le mal. Comme il souffre, il veut faire
souffrir les autres; il trouve une sorte de jouissance à
les tourmenter, à les vexer... les esprits agissant parfois
en haine et par jalousie du bien dont un autre jouit (1). »
Tel est le témoignage que se rendent à eux-mêmes les
esprits, répondant à Allan Kardec, quand il leur demande
compte de leur malice. Est-ce donc qu'Allan Kardec a
pris à tâche de traduire S. Paul? Écoutez encore : esprits
de mensonge, dit la théologie : or lisez Allan Kardec :
« La vérité est le moindre de leur souci, c'est pourquoi
ils se font un malin plaisir de mystifier ceux qui ont la
faiblesse et quelquefois la présomption de les croire sur
parole (2). »

L'hypocrisie est le moyen que préfèrent ces esprits
de malice pour tromper les âmes simples et naïves.
« C'est à la faveur même de la gravité du langage que
certains esprits, présomptueux ou faux, cherchent à faire
prévaloir les idées les plus fausses et les systèmes les
plus absurdes, et, pour se donner plus de crédit et d'importance, ne se font pas scrupule de se parer des noms

---

(1) *Médiums*, p. 314-315, cité par Franco, p. 178.
(2) *Liv. des Médiums*, p. 172-173, dans Franco, p. 166-167.

les plus respectables et même les plus vénérés. » Qui parle ainsi? Est-ce Allan Kardec? Oui, mais c'est aussi S. Paul qui nous apprend, ce que toute la tradition chrétienne a cru et répété, savoir que la suprème habileté de Satan est de se « transfigurer en ange de lumière » (II Cor., XII, 14).

Ces transfigurations de Satan, suivant la tradition chrétienne, ont toutes pour principe la haine de Dieu et de son Église et, pour but, la perte des hommes. Elles sont perfidement calculées pour pousser les âmes dans la voie de l'erreur, suivant l'attrait particulier de chacun. Il est donc tout simple que l'esprit mauvais, parmi les hypocrisies qu'il emploie, sache avoir recours même à celle de la sainteté. Ce que la tradition chrétienne atteste, les livres spirites nous le font voir en action. L'esprit évoqué, libertin avec les libertins, impie avec les impies, se fera religieux et dévot avec les personnes pieuses, mystique et tendre avec les femmes éplorées, qui tiennent à converser avec leur mari défunt ou avec l'enfant qu'elles ont perdu. Ils ne craindront pas d'aller jusqu'à recommander la fréquentation de l'Église et l'usage des sacrements. Les procès-verbaux dont nous avons plus haut donné les extraits, montrent que les esprits savent, à notre époque de socialisme, être eux-mêmes socialistes et humanitaires. Ceux pour qui la tolérance, ou plutôt l'indifférence religieuse, est la règle des règles, n'ont qu'à consulter les esprits pour savoir que toutes les religions sont bonnes : à une seule exception cependant — et très caractéristique, — la religion catholique romaine, que le spiritisme et l'occultisme attaquent toujours invariablement par quelque côté.

La tradition chrétienne, après l'Écriture sainte, nous parle du commerce volontaire de l'homme avec le démon, de pactes sataniques; l'Évangile est rempli d'histoires de possédés. Ces mots ont, de longue date, le privilège de faire naître le sourire sur les lèvres des rationalistes. Pourtant voilà que ces rationalistes rencontrent les mêmes faits dans les annales du spiritisme, où nombre de pages sont rédigées par eux-mêmes. Je demande alors de quel droit ils passent avec dédain devant nos Bollandistes et nos hagiographes. Il serait piquant, et ce serait facile d'introduire, sans trop de disparate, telle page d'un écrivain spirite dans le manuel d'un parfait exorciste.

Lisez par exemple telle page du Dr Dupouy, dans son livre intitulé : *Sciences occultes et physiologie psychique.* L'auteur nous apprend à quels signes on peut reconnaître, dans le médium, la présence d'un autre esprit que le sien, un esprit désincarné, disent les spirites. Ces signes les voici : lorsque le médium fait des communications dont la nature est au-dessus de son niveau intellectuel, une femme ignorante, par exemple, résolvant instantanément les plus hauts problèmes de mathématique, de géologie, d'astronomie? Citons textuellement.

« On reconnaîtra encore la nature des manifestations 1° dans la médiumnité des *petits enfants ;* 2° dans la conversation en langues étrangères, inconnues des médiums, dans l'exécution de morceaux de musique par des sujets n'ayant aucune instruction musicale; 3° par la communication de faits que ne connaissent ni le médium ni les assistants, et qui ne peuvent pas être expliqués par la transmission de pensées, en raison même des conditions dans lesquelles ces messages sont délivrés; 4° par les communications venant de personnes complètement inconnues des médiums aussi bien que des assistants et par la transmission de messages et d'objets à une grande distance, etc. (1). »

Tous ceux qui ont parcouru le Rituel Romain, au cha-

____

(1) Nous avons entendu plus haut M. Léon Denis (vid. sup. p. 123) attribuer aux mauvais esprits des cas fréquents « d'obsession et de possession, par lesquels ils poussent leurs malheureuses victimes jusqu'au crime et à la folie ». Que disons-nous autre chose?

pitre de la possession des démons et des exorcismes, peuvent constater facilement la quasi-identité des signes auxquels l'exorciste reconnaît la possession démoniaque et de ceux auxquels le Dr Dupouy reconnaît la possession spiritique (1).

Commercer avec les esprits, c'est la prétention avouée des spirites; c'est là leur raison d'être. Les médiums en font métier, et ils y réussissent. Car dans les cas si nombreux où toute simulation, toute supercherie a été démontrée impossible, il faut absolument admettre l'intervention d'une intelligence autre que l'intelligence humaine. Et cette intelligence, dont la présence a été manifestée par des faits matériels, extérieurs, en contradiction souvent avec les lois les mieux constatées de la matière, a été simultanément l'organe de mille mensonges, mêlés à des révélations surprenantes de vérités impossibles à connaître humainement : voilà les faits. Cette intelligence, de quel nom la nommez-vous? Nommez-la comme vous voudrez; mais avouez, parce que l'évidence vous y contraint, qu'entre les descriptions que nous donne l'Église de l'action des démons et de leur puissance, et celles que vous-même tracez dans vos procès-verbaux et dans vos livres, l'identité est frappante, je pourrais dire complète. Concluez, tout au moins, que les dogmes chrétiens, je dirai même les croyances universelles relatives au rôle mystérieux des esprits mauvais en ce bas monde, ne sont pas de pures imaginations, des superstitions de cerveaux faibles, mais qu'elles répondent à des réalités *sui generis*, c'est-à-dire distinctes et en dehors de toutes les classifications établies dans la science naturelle (2).

(1) Nous empruntons cette citation du Dr Dupouy au livre cité plus haut de l'abbé Gombault, p. 222-224, qui a été couronné par l'Institut catholique de Paris (*Prix Hughes* 1899).

(2) L'*Écho du merveilleux* n'est pas un recueil destiné à propager la foi, mais bien plutôt à satisfaire la curiosité de ses lecteurs. Mais comment

Les pactes sataniques, les évocations, aux yeux frivoles de la légèreté contemporaine, n'apparaissent plus guère que comme des légendes poétiques, propres à défrayer les faiseurs d'opéras, à amuser les auditeurs de *Freyschutz* et de *Robert-le-Diable*. Écartez donc, sur ce point, si vous le voulez, les affirmations claires et positives de l'Écriture sainte; regardez les assertions de nos traités de théologie comme de gothiques inventions bonnes tout au plus à figurer dans l'Almanach liégeois, pour la joie des vieilles femmes et la terreur des enfants. Mettez au rang des esprits crédules et bornés les S. Augustin, les S. Thomas, les Suarez, les Bossuet et autres princes de la théologie. Mais voilà qu'il vous faut ajouter à ces grands noms ceux de tous les princes de la science contemporaine qui se sont occupés de spiritisme. Ni Crookes, ni Lombroso, ni Acksakof, ni Gibier, ni Richer et autres ne peuvent échapper au mépris qu'eux-mêmes et leurs congénères n'ont cessé de prodiguer aux théologiens catholiques, lorsqu'ils décrivent, pour la condamner, la pratique de la sorcellerie, de la magie et autres sciences occultes. On sourit de nos sorciers et de nos possédés. Mais ouvrez les plus authentiques procès-verbaux des spirites ! Il n'y est question que de *médiums*

ne pas rendre hommage à l'éclatante sincérité de son rédacteur en chef, M. Gaston Méry, quand, en présence des faits si nombreux qu'il étudie, « faisant, dit-il, abstraction de toutes ses idées religieuses », il affirme qu'au point de vue simplement scientifique, pour expliquer les faits spirites, « l'hypothèse catholique lui paraît la meilleure »? Je prétends, affirme-t-il, qu'elle est la meilleure *en soi* et que, dans l'état actuel de nos connaissances, les libres penseurs et les athées, s'ils sont de bonne foi, doivent l'admettre de préférence à toute autre, parce que c'est un principe scientifique indiscutable que, de toutes les hypothèses proposées pour expliquer une série de faits, la meilleure est celle qui en explique le plus... Chaque fois qu'on peut, avec certitude, constater dans les phénomènes psychiques l'intervention d'une intelligence, de l'invisible, cette intelligence est de nature perverse. Je sais bien que sur ce point les spirites nieront. Mais qu'ils me citent un fait inexplicable pour eux autrement que par une intervention de l'au-delà et qui ne dénote point une nature perverse ou tout au moins *amorale*, et nous discuterons (*Écho du merveilleux*, 1er septembre 1899, p. 321-322).

à l'aide desquels se produisent les phénomènes constatés, et sans lesquels ils ne se produisent presque jamais.
Or qu'est-ce qu'un médium? C'est un être qui, par un
don particulier tout spécial et très rare, a la faculté de
provoquer, par sa seule présence, par ses attouchements,
dans certaines circonstances prévues, des phénomènes
insolites qu'on demanderait vainement à la nature. Si un
auteur catholique voulait nous dépeindre un sorcier, je
ne sais pas s'il aurait besoin d'ajouter un seul trait à
cette description ; en tout cas il n'aurait à en retrancher
aucun. Il faut donc admettre qu'entre le médium qui est
l'occasion, et l'intelligence quelconque qui est la cause
des phénomènes, il y a une relation réelle, volontaire,
une sorte de pacte mystérieux : sans quoi on ne saurait
comprendre pourquoi tel est médium et produit certains
effets, pourquoi tel autre ne l'est pas et ne saurait réussir à rien. Cette conclusion s'impose d'elle-même. Or
c'est justement ce commerce consenti, voulu, avec les
puissances extra-naturelles, que l'Écriture et l'Église
condamnent sous le nom de magie ou de sorcellerie.

Au reste les aveux explicites des plus célèbres parmi
les professeurs et les praticiens du spiritisme, sont là
pour confirmer ce point de vue. Le P. Franco en cite
plusieurs des plus significatifs. Par exemple un célèbre
magnétiseur, Regazzoni, poussé à bout par Desmousseaux à la suite d'une séance où s'étaient passés les
faits les plus extraordinaires, lui répondit : « Il intervient, dans toutes ces opérations difficiles que je
fais, une petite invocation, mais à des esprits bienveillants (1). »

Bienveillants ou non, c'est l'aveu d'un commerce,
d'un pacte avec une puissance surnaturelle. Le fameux
baron Du Potet, dans un de ses livres, la *Magie dévoilée*,
ne fait pas difficulté de reconnaître qu'il a cru long-

(1) Desmousseaux, *La Magie*, p. 236-247.

temps que les pratiques de son art n'étaient que de purs
effets de forces naturelles inconnues; mais, vaincu par
l'évidence de ses expériences personnelles, il finit par
écrire explicitement ce qui suit. On nous pardonnera
cette longue citation :

« La magie se fonde sur l'existence du monde mixte
placé en dehors de nous, et avec lequel nous pouvons
entrer en relation par la voie de certaines pratiques. Qu'un
élément, inconnu dans sa nature, secoue l'homme et le
torde comme l'ouragan le plus terrible le fait du roseau...
que cet élément ait des favoris et semble pourtant obéir
à la pensée, à une voix humaine, à des signes tracés,
voilà ce que la raison (lisez le rationalisme) repousse;
voilà pourtant ce que je vois, ce que j'adopte, voilà ce
que j'ai vu et, je le dis résolument, ce qui est pour moi
une vérité à jamais démontrée, j'ai senti les atteintes de
cette redoutable puissance. Un jour, entouré d'un grand
nombre de personnes, cette force évoquée agita tout mon
être,... et mon corps, entraîné par une sorte de tourbil-
lon, était, malgré ma volonté, contraint d'obéir et de
fléchir. Le lien était fait, le pacte consommé; une puissance occulte venait de me prêter son concours, s'était
soudée avec la force qui m'était propre et me permettait
de voir la lumière. C'est ainsi que j'ai découvert le chemin de la vraie magie. C'est précisément le milieu dans
lequel l'âme trouve l'ennemi, mais elle y trouve aussi
des affinités qui lui donnent la puissance! Tout ce qui se
fait de cette manière prend un caractère surnaturel, et
est tel en réalité (1). »

A propos du baron Du Potet et de sa magie, qu'il soit
permis à celui qui écrit ces lignes de raconter un fait, à
lui personnellement connu, qui met en relief et en
contraste, d'une manière saisissante, les deux surnaturels : le divin et le diabolique. C'est à moi-même et par

---

(1) Du Potet, *La Magie dévoilée*, p. 153, cité par Franco, p. 194.

le héros de l'histoire que la chose a été rapportée. Le vénérable curé d'Ars, que j'ai eu le bonheur d'approcher dans ma jeunesse, avait pour voisin et pour ami M. de M... Excellent chrétien, M. de M... était en même temps un curieux de métaphysique et de philosophie. Il a toute sa vie travaillé à un grand ouvrage qui ne verra jamais le jour. Souvent il venait à Paris pour ses études ; mais jamais il ne quittait son saint ami sans venir lui demander sa bénédiction. Il en faisait autant au retour. Or, un jour, M. de M... se décida à venir à Paris étudier le magnétisme en suivant les séances, alors célèbres, du baron Du Potet. Il n'avait en aucune façon mis le curé d'Ars dans la confidence ; au retour il vint, selon son habitude, lui demander sa bénédiction. Il le trouva debout sur le seuil de son église. Mais, du plus loin que le saint vieillard l'aperçut, il fit un geste comme pour le repousser, et lui cria d'un ton sévère : « *Vade retro Satanas !* Retirez-vous de moi, Satan, vous venez d'avoir commerce avec le Diable ! » Tout interloqué, M. de M... fut obligé d'avouer ce qu'il venait de faire, et n'obtint son pardon que sur sa promesse de ne pas recommencer.

Il serait facile de multiplier les témoignages. Ceux-là suffisent pour établir notre thèse, savoir que des savants, des rationalistes, des ennemis notoires de toute foi chrétienne en sont venus aujourd'hui : 1° à avouer, pour l'avoir constatée, la réalité des faits inexplicables pour la raison, attribués aux mauvais esprits par le dogme chrétien ; 2° à nous présenter eux-mêmes, dans ces faits, l'exacte reproduction de ceux que l'Église attribue au démon et contre lesquels elle prémunit les fidèles.

Rappelons-nous maintenant le point de départ de ce travail. Nous avons vu que Renan, suivi en ce point par la grande masse des lettrés, met sur le compte de l'hallucination et des illusions du spiritisme et d'un fanatisme crédule les miracles sur lesquels repose la foi chrétienne. C'est là, selon lui, la principale, sinon la seule des origines du christianisme.

Or, d'une part, les prestiges extra-naturels dont il niait la réalité sont, à présent, reconnus réels par ce que Renan appelle « la science ».

Mais, d'autre part, ces faits, même réels, peuvent-ils être regardés comme une cause appréciable de l'établissement du christianisme? En d'autres termes, les miracles réels sur lesquels la révélation repose, — faits au moins aussi bien prouvés, pour ne pas dire plus, que les mieux établis des phénomènes extra-naturels qui nous occupent, — les miracles évangéliques, ou approuvés par l'Église, peuvent-ils être raisonnablement confondus avec les prestiges spirites? Il faut hardiment affirmer le contraire. Aux savants qui ont enfin consenti à admettre la réalité des faits extra-naturels que présentent le magnétisme, l'hypnotisme ou le spiritisme, il faut adresser l'invitation qu'ils accepteront peut-être, de constater par eux-mêmes et la réalité des miracles que l'Église propose à la foi des fidèles et leur différence radicale, absolue, avec ces faits rebelles à la science qu'ils admettent aujourd'hui. C'est à ce discernement des vrais et des faux miracles que nous allons consacrer la dernière partie de cette étude. Mais auparavant établissons quelques principes et répondons à quelques objections.

CHAPITRE XI

De la valeur apologétique des faits surnaturels et des faits démoniaques en particulier.

On peut se demander, et la question a été plus d'une fois posée, quelle est, dans l'apologétique chrétienne, la place qu'il faut donner à ces faits préternaturels, aujourd'hui constatés même par la science anti-chrétienne et où l'Église reconnaît des prestiges démoniaques. A propos de la première édition de ce travail, un critique écrivait dans une Revue catholique : « S'il faut dire toute notre pensée, nous ne croyons pas que l'apologétique trouve grand renfort dans des considérations de cette nature (1). »

Dans un autre recueil nous lisons ces propres paroles :

« Nous ne suivons pas ceux qui s'évertuent à trouver une preuve du surnaturel chrétien dans le fait que le merveilleux spirite ou diabolique révèle l'intervention d'êtres ultra-terrestres. Ce fait, que nous ne nions pas, prouve qu'il existe des êtres ultra-terrestres dont l'Évangile a parlé et dont il n'a pas méconnu l'existence. Ces êtres surnaturels auraient existé même si le surnaturel chrétien n'existait pas ; *donc ils ne prouvent rien en sa faveur* (2). »

(1) La *Quinzaine*, 16 octobre 1897.
(2) *Ann. de phil. chrét.*, avril 1898, p. 102. Par contre, nous avons plutôt à remercier le R. P. De la Barre, S. J., dans son substantiel opuscule.

Cette assertion, sous la plume d'un théologien et d'un philosophe chrétien, a besoin d'être expliquée. Sans doute, s'il s'agit des théories agitées entre théologiens et philosophes sur la notion, la possibilité, la convenance, la nécessité morale du surnaturel chrétien, on a raison d'affirmer que ce n'est pas aux phénomènes du spiritisme, ou de toute autre intervention diabolique, qu'il faut demander des lumières. Mais il en va tout autrement du fait, de la réalité objective, historique, du surnaturel chrétien, même démoniaque. Pourquoi? par la raison très simple qu'il a plu à Notre-Seigneur de prendre précisément l'expulsion du démon comme le but, comme la preuve et le résultat péremptoire de sa venue (1). Or la venue du Verbe de Dieu dans la chair est le plus surnaturel et le plus chrétien de tous les faits. Qu'on se rappelle le passage de l'Évangile dans S. Luc. Quand les soixante-douze « reviennent tout joyeux disant à Jésus : « *Seigneur, même les démons nous sont soumis en votre nom* », il leur dit : « *Je voyais Satan tombant du ciel comme la foudre* » (Luc, X, 17-18). Et ailleurs : « *C'est maintenant que le monde est jugé, c'est maintenant que va être expulsé le prince de ce monde* » (Jean, XII, 31). C'est la puissance de Jésus et de ses disciples sur le démon qui excite l'étonnement et la colère chez les Pharisiens, et provoque la foi dans les simples. Les uns et les autres voient, de leurs yeux, une puissance évidemment surhumaine s'exerçant sur des êtres « ultra-terrestres », c'est-à-dire étrangers, par leur nature, à tout ce que la nature humaine nous montre en fait d'êtres intelligents. Ces êtres ultra-ter-

---

(*Faits surnaturels et forces naturelles*, chez Bloud et Barral), d'avoir si bien compris le dessein de notre travail qui est de nous placer sur un terrain purement expérimental, non par mépris des méthodes scientifiques, mais en n'invoquant que la logique des faits contre ceux pour qui les faits sont toute la science.

(1) « C'est pour détruire les œuvres du Diable que le Fils de Dieu est venu dans le monde » (I Jean, III, 8. Cf. Jean, XII, 3; Hebr., II, 4, etc.).

restres, donc invisibles à nos yeux de chair, se manifestent par des actes préternaturels, c'est-à-dire en dehors et au-dessus de tout ce qu'ont accoutumé de
produire les forces naturelles. Très logiquement les
témoins de ces faits concluent à l'existence d'un ordre
surnaturel. Mais quel surnaturel, je vous prie? N'est-ce
pas le vrai surnaturel chrétien, celui qui consiste à
croire à la puissance divine de cet homme, qui est plus
qu'un homme, de ce fils du charpentier qui se prétend
fils de Dieu, égal à Dieu? Il est donc inexact au
premier chef de dire que le surnaturel diabolique ne
prouve rien en faveur de l'existence du surnaturel
divin.

Il faut aller plus loin : il faut dire, d'après l'Évangile,
que Notre-Seigneur a voulu que les faits préternaturels
dont le démon est la cause, l'occasion ou le sujet, fussent donnés expressément en preuve de sa mission divine, et devinssent un puissant moyen d'évangélisation.
Quand on vient lui dire qu'Hérode le cherche, pour le
mettre à mort, il répond : « *Allez et dites à ce renard :
voilà que je chasse les démons et guéris les malades, aujourd'hui et demain, et le troisième jour, je suis consommé* »
(Luc, XIII, 31). Le pouvoir qu'il exerce sur les démons,
il le communique solennellement à ses apôtres. « *Ayant
convoqué les douze apôtres, il leur donna la force et la
puissance de chasser tous les démons, super omnia dæmonia, et de guérir les malades, et il les envoya prêcher le
royaume de Dieu et rendre la santé aux infirmes* » (Luc,
IX, 1-2). C'est dire assez clairement que la marque et
le moyen de l'établissement du royaume de Dieu, c'est
l'expulsion du démon, plus importante encore que la
guérison des malades. Notre-Seigneur ressuscité répète
plus solennellement que jamais ce qu'il avait dit avant
sa passion : « *Allez*, dit-il à ses apôtres, *allez dans le
monde entier prêcher l'Évangile à toute créature. Voici
les miracles qui accompagneront ceux qui auront cru :*

ils chasseront les démons en mon nom, ils parleront de nouvelles langues. » L'évangéliste qui rapporte ces paroles rend également le témoignage qu'elles ont été littéralement réalisées : « *Étant partis, les apôtres prêchèrent partout, le Seigneur coopérant avec eux et confirmant sa parole par des miracles qui l'accompagnaient* » (Marc, XVI, 17 et 19).

Et comment ne pas signaler encore ce fait remarquable que Notre-Seigneur a voulu se faire rendre un témoignage explicite de sa divinité et de sa puissance souveraine par les démons eux-mêmes, qu'il chassait du corps des possédés? Les évangélistes sont unanimes à le remarquer. « *Jésus étant arrivé au pays des Géraséniens, deux possédés vinrent au-devant de lui, ils se mirent en même temps à crier et à dire : Jésus fils de David, qu'y a-t-il entre vous et nous? Êtes-vous venu ici pour nous tourmenter avant le temps?* » (Matth., VIII, 29). S. Marc et S. Luc rapportent des faits identiques. Dans la synagogue de Capharnaum un possédé lui crie : « *Jésus de Nazareth, qu'y a-t-il entre toi et nous? veux-tu nous perdre? je sais qui tu es : le Saint de Dieu* » (Marc, I, 23; Luc, IV, 33). S. Luc présente la chose comme un fait patent et universel : « *Les démons sortaient d'une multitude de possédés criant et disant : Tu es le fils de Dieu, et les reprenant, il les empêchait de dire qu'ils sussent qu'il était le Christ* » (Luc, IV, 4). Ouvrons les Actes des apôtres : nous y voyons le même phénomène. Des exorcistes juifs ayant voulu chasser un démon, le possédé leur dit : « *Je connais Jésus et je sais qui est Paul. Mais vous, qui êtes-vous? et il se jeta sur eux pour les maltraiter* » (Act., XIX, 15). Il est donc évident que Jésus a voulu que les manifestations démoniaques eussent une part dans la propagation de sa doctrine et l'établissement de son règne. On peut se demander pourquoi Notre-Seigneur a voulu que, parmi ses miracles, l'expulsion des démons tînt une si grande place.

M. Nicolas, dans ses *Études*, devenues classiques, en résume ainsi les raisons :

« Par le miracle de la guérison de l'aveugle-né et des autres infirmités naturelles, Jésus-Christ paraissait bien supérieur à la nature ; mais ce n'était pas assez pour caractériser sa divinité, puisque d'autres que lui avaient fait autrefois les mêmes prodiges. La qualité spéciale surtout en laquelle il venait, de libérateur du monde et de vainqueur de Satan, n'en ressortait pas invinciblement. On pouvait, selon l'ancienne opinion des Mages, qui s'était glissée dans tout l'Orient, croire que la puissance du démon était indépendante de celle de Dieu. On pouvait, avec les Sadducéens et les matérialistes, nier l'existence de ces esprits ou leur influence. On pouvait, comme les païens, reconnaître cette influence, mais se méprendre sur sa notion jusqu'à lui transporter les honneurs dus à la Divinité. On pouvait enfin, comme les Juifs, connaître la vraie nature et la vraie influence des démons, mais ne considérer Jésus-Christ que comme un prophète semblable à Moïse, ou même un enchanteur semblable à ceux que Moïse avait confondus. Il fallait que l'ennemi du genre humain parût sous ses pieds, dans toute sa fureur et sa dépendance, et proclamât lui-même le triomphe de son vainqueur (1). »

Il est certain que l'effet a répondu au désir tant de fois exprimé par le Sauveur. De tous les signes miraculeux par lesquels les apôtres ont réussi à établir et à propager la foi nouvelle, aucun n'a été plus efficace, n'est plus souvent signalé dans le Nouveau Testament et dans l'histoire ecclésiastique que les victoires remportées, au nom de Jésus-Christ, sur les puissances infernales.

Et si l'on veut réfléchir aux conditions dans lesquelles se trouve l'esprit humain lorsque lui est proposée la foi au monde surnaturel, on comprendra facilement pour-

____

(1) Nicolas, *Ét. philos. sur le Christianisme*, IV, 331.

quoi les faits démoniaques, dans les premiers siècles de l'Église, parmi tous ceux qui doivent amener la conviction, occupent peut-être le premier rang.

Une guérison miraculeuse, la résurrection de Lazare, par exemple, est largement suffisante pour jeter dans une âme simple et de bonne foi la certitude qu'elle est en présence du divin.

Mais si le thaumaturge, en même temps qu'il guérit un corps, fait acte d'autorité souveraine sur une puissance infernale, le miracle est double : par la santé qu'il rend au moribond il triomphe de la nature ; par sa victoire sur le démon, il nous révèle l'existence de cet être invisible et pour nous surnaturel, et tout à la fois sa faiblesse devant Jésus-Christ son vainqueur.

Le surnaturel, il faut le répéter et avoir toujours cette vérité devant les yeux, est chose absolument gratuite de la part de Dieu, et ne peut jamais sortir logiquement d'un principe naturel. Si, par quelque raisonnement philosophique, fondé psychologiquement sur les insuffisances que l'homme naturel constate en lui-même, on peut, en quelque manière, arriver à conclure qu'un complément surnaturel serait désirable, utile, avantageux, on ne peut aller plus loin par le seul effort de la raison : la raison seule ne pourra jamais convaincre personne que le surnaturel est nécessaire, encore moins qu'il existe en fait. Il faudra donc, pour arriver à cette conviction, des faits constatés, réels, parlant à nos yeux et forçant notre intelligence, par des preuves sensibles, sans réplique, à admettre l'intervention divine, ou tout au moins l'intervention d'une puissance supérieure à la nature, que la nature ne connaît pas et ne peut pas connaître par ses facultés propres et qui, à cause de cela et uniquement à cause de cela, reçoit le nom de surnaturel.

Évidemment c'est à ce point de vue, si on ose parler ainsi, en réduisant le maître des hommes au rôle de philosophe, que s'est placé Notre-Seigneur en prêchant son Évangile; c'est le point de vue où il a placé ses Apôtres. Il déclare formellement que l'incrédulité des pharisiens n'aurait « rien de coupable, *peccatum non haberent* », s'ils n'avaient pas vu, s'il ne leur avait pas montré des faits, des actes que personne autre n'a jamais accomplis et que leur conscience les obligeait de proclamer divins. Son raisonnement est celui-ci :

« Je vais vous parler d'une vie à venir, du jugement universel, d'un ciel où Dieu se révélera aux bons, d'un enfer où il punira les méchants. Ces vérités que je vous révèle sont naturellement inaccessibles à l'entendement humain. Cependant il faut que vous leur accordiez pleine créance, car je vous les annonce au nom de Dieu dont je fais les œuvres devant vous, en preuve de ma doctrine.

« Certes, pouvait ajouter le divin docteur, il me serait facile d'appuyer ces affirmations sur des raisonnements d'une force supérieure, et de vous forcer à avouer que jamais homme n'a parlé comme moi; mais peut-être pourriez-vous me répondre : vous n'êtes qu'un Platon perfectionné. Je ne veux pas me borner, non plus, pour vous convaincre, à montrer en ma personne une droiture absolue, une pureté incomparable, une humilité sans exemple, une charité dont l'idée même ne nous serait jamais venue, et à laquelle vous pouvez à peine croire en la voyant agir sous vos yeux. Vous me diriez peut-être, quoique tout ceci tienne déjà du miracle et des plus démonstratifs, qu'après tout il y a eu, avant moi, des vertus héroïques sur la terre et que je puis n'être qu'un Socrate plus accompli. Eh bien, je vais vous rendre toute dénégation logiquement impossible; je fais appel non seulement au témoignage de votre raison, mais à celui de vos yeux : venez et voyez les actes que j'opère pour tous, savants et ignorants, riches et pauvres : actes si éclatants, si nombreux, si publics que je défie tout homme sincère de les nier et tout homme vivant de les accomplir, si ce n'est à l'aide de la puissance qui émane de moi et que j'ai seul la faculté de communiquer. Je ressuscite les morts, je guéris les malades, par la seule imposition de mes mains ou par un seul mot ; je multiplie les pains et renouvelle l'acte créateur pour nourrir des multitudes affamées ; je marche sur les eaux ; je vois le fond des cœurs, je chasse les démons et donne à qui je veux le pouvoir de les chasser en prononçant mon nom. Et, ce qui donne son couronnement à tout cet édifice de faits surnaturels, je me ressuscite moi-même, et mon corps ressuscité jouit de toutes les facultés de l'esprit. Affranchi des lois de la matière, invisible à ma volonté, je traverse les portes fermées, et cependant je ne suis pas une apparition, un fantôme ; on a pu me toucher ; on m'a vu boire et manger après ma résurrection, et c'est sous les yeux d'une multitude que je m'élèverai de terre pour me perdre dans l'espace, après avoir annoncé mon retour au temps dont je me réserve le secret. Enfin, chose peut-être plus merveilleuse encore, je laisse après moi des hommes tirés de la foule, des artisans sans lettre, sans science, qui, doués tout à coup d'une sagesse extraordinaire que je leur ai prédite, non seulement propageront ma doctrine, mais seront prêts à mourir et effectivement mourront dans les supplices les plus variés pour attester la vérité des faits surnaturels qu'ils ont vus. Et l'enseignement de ces ignorants et de ces simples révolutionnera l'univers, déplacera l'axe de toute la civilisation antique et attirera tout à moi.

« Voilà ce que je livre à votre investigation : je fais appel, pour vérifier toutes ces choses, à votre raison, à votre science, à votre bonne foi, mais en même temps à vos sens. Venez, voyez, touchez, pesez, mesurez, raisonnez, exercez sur ces faits toute votre physique et toute votre philosophie. Si vous niez les faits, vous sortez du domaine de la vraie science qui est, par essence, expérimentale, et aussi du domaine de la raison qui suppose essentiellement l'exercice de l'intelligence appliqué au contrôle des faits.

« Mais si, ces faits dûment constatés, vous n'en déduisez aucune conséquence, même pratique, vous descendez au-dessous de vous-mêmes; vous êtes comme les animaux dont les yeux de chair voient exactement les mêmes choses que nous, sans pouvoir en rien conclure; mais pourquoi? parce que leur nature s'y oppose. En effet, s'ils ont des sens comme vous, quelquefois plus fins et mieux aiguisés que les vôtres, l'intelligence, attribut spécifique de l'homme, leur est refusée : aussi tous les miracles du monde pourront passer devant eux sans les étonner ni les instruire. Le chien de Lazare a pu voir son maître mort, puis ressuscité, sans en tirer aucune conclusion, parce qu'il n'était qu'une bête. Les Pharisiens qui ont vu Lazare mort, puis ressuscité, en ont conclu, malgré ma grâce qui leur était offerte, que j'étais un possédé du démon, un magicien qu'il fallait mettre à mort, et ils l'ont fait. D'autres ont cru, et c'est le fait matériel qui les a amenés, avec ma grâce, à faire l'acte de foi. »

Et maintenant, parlant à notre tour, nous nous demanderons : ces convertis, comment ont-ils été amenés à faire un acte de foi? Est-ce par une conséquence forcée d'un raisonnement naturel? Non : la seule conclusion logique et nécessaire était celle-ci : les faits que je viens de constater, d'une part, sont certains; mais, de l'autre, sont au-dessus, en dehors de tout ce que les lois naturelles les mieux établies sont capables de produire; plusieurs sont en contradiction absolue avec elles. Si ce sont des faits scientifiques, il faut nier la science : il faut donc qu'ils émanent d'une cause étrangère et supérieure à la nature. Ce n'est pas logiquement qu'allant plus loin, je déduis cette conséquence : le fils de Dieu

s'est incarné pour nous sauver, il y a une Trinité, un ciel
et un enfer. Entre ces affirmations surnaturelles et un
acte quelconque de la raison naturelle, il reste toujours
un abîme. Qui me le fera franchir? C'est la grâce qui
m'est offerte, comme elle l'a été à la fois aux pharisiens,
qui, ayant vu Jésus ressusciter Lazare, l'ont crucifié, et
aux juifs qui, à la vue du même fait, l'ont adoré comme
Dieu. Ainsi, c'est à la suite d'un même fait surnaturel
constaté, constatable par les yeux comme par la raison,
que les premiers ont été coupables et que les seconds
ont été croyants et sanctifiés. Ce n'est pas le miracle, c'est
la grâce refusée ou la grâce acceptée qui fait la différence des uns avec les autres. Et, néanmoins, au dire de
l'Évangile, sans l'intervention de ces faits miraculeux,
les premiers n'auraient pas été coupables, et les seconds,
suivant la loi ordinaire de la distribution des grâces, ne
seraient pas arrivés à la foi. C'est qu'en effet, comme le
dit si magistralement le cardinal Pie : « Le miracle est
le véritable pivot de la religion chrétienne : ni dans la
personne de ses prophètes, ni dans la personne de son
fils, Dieu n'a essayé de démontrer, par des raisonnements
quelconques, la possibilité des vérités qu'il enseignait
ou la convenance des préceptes qu'il intimait au monde.
Il a parlé, il a commandé et, comme garantie de la
doctrine, comme justification de son autorité, il a opéré
le miracle. Il ne nous est donc en aucune façon permis
d'écarter ou d'affaiblir, en le reléguant au second plan,
un ordre de preuve qui occupe le premier rang dans l'é-
conomie et dans l'histoire de l'établissement du christianisme. Le miracle qui appartient à l'ordre des faits,
est infiniment plus probant pour la multitude que tous
les autres genres d'arguments, c'est par lui qu'une religion révélée s'impose et se popularise (1). »

(1) *Intr. synodale.* — En parlant ainsi, le savant Cardinal n'a fait que
devancer les définitions dogmatiques du concile du Vatican : « Si quis
dixerit revelationem divinam externis signis credibilem fieri non posse,

Et maintenant, parmi les faits surnaturels dont l'É-
vangile est plein et qui font la base naturelle, pour ainsi
dire (on a vu dans quel sens), de la foi au surnaturel,
demandons-nous si les faits démoniaques forment un
ordre à part. Il suffit de se rappeler les textes pour se
convaincre du contraire. Notre-Seigneur, et ses disciples
après lui, donnent aux infidèles, en preuve de leur
mission divine, les possédés aussi bien que les malades
guéris. Si donc les autres miracles prouvent en faveur du
surnaturel, les faits démoniaques ne prouveront pas
moins. Mais s'ils ont prouvé quelque chose au temps de
Notre-Seigneur et des premiers chrétiens, en quoi la
preuve serait-elle affaiblie aujourd'hui, si les mêmes
faits se reproduisent? Toute la question est donc là : les
faits actuels sont-ils prouvés et sont-ils démoniaques?
S'ils le sont, ils prouvent aujourd'hui, toutes proportions
gardées, de la même manière qu'autrefois, et, conséquence dernière, ils doivent avoir aussi pour la conversion, chez les âmes sincères, la même efficacité qu'autrefois (1).

ideo que *sola interna cujusque experientia aut inspiratione privata
homines ad fidem moveri debere, anathema sit.*

« Si quis dixerit miracula nulla fieri posse proindeque omnes de iis nar-
rationes, etiam in sacra scriptura contentas, inter fabulas vel mythos able-
gandas esse, aut miracula certo cognosci nunquam posse, nec iis *divinam religionis christianæ originem rite probari*, anathema sit. »

(1) Nous disons : « Toute proportion gardée », car, premièrement, nous ne
prétendons nullement que l'histoire évangélique doit recommencer dans
notre siècle et que le mode ordinaire de la propagation de la foi sera,
comme au temps de Notre-Seigneur et aux premiers siècles, la multiplication des miracles et des manifestations démoniaques.

Secondement, nous n'oublions pas que les seuls miracles qui soient
de foi divine et obligatoire sont les miracles contenus dans la sainte écriture. Il n'est donc nullement question de considérer comme hérétique
quiconque jugerait meilleur de passer à côté de tous les faits surnaturels,
autres que ceux de la Bible, sans les voir, sans les regarder, sans les
étudier, même en les niant en bloc et gratuitement. Cela pourrait être
contre la raison, contre la critique historique, contre la science, contre
la conscience, mais non contre la foi.

II

Ce que je viens de constater dans l'Évangile, à savoir que Notre-Seigneur a certainement voulu tirer des miracles démoniaques une preuve de la divinité de sa mission et de sa personne, je puis le constater, avec la même évidence, dans l'histoire des premiers siècles de l'Église. L'Église, ne l'oublions pas, est une société surnaturelle. Sa base certaine, son fondement nécessaire et indubitable n'est autre que le miracle évangélique, et en particulier, le miracle suprême, la résurrection de Jésus-Christ, où S. Paul voit expressément « *la victoire définitive sur les principautés et les puissances des ténèbres dont Jésus a triomphé hautement, à la face de tout le monde, après les avoir vaincues sur la croix* » (Col., ii, 15)(1). De même, en effet, que Notre-Seigneur déclare que le fait de ses miracles rend l'incrédulité sans excuse, S. Paul dit, en propres termes : « *Si Jésus n'est pas ressuscité, notre foi est vaine et nous sommes de faux témoins.* (Col., xv, 15). »

Les témoignages des premiers siècles sont innombrables, concordants, irréprochables, venant des sources les plus diverses, d'humbles femmes et de savants théologiens, de païens et de chrétiens, et cela dans toutes les régions, sans exception, où le Christianisme a établi son empire. Partout on voit éclater, dans la multitude des faits démoniaques, le rôle providentiel de ces phénomènes pour la propagation de la foi.

(1) Rien de plus énergique que l'expression dont se sert l'apôtre : « *les puissances des ténèbres ont été dépouillées, menées en triomphe pour être la risée du monde désabusé* ». S. Paul, par ce langage, prélude ici à celui qui sera communément usité dans l'Église primitive, où presque chaque scène d'exorcisme nous montre chassées et tournées en ridicule les puissances des ténèbres, qui ne sont autres que les dieux mêmes adorés des païens : *Dii gentium dæmonia* (Ps. 95).

Maintes fois les historiens de l'Église, les théologiens ont présenté le tableau vraiment saisissant de cette explosion, pour ainsi parler, des puissances infernales, manifestée à l'époque apostolique et dans les deux siècles qui suivent. Aussi me suffira-t-il de citer les autorités les plus dignes de foi et les textes les plus convaincants. Toutefois nous en dirons assez, tout au moins, pour inviter le lecteur défiant à remonter aux sources où nous avons puisé, et qui sont accessibles à tous. C'est en renvoyant à ces autorités que le théologien Hurter (I, 92) dans la thèse où il établit, par l'argument des miracles, la divinité du christianisme, a pu écrire : « Parmi les miracles attestés par un très grand nombre de témoins oculaires, tout à fait dignes de foi par la sainteté de leur vie et la pureté de leur doctrine, il faut citer l'expulsion des démons, opérée par la seule invocation du nom du Christ et qui est attestée par tous ceux, *sans exception*, qui ont écrit des apologies de la foi chrétienne. » A l'appui de cette assertion, l'auteur cite S. Jérôme, Tertullien, S. Athanase, S. Cyprien, Lactance, etc.

Ce n'était pas un petit esprit que S. Athanase et son orthodoxie n'est pas plus contestée que son bon sens et sa vertu. Or voici ce qu'on peut lire, dans un de ses vaillants écrits contre Arius qui niait, comme on sait, la divinité de Jésus-Christ.

« Notre thèse ne s'appuie pas seulement sur des paroles : l'expérience des faits vient aussi rendre un témoignage éclatant à la vérité. Vienne qui voudra, et qu'il contemple les merveilles du Christ, qui se révèlent dans les vierges et dans les jeunes hommes voués à la chasteté, et cette foi à l'immortalité professée par l'innombrable chœur des martyrs du Christ; qu'il vienne également celui qui voudra par lui-même vérifier nos paroles, se placer au milieu des prestiges des démons, des mensonges, des oracles et des prodiges de la magie;

qu'il fasse seulement le signe de cette croix qu'ils tournent en dérision, et nomment seulement le Christ : aussitôt il verra fuir les démons, les oracles se taire et s'évanouir tous les artifices et les venins de la magie. Quel est donc le Christ et quelle est sa puissance, lui qui, par son seul nom, sa seule présence obscurcit, anéantit partout tout ce qui lui résiste, est seul plus puissant que toutes les puissances ennemies et remplit l'univers de sa doctrine (1)? »

Ce qu'Athanase résume dans ces magnifiques paroles, on peut le vérifier en détail dans les Pères de l'Église. Qu'on ne dise pas que ces hommes, si grands qu'ils soient, ont été sous l'influence des superstitions dominantes de leur temps. Outre que plusieurs d'entre eux ont commencé par être incrédules et païens, comme S. Justin, les témoignages de païens, restés païens, ne font pas défaut, et d'ailleurs ne faut-il pas nier toute certitude historique, si on refuse d'ajouter foi à des hommes comme S. Irénée, S. Cyprien, deux martyrs, S. Ambroise, S. Augustin et tant d'autres? Il ne s'agit pas ici, qu'on ne l'oublie pas, d'expériences de laboratoire, ou même de séances analogues à ce qu'on peut voir dans quelque cercle spirite ou occultiste de nos jours : ce sont des faits publics, patents, journaliers, qui ont pour théâtre les églises, les places publiques, les tribunaux. « Les saints Pères, écrit le P. de Bonniot, ne rapportent pas ce qu'ils ont appris de la bouche d'autrui. Ils parlent d'après leur propre expérience. » « Jésus-Christ, dit Eusèbe (*Adv. Hier.*, ch. IV), prouve encore aujourd'hui la vertu de sa puissance divine; car, à la seule invocation de son nom très sacré, il chasse les misérables et funestes démons des corps et des âmes des hommes, *comme nous l'avons constaté nous-même par notre propre expérience.* » S. Grégoire de Nazianze s'étonne qu'on

(1) Ath., *De Incarnat. Verbi,* 48.

ait pu douter que Jésus-Christ chassât les démons, « car, dit-il, moi je ne suis qu'une partie du Christ (*mystique*), cependant il est souvent arrivé que *lorsque je ne faisais que prononcer son nom vénéré, le démon prenait la fuite en sifflant, en gémissant et en proclamant la vertu du Très-Haut* » (*Carmina*, liv. II). Tertullien dit à Scapula (c. 3) : « Non seulement nous méprisons les démons, nous les enchaînons journellement, nous les citons en public et nous les chassons du corps des hommes, comme un grand nombre en ont acquis la preuve... » S. Ambroise s'adressant aux fidèles : « Vous avez appris, dit-il (*Ep.* 22), que dis-je, *vous avez vu vous-mêmes*, comment un grand nombre de malheureux sont délivrés du démon (1). »

Nous ne rappellerons ici qu'en passant le défi jeté aux magistrats romains par Tertullien, dans sa célèbre apologétique, défi répété à peu près équivalemment par nombre d'autres Pères, comme S. Cyprien, Arnobe, Lactance. C'est aux premiers magistrats de l'empire persécuteur que l'auteur de l'*Apologétique* ne craint pas de dire : « Produisez ici devant vos tribunaux un homme qui soit, de l'aveu de tous, possédé du démon : un chrétien, le premier venu, donnera ses ordres à l'esprit, et celui-ci avouera avec autant de vérité qu'il est un démon, qu'ailleurs il se donne faussement pour un Dieu. Et si *le démon refuse d'obéir, que le chrétien soit mis à mort*. On consent qu'il paye de sa vie sa témérité. »

Voilà donc des faits, qu'on peut déclarer sans nombre, regardés comme surnaturels et, en tout cas, insolites, extraordinaires, absolument certains, aussi historiquement démontrés que l'existence de César ou de Charlemagne.

Pourquoi la providence les a-t-elle permis à cette époque en si grand nombre?

____

(1) Cf. de Bonniot, p. 430.

Ceux qui croient à l'Évangile et à une providence surnaturelle n'ont pas de peine à répondre : il y a là une
réalisation littérale, manifeste, de la prophétie et de la
promesse laissées par le Christ à ses apôtres en les
quittant : « *Voici que le prince de ce monde sera expulsé
et quand j'aurai été élevé de terre, j'attirerai tout à moi* »
(Jean, XII, 32). Et comme le Seigneur annonce cette
victoire sur le démon pour le temps où il ne sera plus
avec ses disciples, il entend manifestement que ce seront
ses disciples eux-mêmes qui la remporteront, mais à
l'aide d'une assistance qui viendra de lui. Il le dit
d'ailleurs explicitement : « *Voici les signes qui accompagneront ceux qui croient en moi : en mon nom ils chasseront les démons, ils parleront des langues qu'ils ne connaissaient pas, imposant les mains aux malades et les
guérissant* » (Marc, XVI, 17).

L'opportunité de cette explosion satanique, de ce duel
public entre le ciel et l'enfer, n'est pas moins manifeste.
Qu'on se reporte en esprit à l'époque où se promul-
guait dans le monde païen la loi chrétienne, c'est-à-
dire le culte de Dieu « en esprit et en vérité », le culte
éminemment intérieur, *regnum Dei intra vos est*, faisant
appel à la conscience, dégagé de tout cet appareil de
pompes extérieures, de sacrifices sanglants, quelquefois
de plaisirs profanes et sensuels qui, dans le monde de
la chute, paraissait inséparable de la religion. Dans
chaque cité romaine, dont l'Évangile devait forcer
l'entrée, tout était imprégné, je dirai saturé d'idolâtrie
sous toutes les formes. Chaque ville avait son temple,
ses oracles, ses devins, ses fêtes, variant avec chaque
région, mais toutes animées du même esprit impur et
sensuel. Les pratiques du paganisme officiel étaient
légalement imposées à tous, depuis l'empereur sur son
trône, jusqu'au dernier des légionnaires campé sur les
bords de l'Euphrate ou sur les rives du Rhin. Il n'y
avait pas de foyer qui n'eût ses autels domestiques et

ses dieux lares. Le paganisme qu'il fallait abattre, ce n'était pas seulement une doctrine religieuse fausse à réfuter et à remplacer par une meilleure. C'était un obstacle autrement solide; c'était une institution à renverser, laquelle faisait corps avec la législation, avec l'administration, avec les plaisirs publics. Et de tout cela rien n'était laissé à la liberté; tout s'imposait ˙de force, que dis-je? sous peine de mort! Quelques philosophes, dans le secret de leurs entretiens, dans quelques livres circulant parmi les initiés, savaient bien s'affranchir de l'erreur commune, ou lui donner bénignement des interprétations allégoriques; aucun n'osait protester publiquement, aucun se soustraire aux exigences du culte officiel. On savait trop ce qu'il en avait coûté à Socrate (1). Sans entrer dans des détails qui sont partout, renvoyons le lecteur à l'étude vengeresse qu'a faite S. Augustin, dans la *Cité de Dieu,* de toute la religion du vieux monde. Et lorsque, en énumérant la longue liste de ces dieux obscènes, honorés dans leurs cérémonies impures, par des collèges de prêtres dont la turpitude légale ne fait illusion à personne, lorsque le saint docteur appelle si souvent ces dieux des démons, et ce culte le culte des démons, y a-t-il lieu de s'en étonner?

Il est donc bien vrai que le grand miracle du christianisme naissant, la grande preuve de sa vérité a été celle que Jésus-Christ annonçait, que S. Paul proclamait : sa victoire sur le démon, victoire non pas métaphysique et symbolique comme beaucoup aiment à le dire et à se le figurer, mais victoire littérale et pour ainsi dire matérielle, sur toutes les puissances de l'enfer. Il est également manifeste que des multitudes de conversions ont

(1). De Varron, S. Augustin, après avoir analysé son vaste travail sur les religions païennes, écrit: « *Iste quem philosophia quasi liberum fecerat, tamen quia illustris populi Romani senator erat, colebat quod reprehendebat, agebat quod arguebat, quod culpabat adorabat* » (*Civ. D.*, VI, 10). Cette courte phrase résume toute l'attitude du monde pensant, du monde officiel, à l'époque apostolique — et à bien d'autres encore!

été opérées, non seulement aux temps évangéliques et au siècle apostolique, mais dans les premiers siècles de l'Église par les victoires opérées par le nom de Jésus-Christ sur le démon et ses suppôts. Et cela non seulement dans les pays grecs et romains, mais partout où l'Évangile a été prêché, notamment dans notre Gaule, où, à la fin du quatrième siècle, S. Martin, au rapport d'un témoin oculaire et non suspect, l'historien Sulpice Sévère, propageait la foi en délivrant les possédés et en proclamant, tout ensemble, la puissance du démon sur les infidèles idolâtres et son impuissance devant le nom de Jésus-Christ.

Que si maintenant nous nous demandons pourquoi Dieu permet, en un temps comme le nôtre, cette nouvelle explosion, pour ainsi parler, du surnaturel diabolique, ne semble-t-il pas que la réponse s'offre d'elle-même? Qu'on se représente les voies ordinaires de la providence pour la propagation de l'Évangile et la conservation de l'Église. On a vu, à ses débuts, combien formidable était la puissance du démon : or à présent et depuis de longs siècles, dans aucun pays civilisé, il n'y a traces d'un temple d'idoles. La prophétie est pleinement réalisée : *Idola penitus conterentur* (ISAIE, II, 18). Mais, en revanche, dans ces mêmes pays, l'idée qui fait le fond du christianisme, qui est le christianisme lui-même, l'idée du surnaturel subit un assaut formidable. Au règne universel de l'idolâtrie a été substitué, au nom de la science, le règne quasi universel du rationalisme. Déiste et spiritualiste d'abord, avec Cousin et Jules Simon, il est devenu promptement, par une chute fatale et facile à prévoir, le naturalisme sous toutes ses formes, avec toutes ses nuances, depuis l'idéalisme qui ne croit pas à la matière, jusqu'au plus grossier matérialisme qui ne croit pas à l'esprit, et c'est ce matérialisme même qui s'intitule : la science !

En présence de cette invasion, dont le triomphe serait

l'anéantissement du Christianisme miné par sa base,
que peut et que doit faire l'apologétique?

Sans aucun doute, il n'y a pas une des assertions du
naturalisme scientifique qui ne puisse être réfuté par
une argumentation contraire; il n'y a pas un seul fait,
démontré par la science, dont on puisse déduire logiquement l'absence, dans la nature, de l'esprit créateur
de toutes choses. S'il y a des savants matérialistes qui
font des découvertes utiles, il y a des savants chrétiens
qui en font d'aussi importantes; les faits scientifiques
les plus éclatants et les plus modernes sont la
preuve péremptoire que le mot de matérialisme et le
mot de science sont loin d'être synonymes. Certes
M. Berthelot est un savant, mais Pasteur l'est aussi.
M. Branly, l'auteur de la plus retentissante et la plus
récente découverte sur l'électricité télégraphique, est
un chrétien, et, qui plus est, un professeur à l'institut
catholique de Paris. La géologie est une science gran-
dissante, toute moderne, et que plus d'un matérialiste
laborieux et illustre a tenté de faire sienne : cela n'empêche que le premier peut-être des géologues de ce
siècle ne soit M. de Lapparent, un catholique mili-
tant, lui aussi professeur à l'université catholique de
Paris : en sorte qu'aux prétentions des adversaires
qui allèguent leur science, nos savants peuvent répondre comme S. Paul aux Pharisiens de son temps :
« *Hebræi sunt? et ego* (1). » Vous êtes savants, mais nous
aussi nous le sommes, tout autant, si ce n'est plus.
L'apologétique chrétienne purement scientifique est
donc loin d'être désarmée, et, s'il y a un point évident,
c'est que notre temps demande avant tout et voit déjà un
développement vigoureux de la philosophie et de la
science catholique (2).

(1) Cor., II, 22.
(2) Voir à ce sujet le très beau livre de M. Duilhé de Saint-Projet, *Apologie scientifique de la foi chrétienne*.

Toutefois, quelle que soit la puissance d'argumentation de nos savants et de nos philosophes et la valeur de nos découvertes scientifiques, peut-on croire que l'apologiste ait le droit de dédaigner, pour la défense de la religion, telle autre ressource, non pas nouvelle, mais renouvelée des siècles passés, s'il plaît à la Providence de la lui offrir? A l'époque où le Christianisme fit son apparition, le culte du vrai Dieu était partout aboli; tous les faux dieux avaient des autels; mais si ces autels ont disparu ce n'est pas uniquement à l'éloquençe de S. Paul, à la science d'Origène, à la philosophie de S. Augustin qu'un tel résultat peut être attribué. La chose est historiquement certaine, d'une certitude absolue. Aux miracles de la charité, à la supériorité de la science chrétienne ont dû se joindre les miracles (1) que S. Paul déclarait supérieurs à toute sa science pour l'œuvre de la conversion; tous les Pères ont tenu le même langage. C'est par les faits surnaturels que le Christianisme a pénétré dans la foule et a fini par s'en emparer. Or si, dans un temps d'apostasie universelle, analogue à celle qui marque l'avènement du Christianisme, il plaît à Dieu de réveiller dans le monde la foi au surnaturel par des faits miraculeux, par des manifestations insolites de sa puissance, comment l'apologiste pourrait-il passer à côté de ces phénomènes sans en tenir compte, sans les étudier? Et s'il vient à les vérifier, a-t-il même le droit de s'en étonner, de les trouver étranges? Ne sont-ils pas dans la logique d'une religion qui a pour base des faits surnaturels?

____

(1) « Je n'ai point employé en vous parlant et en vous prêchant les discours persuasifs de la sagesse humaine, *mais les effets sensibles* de l'esprit et de la vertu de Dieu, afin que la foi ne soit point établie sur la sagesse des hommes. mais *sur la puissance* de Dieu. » I Cor., II, 4 et 5 ; et II Cor., XII, 12 : « Les marques de mon apostolat ont paru parmi vous dans toute sorte de patience, *dans les miracles, dans les prodiges et dans les effets extraordinaires de la puissance divine.* »

Qui pourrait dénier à Dieu le droit d'être opportuniste à sa manière?

D'ailleurs les résultats sont là, comme aux premiers siècles, pour justifier cette conduite de la providence. Après mille dénégations de toutes sortes et de tout degré, les faits de Lourdes s'imposent visiblement même au monde profane, représenté par les plus incrédules des hommes, les médecins de toute opinion, de toute religion, de tout pays, invités à se prononcer, après avoir vu de leurs propres yeux. Manifestement la foi de plusieurs a été réveillée par ces phénomènes bienfaisants, en tout semblables à ceux de l'Évangile, phénomènes qui défient et déconcertent la science dont ils contredisent les lois les plus certaines et les plus avérées.

Ce sont là des miracles proprement dits, reconnus par l'Église comme de vraies manifestations du surnaturel divin, c'est-à-dire dont Dieu seul peut être l'auteur.

Mais si, à côté de ces miracles de bonté, Dieu permet encore l'apparition plus fréquente de ces prestiges démoniaques, si fréquents aux temps évangéliques, et qui, eux aussi, nous l'avons vu, ont eu une large part à la conversion du monde païen, pourquoi les mêmes faits, reproduits de nos jours par la permission de la même puissance divine et en témoignage de la même puissance satanique, n'aboutiraient-ils pas à un résultat semblable?

C'est la remarque très judicieuse d'un savant médecin, le docteur Surbled : « Si, écrit-il, les tours merveilleux des *médiums* intéressent la science actuelle et l'orientent du côté des *esprits* qu'elle s'obstinait naguère à ignorer ou à nier, il faut reconnaître que, par un heureux retour des choses, le diable répare, bien malgré lui, les brèches faites à l'œuvre de Dieu et que la cause du bien est servie par son irrémédiable ennemi. La foi au surnaturel nous revient par Satan qui prétendait la ruiner à jamais dans

les âmes sauvées par le Dieu fait homme, Jésus crucifié.
C'est la sainte revanche du Très-Haut (1). »

Or c'est précisément ce qu'on a vu plus d'une fois.
Elles sont rares les personnes au courant de ces questions qui n'aient, à leur connaissance certaine, des faits
du genre de celui-ci : tel est curieux des choses d'au-delà que la science humaine ne saurait atteindre, il n'entend rien à la philosophie et, de plus, il a horreur de la
seule source légitime des enseignements divins. Tout ce
qui est chrétien lui est suspect *à priori :* il va donc frapper à la porte des spirites, il interroge les tables tournantes, il a recours à l'hypnose, au magnétisme, à l'occultisme, à quelques-unes de ces formes de superstition,
justement réprouvées par l'Église et condamnées par la
raison, aussi bien que par la foi. Or il est arrivé souvent
que ce téméraire a trouvé ce qu'il ne cherchait pas et ne
méritait pas : les faits inexplicables, dont il a été le témoin stupéfait, ont été le point de départ d'un travail
sérieux de sa conscience et d'un retour à Dieu. Cela
même, que nous avons plus d'une fois constaté de nos
jours, est de l'histoire la plus authentique. Les Annales
ecclésiastiques du xvii siècle nous ont transmis le
récit de la conversion de M. de Kériolet, ce gentil-homme breton connu par son athéisme cynique, et d'ailleurs chargé de crimes, qui vint tout exprès à Loudun
pour se railler des exorcismes publics qui se faisaient
des Ursulines possédées du démon ; or une des possédées l'interpella personnellement, pour lui révéler tout
haut une de ces turpitudes intimes dont lui seul avait le
secret : ce fut le point de départ d'une conversion complète et d'une pénitence héroïque qui dura toute sa vie.

Des faits analogues se sont produits en ces derniers
temps. Ce ne sont pas là, dans un monde déjà chrétien,

____

(1) *La morale dans ses rapports avec la médecine et l'hygiène,* t. IV,
p. 266. Paris, Retaux, 1898.

les voies ordinaires de la Providence. Les miracles,
même les miracles démoniaques, ont été moralement
nécessaires pour le christianisme naissant. Qui pourrait
le nier lorsque Notre-Seigneur lui-même nous l'affirme?
Mais, suivant la remarque unanime des Pères, il n'y a
pas lieu de s'étonner que les miracles aient diminué en
nombre (1) lorsque le plus grand de tous, l'établissement
de l'Église sur la ruine de l'idolâtrie, a été réalisé. Cependant jamais, à aucune époque, suivant la promesse
de Jésus-Christ, les miracles n'ont cessé dans l'Église.
Pourquoi sont-ils plus fréquents à certaines époques?
Dieu le sait. Mais il n'y a rien là qui étonne le chrétien,
et pour l'incrédule le miracle prouvé n'a rien perdu de
sa valeur apologétique. Quand, par exemple, l'Église
canonise un S. François de Sales, un S. Vincent de Paul,
un S. Pierre Fourier, que fait-elle autre chose, en pro-
posant aux fidèles l'imitation des vertus héroïques du
nouveau bienheureux, que de soumettre à l'examen
de tous, sans en faire cependant un article de foi, les
miracles par elle dûment contrôlés et constatés qui sont
la garantie de sa sainteté? Et si, parmi ces miracles, se
trouve, ce qui n'est pas rare, l'exorcisme de quelque
possédé et autres faits qui attestent et l'existence et la
puissance du démon, comment voudrait-on que ces faits
surnaturels ne puissent pas, eux aussi, être allégués en
preuve de la vérité catholique? Chose bizarre, mais certaine : dans notre société moderne, l'incrédulité générale des classes lettrées, par suite des préjugés d'un rationalisme invétéré, sucé avec le lait, propagé par
l'éducation, incorporé pour ainsi dire dans toutes les

____

(1) « Ces miracles, dit S. Grégoire le Grand (Homil., 29), eurent leur
nécessité au commencement de l'Église. La foi de la multitude des
croyants avait besoin, pour croître, d'être nourrie par des miracles. C'est
ainsi que nous arrosons les jeunes plantes jusqu'à ce que nous les voyions
solidement fixées dans le sol : une fois les racines bien affermies, l'ar-
rosage cesse. »

institutions officielles, se bouche les oreilles et ferme les yeux toutes les fois que l'Église l'invite à considérer les miracles de ses saints; mais en même temps, par un réveil de superstition qui ne manque jamais aux époques de décadence religieuse, il y a comme un élan des esprits qui les précipite vers les faits ténébreux de l'occultisme. Or pourquoi voudrait-on interdire à la Providence, qui veut sauver tous les hommes, de permettre justement, à de telles époques, aux puissances infernales de manifester avec plus d'évidence leur pouvoir, de braver la science des savants et de réduire à merci leur orgueil? Et comment s'étonner si, comme aux premiers siècles, certains esprits, restés insensibles à la sublimité de l'Évangile et à la réalité de ses miracles, par une miséricorde spéciale de Dieu, sont ramenés à Dieu, malgré le démon, par le démon lui-même? Ce qui s'est vu aux temps évangéliques, à l'époque des Origène, des Athanase et des Augustin, rien ne s'oppose à ce qu'on le constate encore aujourd'hui, — et on le voit en effet.

Et pourtant, quelque avérés que soient les faits surnaturels dont notre temps est le témoin surpris et déconcerté, beaucoup qui les ont vus et constatés ne se convertissent pas et n'en sont nullement touchés. Pourquoi?

Les faits allégués sont constants, les preuves abondent. Elles paraissent largement satisfaisantes pour attirer la conviction de nombre d'hommes sérieux, instruits et de sang-froid. Beaucoup d'autres y restent insensibles. Où trouver la raison de cette différence? Elle ne vient en aucune façon de l'incertitude ou de la non-authenticité des faits surnaturels; elle ne prouve absolument rien contre la réalité du miracle. Il faut y voir tout simplement la reproduction des faits dont l'Évangile est plein, la réalisation d'une des plus précises et plus profondes prophéties de Notre-Seigneur. C'est ce qu'il nous faut montrer maintenant.

CHAPITRE XII

Ceux qui ne croient pas au miracle.

I

C'est un fait prouvé par l'expérience de tous les jours et de tous les temps que les miracles les plus avérés, les plus authentiques, miracles qui produisent tout leur effet sur un certain nombre d'âmes, sont, pour d'autres, nuls et non avenus; bien plus se convertissent pour elles en prétextes d'incrédulité.

Ces deux phénomènes absolument contradictoires supposent-ils, dans les uns ou les autres, des états de conscience insolites, anormaux, quelque maladie mentale ou autre, l'absence de quelque faculté naturelle? Nullement: le chrétien qui croit, comme Bossuet, a toute sa raison; l'incrédule, qui nie, comme Voltaire, peut être doué des plus riches facultés : entre le croyant et l'incroyant on ne saurait saisir ni physiologiquement, ni intellectuellement, aucune différence de nature.

Si étrange qu'elle paraisse cette contradiction n'étonne aucun chrétien : car elle a été littéralement prévue, prédite et décrite dans l'Évangile. Le même Sauveur qui a dit : « *Si je n'avais pas fait des signes comme personne n'en a fait, il n'y aurait point de péché à refuser de me reconnaître comme fils de Dieu* », a dit aussi, avec l'insistance la plus explicite : « *Mais maintenant* ET *ils ont vu mes œuvres* ET *ils me haïssent moi et mon père* » (Joan., XV, 24). Dans la parabole du mauvais riche, nous entendons l'infortuné, du sein des tourments, dire à Abraham :

« *Je vous en conjure, mon père, envoyez Lazare dans la maison de mon père; car j'ai cinq frères, et il leur rendra témoignage de la vérité, afin qu'ils ne viennent pas à tomber un jour, eux aussi, dans ce lieu de tourments.* » Et Abraham lui dit : « *Ils ont Moïse et les prophètes, qu'ils les écoutent; alors le mauvais riche : Non, ô père Abraham, mais si quelqu'un des morts va les trouver, ils feront pénitence. Non, répond Abraham, s'ils n'écoutent ni Moïse, ni les prophètes, ils ne croiront pas davantage à un mort ressuscité* » (Luc., XVI, 27-31).

Ce phénomène d'incrédulité, ainsi prévu et prédit, se réalise en acte dans l'Évangile même. Les Pharisiens voient Lazare ressuscité, et ce mirale, dit l'Évangile, provoque la foi d'un grand nombre. Du fait, certainement miraculeux, qu'ils ont sous les yeux, les Pharisiens concluent-ils pour eux l'obligation de croire? En aucune façon : dans ce fait même ils trouvent la raison décisive qu'ils cherchaient pour mettre à mort celui qui a ressuscité Lazare : « *Que ferons-nous? se disent-ils. Voilà un homme qui fait beaucoup de miracles. Si nous le laissons libre, tout le monde va croire en lui; et les Romains viendront et c'en sera fait de notre ville et de notre nation. Ils ne pensaient donc plus, depuis ce jour-là, qu'à trouver un moyen de le faire mourir* » (Joan., XI, 47-53).

Déjà, plus d'une fois, témoins de miracles éclatants, par exemple de l'expulsion de quelques démons, ils avaient soutenu que ce n'était pas par la vertu de Dieu présente en lui, mais par l'action supérieure du prince des démons lui-même, que Jésus chassait les mauvais esprits, et la réponse péremptoire du Sauveur ne les avait pas convaincus.

Enfin, lorsque le plus grand des miracle éclate, quand Jésus est sorti victorieux du tombeau, les pharisiens ne se tiennent pas pour battus. Ils savaient que Jésus avait prédit sa résurrection, et, en présence des affirmations de Madeleine et des Apôtres, leur devoir semblait indiqué : faire une enquête sérieuse pour savoir si ce fait unique, surnaturel entre tous, mais si formellement attesté, avait quelque fondement dans la réalité. Rien de tout cela : ils ne veulent pas avoir le démenti de ce qu'ils se sont promis, de ce qu'ils ont annoncé, et c'est fort cher, sans compter, *pecuniam copiosam*, dit S. Matthieu (xxviii, 12), qu'ils paieront les soldats pour répandre le bruit que les disciples de Jésus sont venus la nuit, pour enlever son corps.

Résumons ici, pour plus de clarté, tout ce que dit l'Évangile sur les miracles, leur existence, leur nécessité, la foi qui leur est due, l'accueil qu'ils rencontrent parmi les hommes.

I. — Bien qu'au témoignage de Jésus lui-même, l'excellence de sa doctrine suffise à en manifester la divinité (1) à une âme de bonne volonté, cependant le même Jésus nous dit que, s'il n'avait pas fait de miracles, il n'y aurait pas de péché à ne pas croire a sa mission divine.

II. — Il y a des miracles extérieurs, authentiques, auxquels le devoir de la foi est attaché, sous peine de salut.

III. — Ce sont ces miracles qui, d'ordinaire, avec l'aide de la grâce, convertissent ceux qui viennent à la foi.

IV. — Enfin il y en a qui voient ces miracles aussi bien que les premiers, et qui, néanmoins, persévèrent et même s'endurcissent dans leur incrédulité.

Cherchez maintenant les raisons de cette incrédulité. Ces raisons, Notre-Seigneur les indique avec précision dans l'Évangile ; on les voit souvent signalées dans de nombreux passages du Nouveau, comme de l'Ancien Testament ; tous les philosophes chrétiens, en étudiant, dans l'âme humaine, les procédés de la raison et le mystère

_____

(1) Joan., vii, 46-17 : *Mea doctrina non est mea, sed ejus qui misit me. Si quis voluerit voluntatem ejus facere, cognoscet de doctrina utrum ex Deo sit, an ego a meipso loquar.*

de la liberté, s'accordent à montrer toujours l'homme,
et jamais Dieu responsable de cette incrédulité qui entraîne la perte des âmes, et s'oppose irrémédiablement
au salut. Enfin les faits sont là, innombrables, évidents,
quotidiens, qui nous font assister à ce drame si douloureux pour une âme chrétienne : d'autres âmes qui nous
sont chères, très richement douées parfois du côté des
dons naturels, visitées par les mêmes grâces qui nous
ont convertis nous-mêmes, tombant, orgueilleuses et
satisfaites d'elles-mêmes, dans le gouffre mortel de l'incrédulité.

L'Évangile n'est pas un traité de philosophie ; c'est
sans doute, de l'aveu de tous, un trésor de doctrine où,
depuis sa promulgation, tout esprit pensant est venu
puiser, et d'où est sortie manifestement la civilisation
moderne. Mais (les Pharisiens l'avaient déjà remarqué)
jamais le divin docteur ne parle comme un homme qui
annonce une doctrine imaginée par lui-même ou apprise
d'un autre homme, un système soumis à la discussion.
C'est un maître qui affirme au nom de Dieu, qui pro-
mulgue les lois de Dieu son père, auquel il est consubstantiel : « *ego et pater unum sumus* ». A ce titre il connaît
à fond l'homme, sa créature, et rien n'est caché à ses
yeux. Aussi nous le voyons devinant les pensées secrètes
de ses disciples, de ses ennemis. « *Jésus*, dit S. Jean, *ne
se fiait pas à eux, car il les connaissait tous, et il n'avait
pas besoin que personne lui rendît témoignage de l'homme,
car il savait ce qui était dans l'homme* (1). » Qui donc
oserait contredire le maître divin lorsque, témoin et juge
sévère de l'incrédulité des scribes et des Pharisiens, il
leur dit : « *Eh! comment pourriez-vous croire, vous qui
recherchez la gloire que vous vous donnez les uns aux autres, et non la gloire qui vient de Dieu seul?* » (Joan., v,
44).

---

(1) Joan., ii, 25 ; Matth., ix, 4 ; xii, 25 ; Luc., vi, 8 ; ix, 47 ; xi, 17.

Cet oracle divin n'est-il pas une observation psychologique d'une absolue justesse, aux yeux de tout homme sincère?

Supposez, en effet, ce cas si ordinaire : un homme qui, pour but de son activité intellectuelle, morale ou physique, se propose exclusivement sa propre satisfaction personnelle, le triomphe de son orgueil, le succès de son ambition, l'accroissement de son bien-être : n'est-il pas clair qu'un tel homme éprouvera une répugnance invincible, un préjugé insurmontable, à l'égard de toute doctrine qui viendra contredire la passion qui le domine? Une vérité pure, austère, sollicite mon adhésion : la condition essentielle pour que je la lui donne, c'est que je sois disposé à l'accepter pour cette seule raison qu'elle est la vérité, la vérité qui est le reflet de Dieu, et, pour parler comme l'Évangile, « *une gloire qui émane de Dieu seul* ». Les Pharisiens n'en sont pas là. Ils sentent leur pouvoir menacé par l'enseignement de Jésus, c'est assez : sa doctrine est condamnée d'avance. Jésus les renvoie à Moïse et aux Écritures : ils ne les ouvrent pas. Jésus les rend témoins de ses miracles : ils s'en scandalisent. Les miracles qu'ils voient ne leur suffisent pas, ils en réclament d'autres qu'ils savent d'avance qu'on leur refusera. Quand Jésus a ressuscité Lazare, épouvantés de la popularité que ce miracle lui assure, ils se disent sans hésiter : « Hâtons-nous de le faire mourir, car tout le monde va croire en lui. » Quand ils le voient sur la croix ils se figurent enfin tenir leur triomphe définitif : « *s'il est vraiment fils de Dieu qu'il descende de la croix et nous croirons en lui!* » Jésus fait mieux, il se laisse mourir, ensevelir, mettre au tombeau et il en sort vivant le troisième jour. Ce miracle même, dont la renommée arrive aux Pharisiens, ne les émeut pas : ils refusent de regarder. Comment pourraient-ils voir?

Or, je le demande à toute âme droite, qu'est-ce qu'une

incrédulité de cette sorte peut prouver contre la réalité
du miracle?

Mais aussi qui ne voit, dans l'état d'âme de ces Pharisiens, le type le plus expressif, le plus vrai, de nombre
de ceux qui se font gloire de ne pas *croire aux miracles?*
Les savants incrédules sont-ils moins que les Pharisiens
préoccupés de la crainte de perdre leur crédit, si la foi
venait à prévaloir? Et que dire de la masse des ambi-
tieux, des voluptueux, des riches sans conscience? Qu'y
a-t-il de commun entre leur façon d'entendre et de pratiquer la vie, et la sévérité de l'Évangile? Si l'Évangile a
raison, ils se sentent perdus; il faut donc que l'Évangile
ait tort.

S. Paul comparaît devant le proconsul Félix qui s'in-
téresse fort à tout ce que l'Apôtre lui dit de la foi en Jésus-Christ : « *Mais, comme Paul lui parlait de la justice,
de la chasteté et du jugement à venir, Félix en fut effrayé
et lui dit : C'est assez pour cette fois, retirez-vous; quand
j'aurai le temps je vous ferai venir, et parce qu'il espérait
que Paul lui donnerait de l'argent, il l'envoyait quérir
souvent et s'entretenait avec lui* » (Act., XXIV, 25-26).

Paul fit-il quelques miracles devant Félix? L'histoire
ne le dit pas, et la chose n'est pas probable. Un miracle,
en effet, ne l'aurait pas converti; il n'aurait pu qu'ac-
croître la culpabilité d'un homme justement aveugle
parce qu'il était injuste, impudique et avare : son incrédulité eût été une faute de plus à porter à ce tribunal de
Dieu, dont la pensée l'effrayait sans le toucher.

Autre exemple : le même S. Paul est conduit devant
l'Aréopage par des philosophes épicuriens et stoïciens,
curieux d'entendre celui qu'ils prennent pour un de ces
parleurs de philosophie dont ils amusent leur loisir. Qui
ne prévoit le succès, sur de telles gens, de la prédication
de l'Apôtre? Parler de la résurrection à des philosophes
dont les uns ne croient qu'à la matière, dont les autres
sont de purs panthéistes, n'est-ce pas aller au-devant

d'un échec certain? Aussi les uns se mettent à rire, les autres haussent les épaules; ils renvoient l'Apôtre à une autre fois. Un miracle les eût-il convertis? Nullement. Quelques-uns cependant, un juge et une simple ouvrière, croient à sa parole. Pourquoi? C'est qu'ils n'avaient, eux, aucun système à défendre, et que leur cœur droit, dans la vérité, ne cherchait que la vérité, c'est-à-dire « *la gloire qui vient de Dieu seul* ».

L'histoire des Pharisiens de l'Évangile, des Épicuriens et des Stoïciens, des Actes des apôtres, se poursuit à travers les siècles, toujours identique à elle-même. Pour admettre le surnaturel, pour se rendre à un miracle même évident, une préparation morale est nécessaire. Qu'entre le fait le plus concluant et l'adhésion à la doc‑ trine que ce fait suppose, il se trouve l'écran d'une passion, d'un intérêt, d'un système, d'un préjugé scien‑ tifique, aussitôt nous voyons se réaliser, dans sa plus stricte littéralité, le mot tant répété dans nos saints li‑ vres : « *Ils ont des yeux et ils ne voient pas; des oreilles et ils n'entendent pas, ils refusent de comprendre de peur d'être forcés d'agir* » conformément à la vérité qu'ils ont entrevue. Et, en sens inverse, se vérifie la grande parole de Notre-Seigneur en S. Jean : « *Qui facit veritatem venit ad lucem. Celui-là vient à la lumière qui fait la vérité* », c'est-à-dire qui aime la vérité, qui la cherche avec cons‑ cience, qui pratique tous les devoirs qu'elle lui impose, dans la mesure même où il les connaît.

II

On accorde assez facilement qu'une passion violente mette un voile épais entre l'esprit et la vérité, mais combien d'hommes exempts, ou se flattant d'être exempts de passions violentes ou basses, opposent, eux aussi, au miracle des fins de non-recevoir qu'ils croient invin-

cibles ! C'est que leurs principes philosophiques leur
paraissent d'une incompatibilité absolue avec la possibilité d'un fait surnaturel : eux aussi refusent de regarder et nient sans avoir vu. En fait, de notre temps, là
est le plus grand obstacle. Aucun chrétien n'admet qu'un
fait surnaturel puisse être légitimement admis sans avoir
été, au préalable, constaté par le témoignage des sens,
discuté par la raison, au besoin critiqué par la science.
Mais pour l'état d'esprit dont je parle, ni les sens, ni la
raison, ni la critique scientifique n'ont voix au chapitre,
puisque ce que l'on supprime *a priori*, c'est plus que le
fait du miracle, c'est la possibilité même du miracle. Cette
idée, en effet, pour être admise et discutée, suppose non
pas seulement une disposition du cœur, mais un état d'esprit auquel, jusqu'à nos jours du moins, on pouvait hardiment faire appel auprès de tout homme raisonnable.

C'est qu'en effet, si l'Évangile n'est pas un livre de
philosophie, il présuppose cependant, dans ceux auxquels il s'adresse, c'est-à-dire chez tout le monde, l'adhésion, consciente ou non, mais nécessaire, à certains
principes qui sont du ressort de la raison, c'est-à-dire
de la philosophie. Ces principes constituent, au premier
chef, cette philosophie du sens commun dont tout le
monde, sans exception, se sert dans la vie pratique, que
Leibniz appelait la philosophie éternelle, *philosophia
perennis;* celle qui, selon S. Augustin, se dégageant de
tous les systèmes, les domine tous et forme, dans ses
lignes fondamentales, « l'unique philosophie absolument
vraie », *una verissima philosophica disciplina (Contrà
Academ.*, I, 48), cette philosophie qui survit à tous les
systèmes écroulés, et dont l'Église a toujours été l'infaillible gardienne, au grand profit de la civilisation (1).

(1) C'est cette philosophie dont Ollé-Laprune dit excellemment : « La
métaphysique semble tour à tour ce qu'il y a de plus inaccessible à la
plupart des hommes et ce qu'il y a de plus familier à tous. La métaphysique savante n'est le partage que de quelques esprits, elle semble un

Ces principes, les voici résumés en quelques mots. D'abord l'Évangile présuppose, partout et toujours, l'existence d'un Dieu créateur personnel et vivant, la distinction de l'âme et du corps, la liberté et la responsabilité morales, l'objectivité de la sensation et la réalité des corps, la puissance de la raison et la valeur de ses démonstrations.

Dans l'Évangile la raison précède la foi. Nulle part on n'y voit poindre cette doctrine que Dieu ne se démontre pas, que la foi ne se raisonne pas; que le sentiment, dans l'ordre religieux, fait toute la certitude, que la foi puisse être isolée et indépendante de la raison, de la volonté et de la liberté.

C'est cette philosophie éternelle qu'invoque S. Paul quand il reproche aux philosophes païens leur incrédulité, non à l'égard des vérités surnaturelles qu'ils n'ont pu connaître, mais à l'égard du vrai Dieu dont la raison seule, remontant des créatures visibles au créateur invisible, démontre l'existence : « *Ils ont connu*, dit-il, *ce qui peut se découvrir de Dieu, Dieu lui-même le leur ayant fait connaître. Les perfections invisibles de Dieu, sa puissance éternelle et sa divinité sont devenues visibles depuis la création du monde, par la connaissance que les créatures nous en donnent; et, ainsi, ils sont inexcusables, parce qu'ayant connu Dieu, ils ne l'ont pas glorifié comme Dieu : mais ils se sont égarés dans leurs vains raisonnements et leur cœur insensé a été rempli de ténèbres*» (*Ép. aux Rom.*, I, 19-21).

La foi elle-même, qui est toujours un don de Dieu,

fantôme propre à épouvanter les gens. Otez les formes savantes, que trouverez-vous au fond? Rien qui ne soit vraiment humain. La métaphysique, prise en ce qu'elle a d'essentiel, est présente partout, mêlée à tout, parce que l'homme se retrouve partout » (*Certit. morale*, p. 2 et 3). C'est cette métaphysique qui est essentiellement celle de l'Évangile et de tous nos livres saints : nulle part présentée ou discutée comme système, toujours présupposée et partout présente comme le fond de la raison universelle.

mais offert à tous et requérant de tous ceux qui la reçoivent une adhésion raisonnable de leur volonté libre, ne
se confond pas avec l'état de grâce. Judas, quand il a
trahi son maître et qu'il va se pendre, a toujours la foi,
et la foi, chez l'apôtre apostat, ne perd en aucune façon
sa qualité de don surnaturel de Dieu.

De même que l'Évangile présuppose la valeur de la
raison et la certitude de ses démonstrations, dans la
sphère qui lui est propre, il présuppose non moins nettement la réalité et l'objectivité du témoignage des sens.
Notre vue ne nous trompe pas quand elle nous montre
des aveugles miraculeusement guéris, des muets qui
parlent, des morts qui ressuscitent, et quand Notre-
Seigneur, pour nous inculquer le dogme de la Providence, dit à ses disciples : *Voyez les lys des champs,
voyez les oiseaux du ciel...*, il entend évidemment que
le témoignage des yeux, dans la mesure et pour l'effet
en vue duquel il l'invoque, ne saurait être trompeur.

On voit assez que cette philosophie, partout sous-
entendue dans l'Évangile, est celle même du sens commun : philosophie inconsciente chez le grand nombre
des hommes 'pour qui le mot même de philosophie est
inconnu. En est-elle pour cela moins vraie et moins
profonde? De ce qu'elle fait le fond de la vie morale de
l'humanité, de ce qu'elle est indispensable et à la vie
physique et à la vie sociale, de ce qu'elle est forcément
et universellement pratiquée par ceux mêmes qui la
nient en théorie, ne semble-t-il pas, tout au contraire,
qu'*a priori* on doit la croire vraie? Quoi qu'il en soit
des objections qu'elle soulève, elle est celle de l'Évangile; adoptée, développée dans les écoles catholiques,
de S. Augustin à S. Thomas jusqu'à nos jours (1), elle

(1) Bien plus, on peut ajouter qu'elle est devenue, dans son fond, un
objet de foi définie. Comme le concile de Trente avait défini, contre les
protestants, que la foi, même morte et séparée de la grâce sanctifiante,
n'en est pas moins une vraie foi, un don surnaturel de Dieu (Trid..

a acquis le plus haut des dégrés de certitude qu'une doctrine humaine puisse avoir dans ce monde, où la science la plus réelle et la plus avancée ne sait et ne saura jamais le tout de rien (1).

Tel est l'ensemble des principes allégués ou sous-entendus par l'Église, par tout théologien qui, s'adressant à l'incroyant pour le convertir, lui présente l'argument classique des miracles.

A première vue il est clair que si l'incrédule est de ceux qui ne croient ni à la distinction de Dieu et du monde, de l'esprit et de la matière, ni à la valeur objective du témoignage des sens, ni à la puissance démonstrative de la raison, cet argument, au point de vue de la logique pure, est de nulle valeur. Avant de parler de

VI° sess., can. 18), ainsi le concile du Vatican, contre les rationalistes de toutes nuances, a défini, comme dogme de foi, l'existence de Dieu et la distinction de l'esprit et de la matière. Il a anathématisé toutes les formes du panthéisme. Le même concile anathématise quiconque soutiendrait que la raison humaine ne peut pas arriver par ses seules forces (*naturali rationis humanæ lumine certo cognosci*) à la pleine certitude de l'existence du « vrai Dieu, unique créateur et maître des hommes ». De même est anathématisé quiconque soutiendrait que la révélation divine ne saurait être rendue croyable par des signes externes, et que la foi ne doit entrer dans l'homme que par l'expérience interne ou des inspirations privées. Enfin est condamné quiconque nierait la possibilité du miracle ou la possibilité de ses preuves, ou enfin quiconque soutiendrait que le miracle n'est pas une preuve légitime de la divinité de la religion.

(1) Ces pages étaient écrites lorsque parut l'Encyclique au clergé français (du 8 septembre 1899), qui donne à nos paroles une auguste et et éclatante confirmation. Voici les propres expressions de Léon XIII : « Ce nous est une profonde douleur d'apprendre que, depuis quelques années, des catholiques ont cru pouvoir se mettre à la remorque d'une philosophie qui, sous le spécieux prétexte d'affranchir la raison humaine de toute idée préconçue et de toute illusion, lui dénie le droit de rien affirmer au delà de ses propres opérations, sacrifiant ainsi à un subjectivisme radical toutes les certitudes que la métaphysique traditionnelle, consacrée par l'autorité des plus vigoureux esprits, donnait comme nécessaires et inébranlables fondements à la démonstration de l'existence de Dieu, de la spiritualité et de l'immortalité de l'âme et de la réalité objective du monde extérieur. Il est profondément regrettable que ce scepticisme doctrinal, d'importation étrangère et d'origine protestante, ait pu être accueilli avec tant de faveur dans un pays justement célèbre par son amour pour la clarté des idées et pour celle du langage. »

miracles à ces incrédules pour les convertir à la foi, il faut les convertir à la raison, et il faut convenir que cette conversion est difficile. Ajoutons cependant que ces hommes à raison pervertie prouvent, à leur manière, la vérité de cet adage de théologie : *ratio præcedit fidem :* la raison précède la foi. Oui, mais il s'agit ici de la raison véritable, telle qu'elle est dans l'homme sain d'esprit, et non de la raison pervertie et asservie aux sophismes les plus audacieux.

Il y a près d'un demi-siècle, le P. Gratry ouvrait la série de ses beaux travaux philosophiques par ces fortes paroles :

« La raison humaine est en péril et ce péril, trop peu connu et trop peu signalé, est l'une des plus redoutables menaces du temps présent. On se plaignait, il y a vingt-cinq ans, de l'indifférence en matière religieuse ; depuis, nous avons fait un pas de plus dans la décadence intellectuelle et l'on peut se plaindre aujourd'hui de l'indifférence en matière raisonnable... Qu'est-ce que la vérité? La vérité peut-elle être connue? La science est-elle possible? Le raisonnement prouve-t-il quelque chose? et la parole a-t-elle un sens? Les mots répondent-ils aux objets, ou ne sont-ils que de vains signes? On l'ignore et on ne tient pas à le savoir (1). »

Poursuivant son étude, le P. Gratry signalait, comme le principal danger de la raison, l'invasion de l'absurde sous forme philosophique : il entendait par là le triomphe menaçant de l'Hégélianisme, avec son axiome fondamental de l'identité des contradictoires ou la contradiction dans les termes : ce qui est, ajoutait-il avec raison, « le caractère essentiel de l'absurde ».

Si le P. Gratry vivait aujourd'hui, il verrait que ce qu'il signalait, avec effroi et dégoût, comme un comble de déraison et la marque caractéristique du sophisme,

______

(1) *Conn. de Dieu*, I, p. 1 et 5.

est communément admis par tout un ensemble de philosophes qui tiennent le haut bout de la science rationaliste, et néanmoins ont fait litière de ces axiomes
fondamentaux, sans lesquels tous les créateurs et tous
les génies de la philosophie, depuis Platon et Aristote,
depuis S. Augustin et S. Thomas jusqu'au xviiᵉ siècle
tout entier, Descartes compris, ne concevaient ni religion,
ni science, ni raison possible.

Mᵍʳ d'Hulst, dans un de ses essais philosophiques
d'un fond si solide et d'une langue si lumineuse et si
précise, nous fait assister à un amusant dialogue. Il
suppose Descartes revenant sur la terre et cherchant,
parmi les princes de la pensée moderne, ceux qui sont
restés fidèles aux principes fondamentaux de son spiritualisme. S'agit-il du moi pensant, distinct du corps?
Interrogé par le maître, M. Taine répond que le moi, lui
aussi, n'est qu'un phénomène, non moins sujet que les
autres à l'illusion. « Du moins, reprend Descartes,
croyez-vous en Dieu? — Si j'y crois, répond Renan, j'y
crois plus que personne! Je l'ai même rajeuni et renou-
velé! — Quoi, vous avez rajeuni l'immuable? vous avez
perfectionné le parfait? — Eh! oui, puisque sa perfection n'est qu'un de mes concepts; en retouchant mes
idées, c'est bien lui que j'améliore. — Vous êtes tous
des athées! Du moins, sauvez-vous l'âme? — Oui, maître, répond M. Secrétan, même nous faisons mieux :
nous anéantissons le matérialisme en faisant de la pensée
un attribut de la matière, et de la matière une pure conception de l'intelligence.—Mais, réplique Descartes, c'est
une contradiction dans les termes! — Qu'importe, reprend Renan : la contradiction n'est-elle pas un des
signes où on reconnaît la réalité? — Vous vous moquez!
le principe de contradiction est la loi de la pensée,
parce qu'il est l'attribut essentiel du vrai! » Intervient
Büchner : « Le principe de contradiction, dit l'oracle du
matérialisme teuton, ressemble à tous les axiomes. C'est

une habitude du cerveau, un sillon creusé dans la substance grise par la répétition des mêmes jugements; l'hérédité a rendu cette habitude invincible. Avec une éducation appropriée et une sélection convenable, on ferait des hommes capables de concevoir le cercle carré. »

Sur quoi le maître se tourne vers Jules Simon, le seul survivant du spiritualisme de Cousin, quand Mgr d'Hulst écrivait. Depuis sa mort a-t-il laissé un successeur? Je n'oserais l'affirmer. Quoi qu'il en soit, Descartes, ahuri de ce qu'il entend, s'adressant à lui comme pour se soulager, lui dit : — « Ces gens-là sont fous ! — Évidemment, » affirme J. Simon. Et Descartes : « Ils ne croient même plus aux axiomes ! » Voilà pour la vieille métaphysique ! Voilà pour la logique d'Aristote ! Reste la morale.

« Nous maintenons la morale, dit M. Guyau. — Donc, dit Descartes un peu consolé, vous croyez au libre arbitre? — Non, maître, répond M. Fouillée : ce ne serait pas scientifique. La liberté est un non-sens et ne résiste pas à l'examen : nous l'avons remplacée par le Déterminisme, loi universelle du monde moral comme de la matière. — Mais cette morale qui ne repose pas sur Dieu, puisque vous êtes athées, et qui dès lors manque de base, où trouve-t-elle sa sanction? » Oh ! c'est ici que la pensée moderne remporte son plus grand triomphe ! « Mon plus beau titre littéraire, dit M. Guyau, est un *Essai de morale sans obligation et sans sanction.* »

Une morale, c'est-à-dire une loi du devoir sans législateur, sans obligation, sans sanction, c'est encore une contradiction dans les termes. Mais une de plus ou de moins, cela ne compte pas. Une morale sans obligation morale, si elle est encore une règle quelconque pour l'activité humaine, ce sera une impulsion purement physiologique, ce sera un instinct comme celui de la brute. — « Qu'à cela ne tienne, conclut M. Richer : oui, c'est bien un instinct ancestral, fortifié par l'exercice perfectionné par la sélection, transmis par l'hérédité (1). »

Ce résumé, qui paraît humoristique, est cependant d'une rigoureuse exactitude. On peut le compléter en citant d'autres noms célèbres : Stuart Mill pour qui les corps n'existent pas, nos sensations seules étant réelles ; M. Ribot, pour qui le monde extérieur est invisible ; Auguste Comte, dont le principe est qu'il n'y en a aucun, que tout est relatif et que la notion de l'absolu est une chimère ; Moleschott, digne compatriote de Büchner, qui attribue au phosphore du cerveau l'origine de la pensée. Et, pour couronner le tout par un corollaire moral, découlant très logiquement de cette métaphysique, entendons le docteur Le Bon, dans la *Revue philosophique*, nous déclarer sentencieusement qu' « aliénés ou non nous commettons aussi fatalement le bien ou le mal que la flèche d'une balance, dont les plateaux sont chargés de poids inégaux, penche fatalement vers le plus lourd (2). »

Je trouve que le D\ Le Bon nous montre encore une grande bonté, en admettant la distinction du bien et du mal. Selon la logique ordinaire, on ne comprend pas très bien, pour un être qui n'est pas doué de liberté, quelle distinction il peut y avoir entre le bien et le mal ! Entre le lion qui dévore sa proie, de par la loi de la nature, et le criminel qui assassine fatalement on n'aperçoit pas la différence.

L'extrême subjectivisme idéaliste aboutit exactement au même résultat que le matérialisme absolu. M. Domet de Vorges, dans une revue de la philosophie contemporaine, signale un article de la *Revue métaphysique*, de M. Remacle, sur la méthode en psychologie. Suivant

(1) D'Hulst, *Mél. phil.*, p. 304 et sq.

(2) *Rev. phil.*, mai 1881, p. 530-531. J'emprunte cette citation à un remarquable opuscule : *Le chemin de la lumière ou la bonne foi en matière de religion*, par l'abbé L. Brémond, docteur en théologie, professeur au grand séminaire de Digne, p. 35.

M. Remacle « il n'y a ni moi ni non-moi. Il y a un développement dans la durée d'une série de phénomènes conscients. Ces phénomènes n'ont point pour but la connaissance, mais simplement l'expansion autonome et successive d'une virtualité dont toute la réalité est dans son activité. La certitude est une pure illusion créée par l'égoïsme intellectuel, comme la jouissance est le produit de l'égoïsme matériel. Dieu ne désigne que l'infinité possible du développement psychique. La connaissance est une impossibilité, une contradiction implicite. La psychologie n'est pas une science, c'est un art. Notre essence est de ne pas être un moi et notre tort est de vouloir en être un ». M. Domet de Vorges, à qui j'emprunte cette citation, a le droit d'ajouter : « Après cette lecture, il faut tirer l'échelle (1). » Et moi je dis : évidemment ce serait folie de parler de la réalité des miracles à un métaphysicien qui ne croit ni à l'existence de Dieu ni à celle du monde, ni à la sienne propre ! M. Remacle appartient à une espèce d'hommes inconnus à Notre-Seigneur lui-même dans son Évangile. A lui s'applique la parole de S. Paul sur les philosophes incrédules : *Evanuerunt in cogitationibus suis.*

On voit ici le dernier fond du gouffre d'athéisme signalé par le P. Gratry, comme le tombeau de la raison et le retour à la barbarie. On voit aussi en quelle compagnie il faut se mettre, pour nier la possibilité du surnaturel et du miracle. Le P. Gratry l'avait remarqué. De son temps déjà, aux yeux des sectaires conséquents,

(1) *Ann. de phil. chrét.*, juin 1899, p. 34. — Eh bien ! non, M. de Vorges aurait encore pu trouver mieux ! Le *Bulletin critique* du 15 oct. 1899, par la plume de M. Segond, nous présente l'analyse d'un livre de M. E. de Roberty, *Les fondements de l'Éthique*, autrement dit de la morale. Dans cette « morale » M. de Roberty pose en principe l'identité des contraires, et il appelle la liberté morale « une illusion ». Selon lui le monisme doit être définitivement vainqueur de l'illusion dualiste et faire disparaître la distinction entre l'apparence et l'être en soi, phénomène et noumène se ramenant à la loi de l'identité des contraires.

Voltaire même était signalé comme « clérical », pour employer un mot que le P. Gratry ne connaissait pas, mais qui rend exactement sa pensée : « Voltaire, disaient-ils, a les mêmes principes : c'est toujours le déisme. Nous ne le nions pas. Nous croyons, avec ces adversaires résolus, que quiconque maintient la raison et ses lois expose le monde au triomphe du catholicisme (1). »

Évidemment tous ceux qui, croyant représenter la science (et ils sont légion), renient la raison et ses lois si fermement maintenues par l'Église, tous ceux-là ne peuvent croire aux miracles ; la logique de leur erreur ne le permet pas ; pour eux tout fait surnaturel ne saurait être qu'un des symptômes de l'illusion superstitieuse qui a courbé le monde sous ces grands mots qu'on croyait de grandes réalités : Dieu, l'âme, la liberté, la vie future, la logique elle-même et la puissance de la raison. Pour eux la science est appelée à ouvrir au genre humain une voie totalement inconnue jusqu'ici. Ils ne croiront au miracle et à la puissance démonstrative du miracle que le jour où ils seront revenus à la persuasion de tous les grands philosophes qui ont créé la philosophie, de tous les grands savants qui ont créé la science : savoir que Dieu n'est pas une simple catégorie de leur pensée, le monde extérieur un simple mode de leur sensation, leur propre liberté une chimère, et eux-mêmes la mesure de toute vérité.

Combien étaient fondés les pressentiments du P. Gratry, combien la réalité a dépassé ses craintes, relativement à ce grand naufrage de la raison, « plus en péril, disait-il, que la foi elle-même », c'est ce qu'établit, avec une complète évidence, un philosophe contemporain. M. Fonsegrive, après avoir constaté que, de nos jours, nombre de gens instruits refusent de re-

<hr>

(1) *Conn. de Dieu*, I, p. 36 et 38.

connaître la thèse fondamentale de toute religion et de
toute philosophie, l'existence du Dieu personnel et vivant, il en donne ainsi les raisons :

« Anémiés par le positivisme ou volatilisés par le
kantisme, nombre d'esprits se refusent à admettre la
portée métaphysique du principe de causalité. Ils nient
la valeur métaphysique et transcendante de la raison,
comment admettraient-ils une preuve rationnelle quelconque? Ce n'est pas seulement la foi que nos contemporains ont perdue, c'est aussi la raison, sinon cette
raison vulgaire qui suffit à la conduite de la vie matériellement pratique, du moins cette raison supérieure
qui, découvrant à l'homme un monde idéal et transcendant, lui fournit des clartés sur sa destinée totale et
des règles fixes pour l'action.

« La besogne de l'apologiste moderne est donc devenue singulièrement difficile... On ne peut convaincre
les hommes si on ne se fait entendre, et on ne se fait
entendre que si on a avec eux quelques principes communs. Les principes communs autrefois étaient : le
principe de causalité, la portée métaphysique de la
raison, le respect des faits historiques; la critique philosophique d'une part, la critique historique, de l'autre,
ont détruit le terrain commun. L'incrédulité a reculé
au delà de la foi et s'en est prise à la raison même, à la
raison métaphysique et spéculative... Il faut traiter les
contemporains comme les malades, ne leur proposer d'a-
bord de la vérité que ce qu'ils peuvent porter et les con-
duire après, comme par la main, à des vérités plus
hautes, leur faire en vue de la foi, et peut-être par la
foi, retrouver toute leur raison (1). »

Qui le croirait? Ce ne sont pas seulement des rationalistes déclarés et, par cela même, étrangers à toute

____

(1) Fonsegrive, *Le catholicisme et la vie de l'esprit*, p. 7 et 9. Paris, Lecoffre, 1899.

idée de révélation surnaturelle, qui, sous l'empire de
cette philosophie nouvelle, ont répudié la notion même
du miracle, le déclarant impossible à concevoir philosophiquement et à démontrer historiquement. Nous
assistons à ce phénomène singulier : des chrétiens, se
donnant comme les seuls vrais interprètes de l'Évangile,
qui ne croient ni à la révélation, ni au miracle, ni à la
divinité de Jésus-Christ! Ces négations, logiquement
déduites des systèmes allemands de Kant, de Hégel, de
Schleiermacher, de l'évolutionnisme darwiniste, sont
exposées, dans un volume très élégamment écrit, de
M. Sabatier, doyen de la faculté de théologie protestante de Paris, sous ce titre : *Esquisse d'une philosophie
de la religion, d'après la psychologie et l'histoire.* Pour
M. Sabatier, théologien chrétien, pas de révélation
chrétienne. Ce mot de révélation ne désigne que « la
création, l'épuration et la clarté progressive de la conscience de Dieu dans l'homme individuel et dans l'humanité. L'idée de la révélation est toute païenne ».
Pour lui, ni prophétie ni miracle. L'affirmation des témoins oculaires de la résurrection de Jésus-Christ ne
compte pas. C'est dans l'âme humaine que nous pouvons percevoir l'action de Dieu et non dans aucun signe
extérieur. « D'ailleurs les apôtres, et Jésus lui-même,
n'avaient que des idées scientifiques imparfaites ou
erronées, sur le mode d'après lequel l'action divine
s'exerce sur la nature. » Ne croirait-on pas, dans ce pasteur protestant, entendre Renan lui-même? Ne deman-
dez donc pas si Jésus a fait des miracles. Dieu seul
pourrait en faire, s'il existait un Dieu libre, personnel,
et vivant. Mais « en faisant du Christ la seconde personne de la Trinité éternelle, le Fils consubstantiel et
égal au Père, l'orthodoxie catholique ou protestante
l'arrache à l'histoire, pour le transporter dans la métaphysique. Mais diviniser l'histoire c'est encore une
façon de la détruire ». Voilà le dernier mot de la critique

kantienne appliquée à la religion, et voilà comment des
théories philosophiques, qui abolissent les principes tra-
ditionnels et universels de la raison humaine, aboutissent à faire table rase et du sens commun et de
l'histoire (1).

Malheureusement, il faut bien le reconnaître, ce sont
ces idées, en contradiction avec les bases mêmes de la
raison, et cependant professées par tout un monde de
savants, les plus bruyants et les plus populaires, qui
forment le fond de l'opinion, cette reine du monde. Sans
aucune étude personnelle, à la suite de quelque lecture
superficielle, succédant à une première éducation où la
foi n'a pas pénétré, la grande masse des demi-lettrés,
ceux qu'on appelait autrefois la classe dirigeante, croit
sur parole à tout ce qui se présente sous le couvert de
« la science ». Cette classe qui se croit dirigeante est
essentiellement une classe dirigée, non par des raisons,
mais bien, comme le remarque excellemment M. de
Margerie, dans sa belle étude sur Taine, « par le poids
de l'autorité qui l'entraîne et par ce que ces négations réussissent à faire passer pour *la science...* Kant
a démontré que la certitude est une illusion ; Herbert
Spencer, que Dieu est inconnaissable et qu'il n'y a pas de
loi morale ; A. Comte, que le Dieu de la religion et le Dieu
de la raison ont fait leur temps ; M. Taine, que l'âme
n'existe pas et que l'homme n'est pas libre. La science
a prononcé, elle a relégué toutes ces croyances dans la
région des vieux préjugés, elle prouve qu'on peut les
éliminer sans apporter aucun trouble à la vie humaine,
et que la civilisation, la liberté, la moralité y gagneront
loin d'y perdre. Parmi les lecteurs de journaux à qui
l'on dit cela assidûment, pas un sur cent n'est allé y
voir et n'y peut aller voir ; ils n'ont lu ni la *Critique*

(1) Voir sur le livre de M. Sabatier la très remarquable étude de Mᵍʳ Mi-
gnot, archevêque d'Alby (Paris, de Soye, 1897, extr. du *Correspondant*).
L'évolutionnisme religieux.

de la raison pure, ni les *Premiers principes*, ni le cours de *Philosophie positive*, ni le livre de *l'Intelligence*. Ils ont cru sur parole, ils se sont inclinés devant les oracles « de la science ». Et c'est par cette voie illégitime, anti-scientifique, que la négation fait son chemin dans les âmes (1). »

Encore si c'était à des philosophes, à des métaphysiciens, qu'on empruntât la solution de ces graves problèmes ! Mais non, tant le prestige du mot « science » est enraciné, on s'imagine facilement que de ce que tel savant a fait une découverte importante en physique ou en chimie, il résulte tout naturellement qu'on doit le croire lorsque, incidemment, ou même *ex professo* (ce qui arrive quelquefois), il dogmatise avec dédain sur les questions métaphysiques ou religieuses. M. Berthelot, dont le nom fait si justement autorité en chimie, sera cru sans discussion, quand il s'aventure sur le terrain de la religion ou de la morale. Aussi, dans un certain monde, est-il de bon ton, tout en parlant avec convenance de la religion, de la regarder comme un ensemble de purs symboles où les miracles ont leur place, et dont l'utilité est de recouvrir, pour la masse, un ensemble de vérités plus hautes qui s'appelle la science. Ainsi parlent les plus bienveillants qui se

(1) *M. Taine*, par A. de Margerie, p. 29, 1 vol. in-8°, Paris, 1894, livre dont on ne saurait trop recommander la lecture. — Ajoutons qu'un trait saillant de nos « savants » d'aujourd'hui — qu'on ne trouvait pas chez Voltaire et ses premiers disciples, — c'est leur ignorance en matière de religion. Un mandement récent de l'évêque d'Amiens, pour le carême de 1900, exprime avec une parfaite justesse l'état d'esprit, au point de vue religieux, de la grande masse de nos contemporains : « Des souvenirs emportés du foyer, quelques lambeaux d'un catéchisme trop vite appris pour n'être pas trop tôt oubliés, certaines impressions qui ont survécu aux années de la jeunesse, c'est là... tout le savoir religieux avec lequel on abordera les importants problèmes de l'existence. On ne retournera plus aux pages qui pourraient en instruire... Et si parfois la perplexité et les angoisses d'un siècle tourmenté rappellent à des esprits distraits l'éternelle question, c'est à des autorités sans mandat, à des plumes hostiles ou prévenues, à des feuilles légères ou impies qu'on demandera ce qu'il faut penser et croire de la religion. »

croient équitables, mais beaucoup vont au delà : le surnaturel les irrite, et ils se persuadent que l'intérêt public leur demande de le combattre, au moins par des railleries, en attendant qu'on puisse le détruire, et, en tout cas, de couvrir le catholicisme, grand foyer de toute superstition, d'un dédain transcendant.

C'était le procédé adopté, par exemple, par un savant tristement fourvoyé dans le monde politique, Paul Bert, qui fut quelque temps ministre de l'instruction publique et des cultes ! Opposant un jour l'enseignement scientifique à l'enseignement religieux, il disait : « Le premier s'appuie sur la raison qui engendre la science, le second affirme et, en affirmant, il s'appuie sur la foi, mère de la superstition ; il devient quasi fatalement l'école du fanatisme et de l'imbécillité... absence de toute critique, abandon de toute intelligence, de toute spontanéité, crédulité aveugle et absurde, enseignement d'abrutissement et d'abêtissement (1). »

C'est à l'école de Paul Bert que s'est formé le rédacteur d'un journal qui, par son seul titre, affiche la prétention d'être l'interprète et l'oracle d'un public de bourgeois lettrés : *le Voltaire*. Hier, il gourmandait un ministre coupable d'avoir prononcé le nom de Dieu dans une harangue semi-officielle, en présence d'un cercueil, et comme on lui objecte que Pascal, son oracle, quand il signale les méfaits des Jésuites, invoquait Dieu comme suprême vérité, « Pascal, réplique-t-il, ne connaissant rien des découvertes scientifiques qui sont la gloire de notre siècle, pouvait être spiritualiste et parler de Dieu. La science nous a dotés d'une autre philosophie qui n'est ni la sienne, ni celle de l'*Univers* (2). » Pauvre Pascal !

(1) *Rép. française*, 31 août 1881. Cité par Duilhé de St-Projet, *Apol. scientif. de la foi*, 1re édit., p. 59.

(2) V. l'*Univers* du 29 septembre. N'est-il pas clair que parler du surnaturel et des miracles aux « savants » du *Voltaire*, ce serait encourir le

Nous n'aurions que l'embarras du choix si nous voulions citer encore des textes, empruntés à des « intellectuels » réputés. Sans discussion, sans examen, paraissant croire que la chose va de soi, on déclare hors la philosophie, hors la science tout ce qui porte, si peu que ce soit, le cachet des faits surnaturels. Tout homme religieux est regardé comme un être d'une intelligence inférieure. S'il se mêle de science, c'est un descendant attardé des alchimistes et des astrologues d'autrefois. Au dire de ces savants, « il suffit d'être intelligent pour être athée » (1), et cette exorbitante prétention fait le fond des discours des parleurs ou romanciers superficiels qui, en ce moment, ont l'oreille des foules et, hélas! de par le suffrage universel, mènent le monde politique. Je n'en veux pour témoin que M. Jaurès, trouvant si peu de contradicteurs dans tout un parlement, quand il se permet de verser une larme éloquente sur « les vieilles chansons qui ont bercé l'humanité », aux époques où on ne connaissait pas encore les menteuses chansons du socialisme. Le même M. Jaurès défendant, en cour d'assises (2), un autre ennemi des miracles, M. Zola, ne craignait pas de dire, pour expliquer les poursuites dont son client était l'objet : « Ah! je sais bien quelles haines il soulève et quelles haines s'acharnent aujourd'hui contre lui. On poursuit en lui l'homme qui a donné l'*explication rationnelle et scientifique des miracles!* »

Nous ne ferons pas au lecteur l'injure d'essayer de lui démontrer que l'indigent et l'indigeste roman de *Lourdes*, qu'on pourrait, sans faire un jeu de mots trop mauvais, rapprocher de l'*Assommoir*, ne prouve absolu-

reproche de Notre-Seigneur qu'on peut lire au verset 6, chap. VII de S. Matthieu?

(1) Nous empruntons cette sentence à un professeur universitaire du haut enseignement parisien, dans une lettre qui a été imprimée avec son approbation. On peut, croyons-nous, retourner la proposition et dire qu'il ne suffit pas d'être « athée pour être intelligent ».

(2) 12 février 1898.

ment rien contre la réalité du miracle en général, de ceux de Lourdes en particulier. Mais il est piquant de demander à un littérateur, autrefois l'ami et presque collaborateur de M. Zola, son appréciation sur la théorie des miracles qu'il plaît à M. Jaurès de déclarer rationnelle et scientifique ! Écoutons M. Huysmans. A l'entendre, M. Zola a travaillé plus efficacement que M. Lasserre lui-même à prouver l'authenticité des miracles de Lourdes : « Lasserre, ce greffier de miracles, dit M. Huysmans, ayant rempli son œuvre, il fallait pour faire pénétrer le surnaturel dans un autre monde un autre ouvrier : ce fut Émile Zola.

« Peu importait qu'il niât le surnaturel et s'efforçât d'expliquer, par les plus indigentes des suppositions, d'inexplicables cures ; peu importait qu'il pétrît l'engrais médical de Charcot pour en bétonner sa pauvre thèse ; le tout était que de retentissants débats s'engageassent autour de son œuvre, dont plus de 150.000 exemplaires allaient proclamer dans tous les pays le nom de Lourdes.

« Puis, le désarroi même de ses arguments, la détresse de son « souffle guérisseur des foules », inventé contrairement à toutes les données de cette science positive, dont il se targuait, afin d'essayer de faire comprendre ces extraordinaires guérisons qu'il avait vues et dont il n'osait démentir ni la réalité, ni la fréquence, n'étaient-ils pas excellents pour persuader les gens sans parti pris, les gens de bonne foi, de l'authenticité des prodiges qui s'opèrent chaque année à Lourdes (1) ? »

III

Nous venons d'étudier les sources principales de l'incrédulité à l'égard du miracle : nous pouvons les ré-

(1) Huysmans, *La Cathédrale*, p. 20.

duire à ces deux chefs : le sophisme passionnel et le sophisme rationaliste. A ces deux sophismes, il faut en joindre un troisième qui présuppose les deux autres et souvent se confond avec eux, je veux parler du sophisme scientifique.

Prenons ici le mot de science dans son sens obvie le plus pratique, le plus positif, celui qu'admettent, dans le langage usuel, tous les professionnels de la science : pour eux, la science est l'étude expérimentale des faits de la nature, en vue de les constater d'abord, et ensuite d'en découvrir les lois. Est-il besoin de rappeler que la science, noble et invincible besoin de l'esprit humain, imprimé en lui par Dieu même, est une chose bonne en soi ; à ce titre, toujours recommandée, encouragée et bénie par l'Église parce qu'elle tend à la vérité, et que toute vérité émanant de Dieu, vérité suprême, ne saurait contredire aucune révélation divine. De là cet axiome tant de fois répété par la théologie : entre la science et la foi, point de conflit possible. S'il s'en rencontre, ils ne sont qu'apparents et temporaires : ce sont de purs malentendus, qu'une science plus avancée ou une théologie plus approfondie feront disparaître ; et ces conflits, loin d'être un obstacle, sont un stimulant perpétuel aux progrès de l'esprit humain ; ils ont une part considérable à cette loi du développement, si souvent rappelée par les théologiens d'aujourd'hui, et, en tout cas, ils doivent s'évanouir tout à fait au grand jour de l'éternité.

Cela posé, voyons comment, au nom de la science moderne, comme ils disent, nombre d'esprits contemporains opposent une fin de non-recevoir à la crédibilité du miracle.

On lui oppose une double critique : la critique scientifique proprement dite, et la critique historique.

La science, dit la première, ne saurait admettre ce qui est en contradiction avec les lois bien constatées de

la nature : ainsi il est clair que les morts ne ressuscitent
pas et que toutes les lois naturelles rendent impossible
le retour à la vie d'un cadavre : de même les fleuves ne
peuvent remonter à leur source : la loi universelle de la
gravitation s'y oppose. Fixe et immuable dans ses lois,
infaillible dans son déterminisme, c'est la nature elle-
même qui interdit au savant de se déranger, de sortir
même de son cabinet, si on vient lui dire qu'un miracle
vient de s'accomplir à sa porte, dans le lieu même qu'il
habite.

La critique historique ne procède pas autrement.
Tout ce que nous savons de l'histoire humaine nous
fait assister à l'enchaînement logique, inexorable, des
faits humains, embrassant une série de causes et d'effets, tous explicables par le jeu naturel des passions
individuelles et des nécessités sociales. Ce que Taine
disait de l'homme il faut le dire surtout de l'histoire :
elle est un théorème qui marche. La liberté humaine,
pour ceux qui l'admettent, se meut dans un cercle toujours le même, et quand vous venez nous dire qu'un
homme a fait un acte divin, c'est là une contradiction
dans les termes; et, de même que le savant ne sortira
pas de sa chambre pour aller voir un mort ressuscité,
l'historien dédaignera *a priori*, comme dénués de critique, les témoignages qui s'appliqueront à un fait en
dehors et au-dessus de l'humanité, telle que nous la
révèle l'expérience de tous les siècles de l'histoire.

Que ce soit bien là la manière de raisonner du rationalisme, et, par suite, de se comporter à l'égard des faits
miraculeux, préternaturels ou prétendus tels, c'est ce
que personne ne saurait mettre en doute. Donnons cependant quelques preuves à l'appui.

S'agit-il de la critique scientifique? Pendant plus d'un
demi-siècle, l'académie des sciences a tenu en échec les
phénomènes si bien constatés, et si passionnément étudiés aujourd'hui, du magnétisme et de l'hypnotisme, se

refusant *a priori* à les examiner, par la seule raison
que « la science » n'en admettait pas la possibilité.

Un savant universitaire, dans un livre d'un réel mérite, écrit ces propres paroles : « Que le témoin *le plus
autorisé* vienne dire qu'il a vu tout à l'heure un rocher
se détacher du sol et s'élever spontanément vers le ciel,
tout homme de sens tiendra son témoignage, en pareil
cas, pour nul et non avenu (1). » Voilà par analogie, en
trois paroles, tout homme, fût-il le plus sage et le plus
sensé de la terre, atteint et convaincu du crime de
manquer aux lois fondamentales de la raison, s'il daigne
seulement peser le témoignage des apôtres affirmant
qu'ils ont vu et touché Jésus ressuscité, qu'ils l'ont vu
monter au ciel ; celui des Évangélistes attestant qu'à la
mort de Jésus le rocher de Golgotha se fendit, que le
voile du temple se déchira du haut en bas ; celui de
S. Paul assurant qu'il a vu Notre-Seigneur et conversé
avec lui depuis sa mort. Car tous ces faits : ressusciter,
monter au ciel, un rocher qui se fend, ou un voile épais
qui se déchire spontanément, un mort qui parle à un
vivant, voilà des choses tout aussi en dehors des lois
naturelles que le rocher de M. Rabier, et dès lors, au
nom de la logique, toute la base du christianisme s'é-
croule, cette base, répétons-le, qui est le miracle, ce
phénomène dont l'absence, suivant la parole du maître,
aurait suffi pour justifier l'incrédulité des Pharisiens.

Mais la vraie science peut-elle accepter le verdict prononcé par la logique de M. Rabier? Un autre philosophe, non moins distingué, dans un autre traité de
logique, après avoir cité M. Rabier, remarque très justement qu'avec une pareille règle « les hommes du
moyen âge auraient eu raison de traiter de fou un
Graham Bill ou un Edison. Ils auraient dû refuser toute
créance au téléphone, si on leur en avait parlé. C'est en

(1) M. Rabier, *Logique*, c. XVIII, p. 323.

s'appuyant sur cette prétendue règle que l'académie des sciences a refusé longtemps d'examiner les faits d'hypnotisme, qui sont maintenant si avérés (1) ».

Mais quel a été, même au point de vue scientifique, le résultat de la règle de M. Rabier? Celui de retarder de près d'un siècle les études, et par suite les découvertes modernes, sur les faits magnétiques. S'il est bien clair que, naturellement, un rocher ne saurait s'élever spontanément du sol et qu'un tel fait, pour être cru, a besoin d'être dûment constaté par des témoins *autorisés,* il ne l'est pas moins que ce n'est pas l'habitude des pierres de tomber du ciel, et c'est faute d'avoir consenti à interroger des témoignages, déclarés faux et superstitieux *a priori,* que la connaissance de la chute des aérolithes et leur étude ont été si longtemps négligées.

S'il est certain, comme le dit Boileau, que le vrai peut quelquefois n'être pas vraisemblable, cela s'applique tout particulièrement aux faits scientifiques. On peut dire que tout l'ensemble des découvertes de ce genre, qui resteront la gloire de ce siècle, forme une série de faits qui, tous ou à peu près, auraient paru invraisemblables aux savants contemporains de Boileau. Les lois de la nature, si incomplètement connues, nous recèlent encore mille surprises, et le vrai savant, toutes les fois qu'on lui signalera un phénomène nouveau, si bizarre soit-il, ne manquera pas de le regarder de près, ne fût-ce que pour démasquer l'illusion, si c'en est une, et empêcher la science de s'égarer dans une fausse voie.

La critique historique, si exacte de nos jours, est-elle, plus que la science rationaliste, à l'abri du sophisme qui dispense *a priori* de regarder et d'étudier de près les faits surnaturels? On va en juger par un exemple.

Un historien des plus justement considérés, M. G.

(1) Fonsegrive, *Logique,* II, p. 130. Ces deux citations sont empruntées au solide opuscule du R. P. de la Barre, S. J., *Faits surnaturels et forces naturelles,* p. 47, Bloud et Barral.

Boissier, dans son beau livre sur la *Fin du paganisme*, étudiant les témoignages rendus au christianisme par les auteurs païens, écrit ces propres paroles :

« Pour affirmer avec tant d'assurance que les Pères de l'Église ont menti, que les ouvrages de Tacite, de Pline, de Suétone ont été scandaleusement interpolés, quel argument invoquera-t-on? Un seul qui fait le fond de toute la polémique : on refuse de croire les faits allégués par tous les auteurs ecclésiastiques ou profanes parce qu'ils ne paraissent pas *vraisemblables*.

« Cet argument, quand on s'en sert avec discrétion, est parfaitement légitime ; il est sûr qu'une chose *impossible* ne peut pas être arrivée. C'est Voltaire qui a, le premier, largement appliqué à l'histoire ce critérium de vérité, et en le faisant, il nous a rendu un grand service. Jusqu'à lui, les historiens étaient esclaves des textes. Voltaire *fit cesser cette superstition comme tant d'autres* (1). Il déclara que les historiens de l'antiquité ne doivent pas avoir de privilège, qu'il faut juger leurs récits avec notre expérience et notre bon sens, qu'enfin on ne peut pas leur accorder le droit d'être crus sur parole quand ils racontent des faits incroyables. Il n'y a rien de plus juste et ce sont les lois mêmes de la critique historique. Malheureusement ces lois sont d'une application plus délicate et il faut avouer qu'il est fort aisé d'en faire un mauvais usage. Nous rejetons l'incroyable : à merveille; mais par incroyable, qu'entendons-nous? C'est ici qu'on cesse de s'accorder. »

En effet, là est le point difficile. Nous allons voir comment M. Boissier résout le problème.

---

(1) Je me permets ici de demander respectueusement à l'honorable académicien quelle est la superstition dont Voltaire nous a délivrés. Pour mon compte, de réforme durable et innocente amenée par Voltaire je n'en connais qu'une : celle de l'orthographe. En réalité, la superstition qu'il voulait extirper, c'est le christianisme tout entier. Est-ce là ce dont M. Boissier entend le féliciter? J'aime à espérer le contraire.

Remarquons d'abord qu'entre « l'invraisemblable et l'impossible », il y a un abîme ! Si on peut accorder facilement que l'impossible ne peut jamais arriver, car cela implique contradiction dans les termes, il n'en est pas de même de l'invraisemblable, et M. Boissier a eu tort, avec Voltaire, de prendre l'un et l'autre pour synonymes.

Personne n'ignore dans quel but Voltaire a abusé de cette prétendue identité. Aux yeux de son fanatisme antichrétien, tout fait surnaturel est invraisemblable au premier chef, et par cela même déclaré impossible et relégué au rang des superstitions ignorantes. Certes, M. Boissier n'en est pas là ; il ne croit pas que, pour un historien, s'affranchir d'un texte qui gêne soit une qualité, pas plus que ce ne soit un défaut d'être esclave des textes, alors même qu'ils sont anciens, pourvu qu'ils soient authentiques. Volontiers lui accorderons-nous que les anciens, pas plus que les modernes, n'ont droit d'être crus sur parole. Mais quelle loi de l'histoire autorise à rejeter *a priori* un fait, si incroyable soit-il en apparence, quand ce fait s'appuie sur des témoignages authentiques, autorisés, contemporains, multipliés, concordants quoique d'origines absolument diverses? L'histoire écarte avec raison telle ou telle légende, si populaire soit-elle, lorsque le fond, qui n'est pas vraisemblable, repose sur des preuves insuffisantes, puériles ou simplement discutables : et c'est là tout le droit et le devoir de l'historien. Si comme Voltaire, comme Renan, vous posez pour principe *a priori* la négation des faits surnaturels, il est clair que vous n'avez plus que faire d'en discuter les témoignages : aucun n'a aucune valeur. Qu'il s'agisse d'une légende, comme celle d'Apollonius de Tyane, ou de faits comme la résurrection de Jésus-Christ, le jugement de l'historien est identique : fables que tout cela ! En vain, viendrons-nous dire que les faits de l'Évangile — surnaturels, invraisemblables, j'y consens et ils se présentent comme tels — sont attestés par des hommes d'une sainteté éminente, désintéressés, nombreux, d'une sincérité éclatante, qui de plus sont morts pour attester ce qu'ils ont vu. Eh bien! ni leur vie si sainte, ni leur langage si sérieux, ni leur mort si héroïque ne pèse du poids d'un atome dans la balance de l'histoire! Les faits surnaturels des âges apostoliques et des premiers siècles ont des témoins oculaires qui s'appellent Tertullien, Origène, Lactance, Athanase, Ambroise, Augustin. Ces faits sont manifestement pour une très grande part dans les causes de la fin du paganisme. Si incroyables qu'ils soient, ils ont été crus, et c'est cette croyance qui a assuré la plus bienfaisante révolution que le monde ait jamais connue. N'importe : ce sont des faits surnaturels, donc invraisemblables et, pour s'en débarrasser, on admettra d'emblée ce fait autrement invraisemblable et, à vrai dire, absurde : la destruction du paganisme sans l'intervention des faits surnaturels, sans les miracles!

M. G. Boissier, rationaliste aussi modéré que savant, ne va pas, explicitement du moins, jusque-là, et cependant sa thèse ne diffère guère de celle de Renan et de son école, et elle est moins logique, comme on va le voir.

Dans son travail, d'ailleurs si complet et si remarquable, sur la *Fin du Paganisme*, M. Boissier ne pouvait pas ne pas rencontrer la question de la conversion de Constantin et du fameux Labarum qui en fut l'occasion, et marqua le triomphe définitif du Christianisme. Après avoir rapporté le récit d'Eusèbe, qui affirme tenir tout ce qu'il écrit de la bouche même de Constantin, M. Boissier poursuit ainsi : « Cette première partie du récit d'Eusèbe est fort vraisemblable, et rien ne nous empêche de croire que les choses se soient passées comme il le raconte. Quant à l'autre, c'est-à-dire à l'apparition et au songe, je n'en veux rien dire. *Ces incidents miraculeux échap-*

*pent à la critique et ils ne sont pas du domaine propre
de l'histoire* (1). *Chacun peut donc croire, à son gré,* ou
que les faits rapportés par Eusèbe sont vrais, et nous
avons affaire alors à de véritables miracles, ou qu'ils ont
été inventés pour donner plus d'importance à la conversion de l'empereur, en montrant l'intérêt qu'y prenait
le ciel ; ou bien enfin, ce qui me paraît de beaucoup l'hypothèse la plus probable, que Constantin a pu être trompé
par son imagination crédule, qu'excitait encore l'attente
d'un grand événement, qu'il a pris pour un signe manifeste de l'intervention divine, ce qui n'était qu'un
caprice du hasard.

« Quoi qu'il en soit, ce sont des faits, je le répète,
qu'*il est inutile de discuter*, et au sujet desquels il faut
laisser chacun libre de penser ce qu'il lui plaira (2). »

Nous ne voulons pas chercher querelle à M. G. Boissier sur la solution qu'il préfère relativement au récit
d'Eusèbe. M. le duc de Broglie qui, dans *l'Église et l'Empire romain au IVe siècle*, a traité cette question avec
une grande clarté et une minutieuse recherche, n'impose pas lui-même à ses lecteurs une croyance absolue
à tous les détails de l'apparition, tels qu'on les rencontre
dans beaucoup d'écrivains ecclésiastiques. Mais ce que
nous ne pardonnons pas à M. Boissier, c'est le principe
sur lequel il s'appuie et qui n'est autre que celui de
Renan atténué. « Ces incidents miraculeux, nous dit-on,.
échappent à la critique, et ils ne sont pas du domaine
de l'histoire. » C'est à peu près la thèse de Renan : le
surnaturel n'existe pas : donc tout ce qui a trait au surnaturel n'est pas plus du domaine de l'histoire que du
domaine de la science. Concluons : à tout esprit bien

(1) C'est le principe même à l'aide duquel Renan, faisant l'histoire des
apôtres, supprime tout simplement les douze premiers chapitres des Actes
des apôtres : « Une règle absolue de la critique, dit-il, est de ne pas
donner place dans les récits historiques à des circonstances miraculeuses » (*Les ap.*, p. XLIII).

(2) *La fin du paganisme*, p. 39.

fait il est interdit d'y croire. Plus clément en apparence, M. Boissier laisse libre chacun « de croire à son gré ». Mais, lui dirons-nous, avant de se présenter à nous en qualité de miracle — chose que l'histoire, en effet, n'a pas à décider — l'incident du Labarum se présente à nous comme un fait appuyé sur des témoignages considérables. Comme tel il est du domaine de l'histoire : à elle et à elle seule de décider si les témoignages sont faux ou insuffisants. Mais de quel droit les passer sous silence? De quel droit surtout autoriser un lecteur raisonnable à y croire « à son gré » ? De trois choses l'une : ou les faits sont démontrés faux et il faut les nier; ou les témoignages sont probants et il faut les admettre, ou ils sont insuffisants, et nous conserverons un doute légitime. Mais croire ou ne pas croire à volonté, c'est sortir du domaine de la raison et entrer dans le domaine de la fantaisie. M. Boissier, dans sa courte phrase, livre passage au sophisme qui permet à chacun de nier « à son gré » toute l'histoire évangélique, laquelle n'est qu'un tissu de faits surnaturels et, par suite, toute l'histoire de l'Église, laquelle reste incompréhensible si l'on élimine le surnaturel.

Combien est plus rationnelle la thèse développée par M. de Broglie, dans ce lumineux « éclaircissement » qu'il a ajouté, comme appendice, au tome Ier de son *Empire romain au IVe siècle*, sous ce titre : « Sur la marche à suivre pour déterminer la vérité des faits évangéliques ». Ce que M. de Broglie dit de la vérité des faits évangéliques s'applique exactement à tout ce qui se présente à nous dans l'histoire, comme un fait surnaturel et miraculeux, à cette différence près que les faits évangéliques sont les seuls qui soient du domaine de la foi. Après avoir rapporté que l'Évangile tout entier n'est qu'une suite de faits surnaturels, et que dès lors, toute discussion est *a priori* inutile avec ceux qui nient la possibilité du surnaturel et déclarent « que tout fait est faux par cela seul qu'il est miraculeux », il fait voir comment, les faits surnaturels étant supposés possibles, par conséquent croyables, ils ne doivent être crus que sur de bonnes preuves. Quelles preuves? précisément celles que réclament les règles ordinaires de l'histoire : « l'examen des textes, la confrontation des divers récits entre eux et avec les faits de l'histoire générale, l'appréciation morale des témoignages, tous les procédés en un mot de la critique historique ordinaire (1) ». Rien de moins, mais rien de plus ; mais à coup sûr aucun droit d'affirmer ou non « à son gré », comme l'insinue M. Boissier.

Faisons ici une supposition, laquelle vraisemblablement, si le monde ne change pas, sera un jour une réalité.

Nous sommes à quatre ou cinq siècles après celui où j'écris ces lignes. Un académicien de l'école de M. Boissier entreprend d'écrire l'histoire générale de notre xixᵉ siècle. Dans son récit, tout naturellement, l'histoire ecclésiastique trouve sa place, et, parmi les documents qu'il a dû consulter, figurent de nombreuses relations sur Lourdes et son pèlerinage. Mais séparer l'histoire de Lourdes du récit des apparitions, et surtout des innombrables guérisons, si embarrassantes pour les médecins sceptiques, c'est chose impossible, ce semble, à un historien consciencieux. Eh bien ! non ! Ces faits tout entachés de miracles « ne sont pas du domaine de l'histoire » : ils n'ont jamais existé, affirme un disciple de Renan. Hallucination ou supercheries, pas de milieu! Vous êtes libre d'y croire, ou de n'y pas croire, écrira le disciple de M. Boissier, « ce sont des accidents qui n'appartiennent pas au domaine de l'histoire ». Et pourtant les témoignages sont innombrables, les faits sont certains. La probité historique, la logique du bon sens

<hr>

(1) M. de Broglie, *L'Église et l'Empire romain*, I, p. 391 et suiv., 4ᵉ édit.. Paris, Didier, 1867.

ne demande-t-elle pas à l'historien du xxv° siècle qu'il les discute, et, s'il les nie, qu'il dise pourquoi? Ce qui n'est pas permis, c'est de les passer sous silence, sous le prétexte qu'ils ne sont pas « du domaine de l'histoire ». Eh! comment n'en seraient-ils pas s'ils sont du domaine de la réalité, s'ils invoquent à leur appui des témoignages contemporains, témoignages sensibles, contrôlés, authentiques, concordants, autant et plus que les batailles et les négociations de ce temps-ci, qui sont « du domaine de l'histoire »; si enfin ils ont eu une influence réelle sur la marche des esprits? Quel homme raisonnable se croira libre de les admettre ou de les nier « à son gré ».

Résumons nos conclusions en quelques mots. Nous avons vu quelles sont les raisons que la libre pensée oppose à la crédibilité du miracle et de tout fait préternaturel en général: ces raisons, toutes subjectives, ont pour base trois classes de sophismes : le sophisme passionnel, le sophisme rationaliste, le sophisme pseudo-scientifique : le seul argument objectif qu'on puisse justement alléguer à l'encontre d'un miracle, le défaut de preuve, est précisément celui que la plupart passent sous silence. C'est qu'en effet, nous l'avons assez montré au cours de cette étude, les preuves authentiques, réunissant toutes les qualités requises pour rendre un témoignage inattaquable, se rencontrent, premièrement, dans tous les miracles que l'Église propose à notre foi; secondement, dans nombre de faits surnaturels qui remplissent l'histoire et qui, de notre temps, sont aussi multipliés qu'en aucun autre, si ce n'est plus.

Il y a de faux miracles, dira-t-on. Sans aucun doute; mais, sans rappeler ici le mot profond de Pascal « qu'il n'y a de faux miracles que par cette raison qu'il y en a de vrais (1) », qui a jamais contesté à la raison, à la cri-

____

(1) Pasc., II, 255, éd. Faugères.

tique, le droit de contrôler la réalité d'un fait qui présente quelque raison de douter? Certes ce n'est pas l'Église. C'est l'Église, bien au contraire, qui a insisté, en tout temps, sur la nécessité d'éprouver toutes les affirmations qui se présentent sous le couvert du Saint-Esprit, et qui peuvent venir soit de l'ennemi de Dieu, soit de l'imagination ou de la malice humaine : *Probate spiritus si ex Deo sint* (I Joan., IV, 1). C'est l'Église qui, dès les premiers temps, a posé les règles nécessaires pour découvrir ou prévenir l'imposture, et édicté contre elle les peines les plus sévères. En faisant cela elle n'a pas été seulement sage, elle a été habile : elle n'a fait que servir ses intérêts. Pour elle, être convaincue d'erreur en cette matière, ce serait la mort. Que serait-ce si on pouvait la convaincre de mensonge? Ce serait la mort dans la boue! Aussi, dès qu'il s'agit d'un fait surnaturel, loin de les redouter, elle provoque toutes les enquêtes. A Lourdes tous les médecins, tous les savants, croyants ou non, sont invités, sont admis à étudier les faits de leurs propres yeux. Qu'il s'agisse de sa doctrine ou de ses miracles, dans tout le cours des siècles, l'Église peut toujours dire, avec Tertullien dans son immortelle apologétique, *Unum gestit ne ignorata damnetur* : elle ne demande qu'une chose, c'est qu'on ne la condamne pas sans l'entendre; son plus beau triomphe, c'est de forcer la raison à accepter la réalité du fait surnaturel, sous peine de se renier elle-même; de la forcer de conclure avec Pascal : « Il n'est pas possible de croire raisonnablement contre le miracle (1). »

(1) II, 214. — Un auteur peu suspect de cléricalisme, Edmond Schérer, à propos des miracles évangéliques, a écrit ces lignes : « Nous sommes réduits à admettre le miracle sur la foi de témoignages historiques. Le témoignage, je ne l'ignore pas, est un appui bien frêle lorsqu'il s'agit de faits ainsi placés en dehors de notre expérience. D'un autre côté, cependant, les témoins sont *trop nombreux, trop unanimes, trop dignes de foi* pour qu'on puisse écarter leur déposition par des considérations uniquement tirées de ce qui se passe dans notre société moderne »

(*Mél. d'hist. relig. La Vie de Jésus*). Si M. Schérer avait poussé son étude plus loin, il aurait pu se convaincre que « dans notre société moderne » on peut trouver facilement, pour des faits surnaturels authentiques, des témoins nombreux, unanimes et dignes de foi. Qu'on nous permette de nous citer nous-même en extrayant ici quelques lignes de notre conférence sur les miracles de Jésus-Christ, dans notre livre intitulé *Jésus Christ* (2ᵉ édit., Poussielgue, p. 293) : « Quant aux miracles qui, remontant aux miracles évangéliques, n'ont cessé d'être attestés dans tous les temps, dira-t-on aussi que c'est l'hallucination ou l'imposture ou l'une ou l'autre qui, se perpétuant de siècle en siècle dans l'Église, les impose à la crédulité des fidèles? Quoi! ce peuple chétien, ces évêques, ces papes, ces tribunaux séculaires qui ne cessent d'examiner, de peser, de discuter des miracles ; ces juges de la foi, blanchis dans l'étude et dans la prière, qui, à l'heure où je parle, à Rome, entendent des témoins, interrogent les savants, compulsent des procès-verbaux pour constater des miracles ; cette foule d'hommes les plus sévèrement choisis, les plus saints et les plus éclairés assurément de tous ceux qui aient eu jamais à rendre des sentences, la main sur l'Évangile, au péril de leur salut éternel, faudra-t-il admettre que tous ces hommes, de siècle en siècle, ont été invariablement ou trompeurs ou trompés ou hallucinés? L'affirmer, n'est-ce point, par peur du surnaturel et des miracles, renoncer au bon sens, à la logique et, en déniant toute autorité aux témoignages les moins suspects, ruiner absolument par sa base toute certitude historique? »

Cette dernière conclusion est justement celle d'un des plus grands historiens de ce siècle. Niebuhr, protestant comme M. Schérer, parlant des miracles de Jésus-Christ, écrit ces propres lignes : « Il faut, à mon sens, admettre la réalité des miracles ou tomber dans l'incompréhensible, et je dirai même dans l'absurde, en supposant que le saint a été un fourbe et les disciples des trompeurs ou des dupes, et que des imposteurs ont pu prêcher une religion sainte qui pose, comme condition première, l'abnégation absolue, et dans laquelle il est impossible de trouver quoi que ce soit de frauduleux ou d'agréable aux mauvaises passions. » (Lettre du 12 juillet 1812 dans Hettinger, *Apol. du Christianisme*, p. 224.)

CHAPITRE XIII

Les vrais et les faux miracles.

Le Dʳ P. Gibier, dans un livre que nous avons plus d'une fois cité, signale avec force et à plusieurs reprises, et *non sans une certaine amertume railleuse, pleine de bon sens,* le parti pris des savants du jour qui, lorsqu'on leur parle de magnétisme et autres phénomènes non reconnus par leur science, se contentent de hocher la tête et de plaindre ceux qui s'en occupent. Après tant d'autres, M. Gibier fait la remarque que fermer les yeux sur un fait allégué et le nier *a priori*, sans l'avoir regardé, ce n'est pas de la science, pas même de la probité.

C'est cependant chez M. Gibier, dans le même livre, que je lis le passage suivant :

« Il est à noter que les choses dites miraculeuses sont accomplies partout par des personnes réputées saintes, quelle que soit d'ailleurs la religion à laquelle elles appartiennent. Seulement, dans chaque religion à peu près, on attribue à l'intervention du diable les soi-disant miracles qui sont produits par les saints des religions rivales, tandis que ceux qui portent la bonne marque sont dus à la grâce divine. Nous n'avons pas à nous occuper de ces opinions et encore moins à les discuter. »

Ainsi le Dʳ Gibier trouve qu'en présence des phénomènes de spiritisme, dont ses livres sont pleins, il est interdit au savant de passer outre sans regarder : en ceci il n'a pas tort. Mais s'il s'agit de faits miraculeux, allégués par l'Église en preuve de la foi, reconnus divins par maint homme de génie, il lui semble tout naturel et parfaitement légitime d'imiter les savants dont il se plaint : ces faits, il ne s'en occupe ni ne les discute. Il accepte d'emblée le lieu commun qui aide à se débarrasser de l'Évangile et des conséquences qu'il entraîne. C'est le sophisme banal : toutes les religions ont des miracles, tous les miracles se valent; donc toutes les religions sont également vraies, également fausses, donc indifférentes, bonnes tout au plus à séduire les âmes enthousiastes, les esprits faibles ou prévenus. La science n'a rien à y voir, rien à examiner, rien à discuter.

A cet argument sommaire viennent se joindre, chez les rationalistes, depuis Hume et J.-J. Rousseau, les sophismes usités : le miracle est impossible — il ne peut jamais être constaté — il ne prouve rien — il suppose toujours l'illusion ou l'imposture et « la condition du miracle est la crédulité du témoin » : ainsi parle M. Renan.

Il n'est pas de notre sujet de présenter ici une thèse complète sur le miracle (1). On peut voir cependant, sur le simple énoncé des objections, qu'au cours de cette étude nous avons plus d'une fois indiqué la solution théorique de ces sophismes. Mais ce que nous nous sommes proposé, avant tout, c'est de parler des faits extranaturels acceptés, constatés par les savants, et de faire voir les conséquences qu'ils comportent, au nom de la logique et de la vraie science.

---

(1) Cette tâche a été très bien remplie par le P. de Bonniot dans l'ouvrage souvent cité ici : *Le Miracle et ses contrefaçons*. Voir aussi l'excellent livre de M. l'abbé Gondal, prêtre de St-Sulpice, intitulé *Surnaturel*, 1 vol. in-12, Roger et Chernoviz, 1894. Enfin je signale, tout particulièrement, le solide opuscule d'un savant médecin, le Dr Goix, intitulé *le Miracle*, in-8°, chez Bloud et Barral, 1899.

D'abord, si les savants dont je parle veulent être logiques, ils sont forcés d'abdiquer la vieille thèse de l'impossibilité d'un fait supra ou extranaturel, je veux dire en contradiction avec les lois certaines et reconnues de la nature.

Ces faits bien constatés, ils doivent aller plus loin. Leur étude doit se porter non seulement sur la réalité, mais sur la qualité de ces faits.

En présence de ceux qui affirmaient, avec Renan, que l'Église doit son origine à des phénomènes en tout semblables aux extravagances des spirites, ils doivent s'enquérir des raisons de la singularité historique que voici : d'une part, alors même que les savants n'y croyaient pas, l'Église a toujours cru et à la possibilité et à la réalité de ces faits extranaturels, attribués aujourd'hui par les Crookes, les Zöllner, les Lombroso, les Gibier, les Acksakoff à quelque force nouvelle inconnue, soit du corps humain, soit de la matière. Mais, d'autre part, cette même Église a toujours admis des faits surnaturels qu'elle déclare essentiellement différents des premiers : phénomènes réellement divins, séparés, par des signes certains et reconnaissables, de ceux qu'elle attribue aux démons et que la science spirite reconnaît comme siens. Des premiers elle prémunit, elle éloigne ses enfants, sous les peines les plus sévères ; des seconds elle fait l'organe le plus sérieux de la Révélation, la plus décisive de ses preuves, à tel point qu'elle répète à tous les hommes, aux savants comme aux simples, ce que Jésus-Christ disait aux Pharisiens : « *Si je ne fais pas les œuvres de mon père, ne me croyez point.* » Et ces œuvres sont si manifestes, si reconnaissables, que les avoir vues et constatées, sans y reconnaître la main divine, c'est un crime. « *Si je n'étais pas venu, si au milieu d'eux je n'avais pas accompli des prodiges tels que personne n'en fit jamais, ils ne seraient aucunement criminels ; mais maintenant leurs yeux ont vu et ils me haïssent moi et mon père* (1). » Et ailleurs, n'est-ce pas à nos savants, qui ne veulent pas regarder, de peur d'être obligés de voir, que Notre-Seigneur dit, comme aux Pharisiens : « *Si vous étiez aveugles, vous n'auriez point de péchés, mais maintenant vous dites : Nous voyons, et votre péché demeure* (2). » Rapprochez de ces paroles de Notre-Seigneur les textes si décisifs de saint Paul : « *Si le Christ n'est pas ressuscité, notre prédication est vaine et notre foi sans fondement. Et, pour nous, la preuve est faite que nous sommes de faux témoins de Dieu en affirmant contre Dieu qu'il a ressuscité le Christ.* »

Quelle est donc la différence essentielle qui sépare les faits extranaturels que l'Église constate et réprouve et auxquels croient des savants, pour les avoir constatés, et les faits surnaturels que l'Église propose à notre croyance, à celle de tous, comme le fondement extérieur et visible de sa doctrine, et que les savants refusent d'examiner et rejettent sans les connaître?

Aux hommes de notre génération incrédule l'éclosion des faits spirites a paru une nouveauté sans précédents. Pour quelques adeptes, c'était l'apparition d'une révélation nouvelle appelée à créer un monde nouveau. Pour l'Église et ses enfants il n'y a eu, dans tout cela, qu'une permission divine aux puissances infernales de se manifester d'une manière plus visible; mais en réalité il n'y eu ni surprise ni hésitation. En effet, les Livres saints et l'histoire ecclésiastique signalent, en main endroit, ces manifestations de puissances ennemies de Dieu et de son Église, fatales aux hommes qu'elles séduisent, inexplicables à la pure raison, et en même temps absolument certaines.

Ouvrez la Bible, dès ses premières pages. C'est au livre de l'Exode : nous y voyons Moïse aux prises avec

____

(1) Joan., xv, 22-24.
(2) Joan., ix, 41.

les magiciens qui peuplent la cour du Pharaon. Aux miracles que Moïse opère par la puissance divine, les devins opposent, non sans succès, les pratiques de leur art : soit illusions soit réalités diaboliques. Le Seigneur avait dit à Moïse : « *Afin que le Pharaon laisse sortir les enfants d'Israël de la terre d'Égypte... je multiplierai mes miracles et mes prodiges et les Égyptiens sauront que je suis le Seigneur* » (Ex., VII, 2, 3, 5). Et, en effet, les miracles se multiplient, à la voix de Moïse et d'Aaron, mais le Pharaon ne se hâte pas d'être convaincu : c'est qu'il a dans sa cour des devins, des magiciens et « *par leurs enchantements et les secrets de leur art ils font les mêmes signes* » (*ibid.*). Ne semble-t-il pas que la partie est égale et que la distinction des miracles divins et des pratiques sataniques est impossible? Nullement. Car bientôt la puissance des magiciens est brisée, et ce sont les magiciens eux-mêmes qui, vaincus par l'évidence, viendront dire eux-mêmes au Pharaon : « *Le doigt de Dieu est là !* »

Dans cette page émouvante et caractéristique on a, à la fois, le résumé, en action, de la doctrine de l'Église sur les faits surnaturels, et le tableau de la lutte perpétuelle qui existe en ce monde, entre le surnaturel divin, preuve de la religion, et le surnaturel diabolique qui combat la religion, qui voudrait l'anéantir et qui, toujours vaincu, lui rend hommage malgré lui, et devient une de ses preuves à son tour.

Les Saints Livres, depuis la première page que nous venons d'ouvrir, dans l'Ancien Testament, jusqu'à la dernière, dans le Nouveau, présentent partout le même enseignement. Ennemis du vrai Dieu, tous les devins, magiciens, sorciers, sont sévèrement proscrits par la loi mosaïque. Exercer le métier de devin est le plus grand des crimes. Non seulement le magicien est puni de mort, mais les peuples où ces pratiques sont en honneur et forment, en quelque sorte, tout le culte public, sont, par là même, frappés d'anathème et c'est dans ce crime qu'il faut chercher la cause de leur ruine. Citons seulement un passage du Deutéronome ; c'est Dieu qui parle à son peuple :

« *Qu'il ne se trouve personne parmi vous qui purifie son fils ou sa fille en les faisant passer par le feu, ou qui consulte les devins ou qui observe les songes ou les augures, ou qui se livre aux maléfices, aux sortilèges et aux enchantements, ou qui consulte la pythonisse, ou qui se mêle de deviner, ou qui demande la vérité aux morts. Car le Seigneur a tous ces crimes en abomination, et, à cause de ces crimes, il détruira ces peuples à votre entrée dans la terre promise* » (Deut., XVIII, 10-13).

Il paraît que, malgré ces défenses si formelles, le peuple de Dieu était attaché étrangement à ces pratiques, car tous les prophètes répètent à l'envi les prohibitions de Moïse.

Les rois fidèles à Dieu mettent leur piété àexterminer les devins. Qu'on se rappelle le dramatique récit de l'entrevue de Saül avec la pythonisse d'Endor. La magicienne ne reconnaît pas d'abord le roi, venu sous un déguisement. Tremblant d'obéir à ce que lui demande l'inconnu : « *Tu sais bien*, lui dit-elle, *tout ce qu'a fait Saül et comment il a exterminé de la terre les magiciens et les devins : pourquoi donc me tendre des pièges afin que je sois mise à mort ?...* » Saül la rassure, Samuel est évoqué et son ombre apparaît. « *Quelle est sa forme ? demande Saül. Elle dit : Un vieillard est monté et il est couvert d'un manteau. Et Saül comprit que c'était Samuel : il se prosterna la face contre terre et il adora. Et Samuel dit à Saül : Pourquoi m'as-tu troublé en m'évoquant ?* » (*I Reg.*, XXVIII, 14-15). On voit ici une scène authentique d'évocation des morts et de matérialisation, longtemps avant que nos savants Crookes, Gibier, Acksakoff aient attesté la possibilité de la chose, pour en avoir constaté la réalité.

Le Nouveau Testament n'est pas moins explicite. Pour commencer par la plus haute de toutes les autorités, Notre-Seigneur met expressément ses disciples en garde contre « *les faux christs, les faux prophètes qui feront des miracles tels qu'ils seraient capables de séduire même les élus, si c'était possible* » (Marc, xiii, 22). S. Paul prémunit les Thessaloniciens contre les prodiges miraculeux qui doivent signaler la venue de l'Ante-Christ (*II Thess.*, ii, 9). Il est important de signaler les termes dont se sert l'apôtre pour désigner l'œuvre de l'Ante-Christ : « il viendra par l'opération de Satan, avec des signes et des prodiges menteurs et avec toutes les illusions d'iniquité sur ceux qui *périront, pour n'avoir pas reçu et aimé la vérité afin d'être sauvés*. C'est pourquoi Dieu leur enverra une opération d'erreur, de manière qu'ils croiront au mensonge, afin que tous ceux qui n'ont pas cru à la vérité et qui ont *consenti à l'iniquité soient condamnés.* »

Ainsi ce qui fera leur perte, ce n'est pas l'illusion fatalement produite par les prodiges de l'esprit menteur, ce sera leur consentement coupable à l'iniquité ; ce sera le crime sans excuse de n'avoir pas aimé la vérité : leur conscience sera leur juge. C'est assez dire qu'il y aura toujours des signes distinctifs entre les vrais et faux miracles, pour toute âme de bonne volonté.

Les Actes des Apôtres nous mettent en présence de faux miracles opérés par l'esprit mauvais. Le célèbre Simon le magicien séduisait le peuple de Samarie; il avait avec lui un grand nombre de partisans dont il avait troublé l'esprit par ses enchantements (Act., viii, 7-11). Ce même Simon (qui, depuis, devait revenir à ses anciennes erreurs), frappé du grand nombre de miracles opérés par l'apôtre Philippe, comme les magiciens du Pharaon, reconnaît le « doigt de Dieu » et il se présente lui-même au baptême. A deux reprises différentes, nous voyons S. Paul en lutte avec des magiciens qu'il confond par des miracles. C'est Elymas, qui s'efforce de dissuader le proconsul Sergius Paulus de croire aux enseignements de l'Apôtre : « *Homme plein de ruses et de perfidie,* lui dit S. Paul, *enfant du démon, ennemi de toute justice, ne cesseras-tu point de pervertir les voies droites du Seigneur? Et maintenant voilà la main du Seigneur appesantie sur toi : tu seras aveugle et tu ne verras point le soleil pendant un temps marqué. Et aussitôt les ténèbres tombèrent sur lui, ses yeux s'obscurcirent, et errant çà et là il cherchait quelqu'un qui pût lui donner la main. Alors le proconsul, voyant le miracle, crut et admira la doctrine du Seigneur* » (Act., XIII, 8-13). Partout, dans le même livre, nous voyons les puissances infernales exercer une action réelle et malfaisante, mais obligées de confirmer la puissance suprême de Jésus et de ses disciples. Des fils d'un prêtre juif ayant osé exorciser un possédé, « en invoquant le nom de Jésus que Paul prêchait », l'esprit pervers leur répondit : « *Je connais Jésus et je sais qui est Paul, mais vous, qui êtes-vous? Et l'homme, en qui était un démon furieux, se jeta sur deux d'entre eux et, s'en étant rendu maître, il les maltraita de telle sorte qu'ils s'enfuirent de cette maison nus et blessés* » (Act., XIX, 16) (1). Ailleurs S. Luc, témoin oculaire et auriculaire, raconte ce qui suit :

« Il arriva qu'en allant au lieu de la prière, nous rencontrâmes une fille qui était possédée d'un esprit de Python, et qui rapportait à ses maîtres un grand profit par sa divination. Elle se mit à nous suivre, Paul et nous, en criant : *Ces hommes sont les serviteurs du Dieu très haut, et ils vous annoncent la voie du salut.* Elle fit

(1) Je me permets de rapprocher ce fait de ceux que nous signalait plus haut le Dr Gibier, parlant du danger qu'il y a dans les pratiques du spiritisme. Voyez encore, dans le gros volume d'Alexandre Acksakof, *Animisme et spiritisme* (p. 296 et suiv.), le récit très bien documenté de persécutions cruelles exercées par les esprits sur leur médium. Un spirite convaincu, M. Léon Denis, nous dit la même chose, *op. cit.*, p. 230.

de même durant plusieurs jours; or Paul, le souffrant
avec peine, se tourna et dit à l'esprit : *Je te commande,
au nom de Jésus-Christ, de sortir de cette fille,* et il
sortit à l'heure même » (Act., XVI, 16-17).

Ces faits suffisent, et au delà, pour montrer comment
la tradition chrétienne n'a jamais varié sur ce point du
dogme : il y a de mauvais esprits qui, par la permission divine, peuvent entrer en rapport avec des hommes.
Ceux qui recherchent volontiers leur commerce sont
grièvement coupables. Enfin les esprits pervers, auteurs des prestiges ou faux miracles, ne séduisent que
ceux qui veulent être séduits et qui méritent leur aveu-
glement. Or il y a des signes distinctifs, reconnaissables,
qui séparent les phénomènes diaboliques de ceux dont
Dieu même est l'auteur soit pour la confirmation de la
foi, soit pour l'édification des fidèles.

Quels sont donc les signes auxquels, en tout temps
et partout, se reconnaissent les vrais miracles?

Les théologiens répondent unanimement, et la raison
parle comme la théologie, que le miracle véritable étant
une œuvre divine destinée à révéler, à manifester Dieu,
il doit porter en lui des marques de sa céleste origine,
en reflétant quelqu'un des attributs divins. Ainsi Dieu
est tout-puissant, il est saint, il est juste, il est bon ct
miséricordieux. On en infère, avec une logique irrépro-
chable, que tout acte venant de Dieu exclut essentiellement « tout ce qui est bas, ridicule, inutile, indécent,
obscène ; de plus, l'instrument du miracle ne peut
jamais être une créature en délire, non en pleine possession d'elle-même (1) ».

On voit tout de suite, contrairement aux thèses favo-
rites de Renan et de son école, que le vrai miracle, se
produisant dans ces conditions, ne présuppose nullement la crédulité du témoin, pas plus que l'imposture

----

(1) Benoît XIV, *De canonis. sanct.,* liv. IV, c. 7, n°ˢ 15 et 16.

du thaumaturge : c'est un appel fait à la conscience, à la raison de tout homme quel qu'il soit, à quelque religion ou système qu'il appartienne ; à cette raison qui est la même chez tous les hommes et qui, selon l'Écriture sainte, selon toute saine philosophie, suffit, indépendamment de toute révélation surnaturelle, pour reconnaître avec certitude l'existence et les attributs du vrai Dieu. Cette proposition a été déclarée de foi par le Concile du Vatican (1).

Il n'en faut pas davantage pour exclure d'emblée la plupart des phénomènes spirites, comme aussi les prétendus miracles des fausses religions. Au premier coup d'œil une raison droite, une conscience honnête, sans discerner encore peut-être la nature de la cause qui agit, pourra proclamer que cette cause n'est pas divine.

C'est au nom de cette règle de simple bon sens que Renan aurait pu s'épargner l'assimilation qu'il aime à faire, des miracles du Nouveau Testament avec les phénomènes spirites ; en gardant son incrédulité il aurait pu, par la seule raison, constater que s'il y a un Dieu personnel, vivant et bon, tous les miracles évangéliques portent la marque de ce Dieu. Examinons, par exemple, tous les attributs divins tels que la raison les conçoit et que la conscience les demande.

La raison dit que Dieu est tout-puissant, créateur et maître de la nature : c'est pourquoi l'Évangile nous montre Jésus marchant sur les eaux, multipliant les pains, ressuscitant des morts, se ressuscitant lui-même.

Dieu est souverainement sage : je le croirai d'autant plus que j'aurai. dans l'Évangile, vu Jésus, qui se dit fils de Dieu et égal à Dieu, d'une part, prononcer sur la montagne le sermon des Béatitudes et, de l'autre, pénétrer les consciences et révéler à ses apôtres,

____

(1) Constit. *Dei Filius.*

à la femme de Samarie, leurs plus secrètes pensées.

Le Dieu de la raison et de la conscience doit surtout se révéler à sa faible créature par ses bienfaits, par sa miséricordieuse bonté : je croirai donc à la divinité de Jésus, à raison même de la nature des miracles innombrables qu'il accomplit, presque tous en faveur des pauvres, des ignorants, des pécheurs, des petits.

Or, de tous ces miracles, en est-il un seul qu'on puisse dire puéril, indigne de Dieu? En est-il un seul qui ne porte les âmes à la foi au Dieu vivant, à la piété, à la chasteté, à la pureté, à l'horreur du mensonge, à la perfection des plus hautes vertus? En est-il un seul qui rappelle, si peu que ce soit, les délires des pythonisses de Delphes ou de Cumes ou les transes des *médiums*? C'est ici le lieu de renvoyer à une page admirable de Bossuet, parlant de Jésus-Christ et de ses miracles, dans son *Discours sur l'Histoire universelle.* « Tout, dit-il, se soutient en la personne de Jésus, sa vie, sa doctrine, ses miracles. Tout concourt à y faire voir le maître du genre humain et le modèle de la perfection. Lui seul, vivant au milieu des hommes et à la vue de tout le monde, a pu dire sans crainte d'être démenti *Qui de vous me convaincra de péché?* (Joan., VIII, 46)... Tous ses miracles tiennent plus de la bonté que de la puissance, et ne surprennent pas tant les spectateurs qu'ils les touchent dans le fond du cœur. Il les fait avec empire : les démons et les malades lui obéissent; à sa parole, les aveugles-nés reçoivent la vue, les morts sortent du tombeau, les péchés sont remis. Le principe en est en lui-même; il coule de source (1). » En vain chercherait-on, dans tous les procès-verbaux des spirites et dans toutes les annales des fausses religions, un thaumaturge auquel puissent s'appliquer, si peu que ce soit, les paroles de Bossuet : paroles, remarquons-le, fondées abso-

(1) Bossuet, *Disc. sur l'Hist. univers.*, IIᵉ part., ch. XIX.

lument sur l'histoire, ne faisant appel qu'à la bonne foi
et à la raison du lecteur, excluant toute base de légende
ou simplement d'enthousiasme oratoire. Cette page, à
qui sait lire, justifie pleinement la pensée célèbre de
Pascal : « Il faut juger de la doctrine par les miracles,
et des miracles par la doctrine. Tout cela est vrai, mais
ne se contredit pas. »

Les miracles des apôtres et des saints sont comme
ceux du Maître. Ils ont, de plus, ce caractère qu'ils se
font en son nom, comme au nom d'un être revêtu de la
puissance divine. Jésus lui-même leur avait promis
qu'il leur communiquerait son pouvoir. C'est au nom de
Jésus que Pierre, dès sa première prédication, dit au
boiteux de naissance qui lui demandait l'aumône :
« *Je n'ai ni or ni argent, mais ce que j'ai, je te le donne :
au nom de Jésus-Christ de Nazareth, lève-toi et marche.* »
C'est au nom de Jésus qu'ils chassent les démons et
qu'ils font taire partout, autour d'eux, ces manifestations qui ressemblent, à s'y méprendre, à nombre de
phénomènes usités chez nos occultistes d'aujourd'hui.

L'Église a reçu de son fondateur l'assurance qu'il reste-
rait avec elle jusqu'à la fin et que sa présence s'atteste-
rait par des miracles. Or c'est la prétention de l'Église
catholique : cette prédiction est vérifiée d'une façon permanente, et elle en offre à tous les preuves, ne désirant
qu'une chose, c'est qu'on veuille bien les soumettre à
la critique la plus sévère et au plus rigoureux examen.
Qu'on ouvre, par exemple, le merveilleux et volumi-
neux ouvrage du pape Benoît XIV, sur la béatification
et la canonisation des saints. Là on verra, dans un
détail minutieux, varié, immense, non pas seulement la
multitude des miracles constatés à la gloire des saints,
mais surtout la rigueur et la sagesse des prescriptions
exigées pour établir la vérité de ces miracles, et écarter

(1) Joan., xiv, 11.

toute chance d'erreur. Qu'on veuille bien y porter un regard attentif; il n'en faudra pas davantage pour voir s'évanouir ce vieux cliché, à l'usage de la frivolité mondaine, si encouragée par les préjugés et l'ignorance des savants : toutes les religions ont des miracles, tous les miracles se valent, et quand ils ne sont pas des œuvres d'imposture, ils s'expliquent par l'hystérie, l'hypnotisme, par les pratiques séculaires, et plus ou moins occultes, du magnétisme, dont les prodiges du spiritisme actuel sont le dernier mot (1).

(1) Le docteur Goix, dans son excellent opuscule sur le miracle, fait toucher du doigt, par un parallèle très intéressant, les différences absolues, fondamentales, qui séparent les prestiges les plus éclatants du spiritisme, par exemple les matérialisations, du vrai miracle divin, et entre tous du miracle sur lequel tout le christianisme repose : la résurrection de Jésus-Christ : « Les apôtres voient dès le début, le corps entier de Jésus sous sa forme complète; ils le voient sans aucun intermédiaire, sans aucun médium, sans aucune évocation. Ils s'assurent qu'ils ne sont pas en présence d'un fantôme, mais d'un véritable corps vivant en chair et en os, le corps bien connu de leur maître. Entre les matérialisations spirites et les apparitions du Christ aux Apôtres, la différence porte sur les caractères intrinsèques des deux sortes de phénomènes. Il est donc impossible de les identifier » (p. 91 et sq.). Citons encore ce passage qui vient comme conclusion de la discussion la plus scientifique et la plus sévère : « Que les merveilles spirites, occultistes, etc. aient pour cause un être humain ou bien un être suprahumain, un esprit; qu'il y ait ou non supercherie, leurs caractères intrinsèques suffisent pour affirmer que cette cause n'est pas en dehors, mais en dedans de la chaîne des êtres et de la sphère du monde. Ces merveilles n'appartiennent donc pas à l'espèce du miracle; ce sont de simples prestiges. Dûment étudiées, elles conduisent invinciblement à dire : Dieu n'est pas là » (p. 106).

CHAPITRE XIV

Les frontières du surnaturel.

I

Avant d'arriver à nos conclusions, il est bon de préciser une fois de plus la valeur et la signification des faits préternaturels et particulièrement des faits attribués au spiritisme.

Nous ne reviendrons pas sur la réalité de ces phénomènes. Nous avons vu que la science rationaliste elle-même est forcée de s'incliner devant leur évidence.

Mais parmi les catholiques, qui tous croient au surnaturel divin et au surnaturel diabolique, des divergences d'appréciations se produisent. Quelques-uns sont portés, dit-on, à étendre outre mesure la sphère du surnaturel et par là prêtent le flanc aux objections de la science. D'autres, pour écarter ce danger, étendent au delà des bornes le pouvoir de la nature. A propos de cet écrit même, une revue catholique a reproché à l'auteur d'avoir accepté trop facilement des « évidences populaires » (1) pour croire aux influences sataniques. Il n'est donc pas hors de propos de rappeler quelques principes propres à délimiter, le moins imparfaitement possible, ce qu'un auteur très compétent dans la matière a si justement nommé « les frontières du surnaturel » (2).

(1) *Revue thomiste*, 1896, p. 844.

(2) D‌ʳ Surbled, la *science catholique*, août 1899. — Il est bien entendu que, quand nous parlons de la frontière du surnaturel, nous n'entendons pas traiter la question philosophique de l'essence du surnaturel. Nous ne traitons que la question de faits ; nous ne parlons ici que de la frontière qui sépare les phénomènes surnaturels ou préternaturels de ceux qui ne le sont pas.

Précisons d'abord les points sur lesquels les adversaires, dans cette controverse, se rencontrent et sont d'accord, pour bien marquer où commence la divergence.

Les auteurs catholiques soupçonnés de trop donner au surnaturel, ont pour principaux représentants le P. Franco de la Compagnie de Jésus, les Dr Hélot et Imbert Gourbeyre (1).

A l'opposé il faut citer, en particulier, le savant P. Coconnier, Dominicain, qui a fait tout un livre, l'*Hypnotisme franc*, pour montrer que, dans les limites où il l'admet, l'hypnotisme n'a rien que de naturel et souvent de bienfaisant. Le Dr Surbled, Mgr Méric, M. l'abbé Guibert, pour une grande part, partagent ses idées.

Or il faut noter ce point : ni le Dr Hélot ni le P. Franco qui étendent trop loin, assure-t-on, la frontière du surnaturel, ne nient que, jusqu'à une certaine limite, le sommeil magnétique ou hypnotique, ne soit un phénomène purement naturel.

Mais, d'autre part, les adversaires, comme le P. Coconnier et le Dr Surbled, ne nient aucunement que le magnétisme et l'hypnotisme, comme le spiritisme, ne servent souvent d'instrument aux opérations du démon et aux tromperies sataniques, et ne soient par là même des pratiques dangereuses. Ils ajoutent seulement, ce qu'aucun théologien ne contestera, que le démon, qui connaît mieux que nous les lois et les ressources de la nature, les met en œuvre pour nous abuser, de telle sorte que, dans une même opération, on peut constater, à côté de l'œuvre propre des démons, des phénomènes qui sont d'ordre entièrement naturel. Le démon peut donner à un vrai possédé une vraie maladie qui soit tout à fait du ressort de la médecine : c'est l'affaire du savant, aidé des lumières de la théologie, de faire le discernement de ce que la

(1) A ces noms, il faut joindre celui de M. l'abbé Élie Blanc, professeur à l'Institut catholique de Lyon. Voir ses articles sur l'Hypnotisme, en particulier celui du 15 fév. 1900, dans *l'Université cathol.*, p. 280.

nature peut revendiquer dans ces cas, et de ce qui échappe au domaine de la science.

Il est bon de rappeler que, de longue date, Rome, consultée, avec sa prudence ordinaire, a posé sur ces points difficiles des principes qu'il faut toujours avoir devant les yeux. Une décision du Saint-Office du 30 juillet 1856, confirmant un acte de même nature du 28 juillet 1847, déclare que « en écartant toute erreur, tout sortilège, toute invocation implicite ou explicite du démon, l'usage du magnétisme, c'est-à-dire le simple acte d'employer des moyens physiques, non interdits d'ailleurs, n'est pas moralement défendu, pourvu que ce ne soit pas dans un but illicite ou mauvais en quoi que ce soit ».

Ainsi, de l'aveu de la Sacrée Congrégation on peut conclure, avec le P. Coconnier, avec le P. Touroude, avec l'abbé Guibert, avec nombre de médecins catholiques, non seulement qu'il n'y a rien en soi de diabolique dans le fait de provoquer ou subir le sommeil hypnotique ou magnétique, ce qui est la même chose, mais que, si le but poursuivi est licite, par exemple la santé, il n'est pas en soi interdit d'y recourir.

Où commence donc, dans la pratique de l'hypnotisme, ce qui suppose l'action des démons, ce qui est par conséquent sévèrement interdit?

Écoutons encore le Saint-Office :

« Quoique ce décret général explique suffisamment ce qu'il y a de licite ou de défendu dans l'usage ou l'abus du magnétisme, la perversité humaine a été portée à ce point, qu'*abandonnant l'étude régulière de la science*, les *hommes voués à la recherche de ce qui peut satisfaire la curiosité*, au grand détriment du salut des âmes et même au préjudice de la société civile, se vantent d'avoir trouvé *un moyen de prédire et de deviner l'avenir*. De là ces femmes, au tempérament débile, qui, jetées par des gesticulations où la pudeur est souvent offensée, *dans les transports du somnambulisme et de la clairvoyance, pré-*

tendent voir à découvert le monde invisible et s'arrogent, dans leur audace téméraire, la faculté de *parler sur la religion, d'évoquer les âmes des morts, de recevoir des réponses, de découvrir des choses inconnues ou éloignées* et de pratiquer d'autres superstitions de ce genre... »

On voit assez, par les termes si explicites de cette sentence, que le Saint-Office, en frappant le magnétisme, condamnait d'avance le spiritisme et ses pratiques. C'est ce qu'il fit peu d'années après, en des termes très sévères, le 2 avril 1864. Ce sont en effet les médiums aujourd'hui qui tiennent surtout la place du somnambule, dont ils ne sont qu'une variété ; c'est par eux qu'on évoque les morts et qu'on converse avec le monde invisible : toutes pratiques superstitieuses, et où le démon, quand la supercherie pure n'en est pas l'unique organe, joue le rôle principal (1).

La question n'est donc pas, entre catholiques, de justifier, pas plus que de nier le mal du magnétisme et du spiritisme là où l'Église les condamne, mais bien de savoir à quelle limite on doit s'arrêter ; en d'autres termes, à quel signe certain on peut reconnaître la présence et l'action du mauvais esprit, et, parmi tous les phéno-

---

(1) Tout récemment enfin (26 juillet 1899), en réponse à la demande d'un médecin qui, à propos d'hypnotisme, veut savoir « s'il peut en conscience soit prendre part aux discussions de faits déjà expérimentés, soit se livrer à de nouvelles expériences », le Saint-Office répond :

« Quant aux expériences déjà faites, on peut permettre d'assister aux discussions, pourvu qu'il n'y ait pas danger de superstition ou de scandale, et que l'auteur ne s'érige pas en théologien et soit disposé à obéir aux ordres du Saint-Siége.

« S'il s'agit de nouvelles expériences, ou ce sont des faits qui dépassent certainement les forces de la nature, et c'est défendu ; ou on doute (qu'ils dépassent ces forces), et alors on peut le tolérer, après avoir protesté qu'on ne veut avoir aucune part dans les faits préternaturels et à la condition qu'il n'y ait pas sujet de scandale. »

On voit assez, par ce décret, que, comme toujours, le S.-Siége ne décourage pas la science même des faits insolites et nouveaux, mais s'oppose seulement au commerce voulu avec le démon et à la superstition : ce qui ne saurait choquer même un savant rationaliste, lequel ne croit pas au démon.

mènes qui accompagnent les pratiques spirites, quels
sont ceux qu'on peut dire vraiment préternaturels. Pour
aider à faire ce discernement, résumons d'abord ici les
principes sur lesquels on doit se fonder pour discerner
le miraculeux du merveilleux, puis le miraculeux proprement dit, le surnaturel divin, du préternaturel ou du
surnaturel diabolique.

Dire d'un fait qu'il est miraculeux, c'est désigner un
fait insolite, extraordinaire, dépendant de l'intervention,
impossible à prévoir et à prédire scientifiquement, libre
et volontaire, d'une intelligence qui oppose à une loi
connue et certaine de la nature une dérogation, ou une
opération anormale qui ne saurait venir de la nature
elle-même.

La résurrection d'un mort est un miracle, marcher sur
les eaux ou apaiser une tempête d'une parole, voilà des
miracles.

Le miracle, de son essence, est merveilleux ; ce qui ne
veut pas dire que l'acte miraculeux nous révèle en Dieu
quelque attribut que nous ne puissions connaître par
la raison naturelle. Comme le remarquent fort bien tous
les théologiens, après S. Augustin, du côté de Dieu rien
n'est miraculeux : tout est naturel (1). Il n'est pas plus
difficile à Dieu de ressusciter un mort de quatre jours
que de faire sortir du gland le chêne, de la graine con-
fiée à la terre les moissons qui nous nourrissent, de
tracer leur cours aux astres du ciel et d'enfermer l'océan
dans ses limites. Les merveilles, au sein desquelles nous
vivons et que nous appelons justement les lois de la nature, parce qu'établies de Dieu librement, elles sont, par sa
volonté, régulières et constantes, suffiraient, si nous étions
attentifs, pour nous tenir perpétuellement en adoration
devant leur auteur. Pour nous absolument fatales et indépendantes de notre volonté, faisant partie intégrante de

____

(1) Cf. S. Augustin, *De Civ. Dei*, XXI, 8, et *passim*.

la création elle-même, elles sont une révélation permanente de la toute-puissance à laquelle nous sommes
soumis. Mais une merveille de tous les jours cesse d'être
merveilleuse; l'esprit s'y habitue, et par là même elle
perd son efficacité démonstrative : *Assueta vilescunt*, dit
très bien S. Augustin. Cette pensée si ancienne a été rajeunie par les vers de notre Lamartine :

> Hélas ! sans voir le Dieu, l'homme admire le temple :
> Il voit, il suit en vain, dans les déserts des cieux,
> De leurs mille soleils le cours mystérieux ;
> Il ne reconnaît plus la main qui les dirige,
> Un prodige éternel cesse d'être un prodige (1).

C'est pour cela que le miracle doit être pour nous un
acte insolite, surprenant, destiné non à nous révéler,
mais bien à nous rappeler la toute-puissance de Dieu,
à nous manifester dans le temps, selon les décrets éternellement prévus de sa Providence, une volonté particulière, dans un but spécial, fixé par sa sagesse et digne
de lui. Le miracle, dans l'Écriture sainte, s'appelle un
signe, *signum*, mais un signe de telle nature qu'il soit
manifeste qu'il ne peut émaner que de la volonté libre
du Créateur.

Cette définition du miracle divin suffit pour marquer
la limite infranchissable qui sépare le fait surnaturel,
le miracle, du plus merveilleux des faits scientifiques, si
surprenant qu'on le suppose.

L'indéterminisme absolu est la loi de tout miracle (2).

____

(1) *Médit.*, XXVIII.

(2) Cela ne veut pas dire que, dans aucun cas, un miracle ne puisse être,
jusqu'à un certain point, prévu. Il a plu à Dieu de rendre, pour ainsi
dire, périodique le miracle de saint Janvier. Mais de ce miracle, comme
de tous les autres, on ne peut pas dire qu'il puisse jamais être prévu et
prédit à coup sûr, à la manière d'un fait scientifique, et qu'il ne dépend
pas d'une volonté libre de Dieu, absolument distincte de celle qui préside
aux lois naturelles.

Le déterminisme absolu est la loi de tout fait scientifique.

Le miracle présuppose toujours l'intervention libre, insolite, directe ou indirecte, d'une intelligence toute-puissante.

Le fait scientifique, au contraire, suppose toujours la fatalité d'une loi naturelle.

Le fait miraculeux suppose l'intervention libre de la puissance créatrice.

Le fait scientifique suppose l'opération régulière d'une cause seconde et créée.

Quoi de plus merveilleux que les dernières découvertes de la science, le phonographe, le téléphone, les rayons X, le télégraphe sans fil? Quoi de plus bizarre que les phénomènes signalés par les physiologistes dans l'étude des maladies nerveuses, dans la tératologie psychologique? Et cependant aucun théologien, aucun chrétien instruit ne sera tenté de voir en toutes ces merveilles rien qui ressemble au miracle. Pourquoi? parce que tous ces phénomènes ne sont que des applications nouvelles de lois de la nature, dont la connaissance s'accroît et se développe par ces découvertes, comme une plante grandit en sortant d'un germe : loi de l'acoustique, de l'optique, de l'électricité; lois plus obscures qui président à l'action du système nerveux. Les merveilles déjà réalisées par la science ne sont rien peut-être, en comparaison des surprises que de futures découvertes nous préparent; mais, si extraordinaires qu'elles soient, elles rentreront toujours dans l'ordre des choses capables d'être prévues scientifiquement; elles seront en harmonie avec les lois déjà vérifiées et, une fois bien établies, elles prendront sans dissonance leur place dans l'admirable concert que forme le plan général de la nature, et surtout elles seront capables d'être reproduites indéfiniment par l'industrie humaine, autant de fois que se reproduiront les conditions qui les ont, une première fois, révélées. M. l'abbé de Broglie écrit excellemment : « Si le miracle était prévu comme le passage de Vénus sur le soleil, ce ne serait plus un miracle : ce serait un fait naturel résultant des lois connues. Si le miracle pouvait être arbitrairement reproduit dans les laboratoires, c'est qu'il dépendrait des conditions posées par l'homme : ce ne serait plus l'œuvre libre du Créateur. Une constatation de ce genre est donc impossible et si la phrase : « le miracle ne peut être scientifiquement constaté » ne signifiait que cela, elle n'aurait aucun sens ; elle voudrait dire seulement : « le miracle est un fait naturel ».

« On sait que la prétention de Renan était de faire comparaître le thaumaturge devant une commission de l'Institut et de l'obliger à faire un miracle séance tenante, afin de procurer à ces Messieurs la satisfaction de constater expérimentalement un miracle. Ce que Renan demandait était une contradiction dans les termes. M. de Broglie montre très bien que « si le miracle n'admet pas une constatation « scientifique et expérimentale », il requiert et admet une constatation non moins certaine, mais scientifiquement historique. La science qui donne l'explication naturelle de certains faits, considérés à tort comme divins, rend service à la religion, en anéantissant les faux miracles. Elle ne peut rien contre les autres, et son impuissance radicale à les expliquer est une preuve en leur faveur (1). »

D'après ces principes on conçoit facilement que lorsqu'il s'agit des merveilles, même les plus inexplicables, du spiritisme et de l'hypnotisme, la question du miracle proprement dit, c'est-à-dire du surnaturel divin, ne se pose même pas. L'extra-naturel et le naturel seuls sont en jeu : par extra-naturel il faut entendre tout ce qui, n'émanant pas directement de Dieu même et ne présupposant pas la force créatrice, est cependant en dehors et

____

(1) De Broglie. *Œuvres posthumes*, p. 209 et suiv. Paris, Lecoffre, 1897.

au-dessus d'une loi naturelle. C'est le capricieux domaine des prestiges du démon ou des faux miracles. Et déjà nous l'avons dit, comme le démon emploie le plus souvent pour nous tromper, outre les facultés supérieures qui lui sont propres, les forces de la nature et ses lois, qu'il connaît mieux que nous, on peut se demander, dans tout fait préternaturel, quelle est la part du démon, quelle est celle de la nature, et, si ces deux forces agissent de concert, dans quelle proportion et dans quelle mesure. Là est tout le débat entre catholiques; tous admettent les décisions romaines. Mais, dans le domaine qui reste libre, où faut-il placer la limite entre ce qui est préternaturel, prestige démoniaque, et ce qui est effet d'une force physique, illusion de l'imagination, surexcitation du système nerveux, ou effet de quelque loi naturelle inconnue jusqu'ici?

Demandons-nous, pour plus de précision : qu'y a-t-il de certainement diabolique dans le spiritisme, dans l'hypnotisme? Qu'y a-t-il de certainement naturel?

Parmi ceux qui croient que certains catholiques sont portés à faire trop grande la part du démon, j'ai cité le Dr Surbled (1). Le savant docteur s'élève contre ce qu'il appelle la *théorie du bloc*, celle qui consiste à voir le diable en tout fait merveilleux. Il fait remarquer que la sorcellerie, par exemple, que nos pères mettaient exclusivement sur le compte du démon, a été obligée « par la science moderne, à ne plus être présentée comme synonyme de *Diablerie* ».

A notre avis, pour le dire en passant, le docteur exagère ici l'ignorance « de nos pères ». Au moyen âge même on savait fort bien que si souvent les sorciers

<hr>

(1) V. *Le Diable et les Médiums, les Frontières du surnaturel*, 2 broch. in-8°, Paris, Téqui. — Signalons pareillement la protestation de M. G. Desfossés, défenseur ardent du *Magnétisme vital* et de sa puissance trop méconnue, contre M. Janniard du Dot qui déverse commodément dans le spiritisme tous les phénomènes connus du magnétisme et de la suggestion. *Ann. de phil. chrét.*, janv. 1900, p. 461.

étaient les instruments et les suppôts du démon (ce
que M. Surbled ne nie pas), souvent aussi ils abusaient
de la crédulité humaine par des supercheries qui n'a-
vaient rien de surnaturel.

M. Surbled s'élève de même contre l'opinion du
P. Debreyne et du P. de Bonniot qui ne croient pas possibles les hallucinations collectives. Il croit, avec le
Dr Goix (1), que ces sortes d'hallucinations peuvent se
produire sans avoir rien de surnaturel.

La suggestion hypnotique a donné de même lieu, selon lui, à des affirmations téméraires. L'intervention du
démon n'est nullement requise pour expliquer l'affirmation de l'hypnotisé qui prétend voir un carré rouge sur
une feuille de papier blanc. Les lois connues de l'imagination, combinées avec celles de l'optique, suffisent à tout
expliquer.

La question du spiritisme est plus difficile. Cependant
M. Surbled pense que, là aussi, on peut faire beaucoup
plus grande la part de ce qui est naturel. Et d'abord
les partisans « du bloc » ont-ils le droit, *a priori*, d'attribuer au surnaturel absolument, dans ces phénomènes, comme partout ailleurs, tout ce que la science
actuelle se reconnaît hors d'état d'expliquer? « Quelles
notions resteraient debout, dit M. Surbled, s'il fallait
expliquer tous les phénomènes naturels que nous constatons? Explique-t-on le sommeil, le somnambulisme
naturel? Explique-t-on la vie cérébrale? »

Mais sur la question du spiritisme l'avenir, selon

(1) *Le Miracle*, par le Dr Goix. M. Goix cite un exemple d'hallucination collective qui paraît absolument probant, dans ce sens. M. l'abbé
Gombault, dans l'ouvrage cité plus haut, page 122 et suiv., prend à partie
le Dr Surbled, et défend le P. de Bonniot en faisant une distinction, à
notre avis très judicieuse, entre diverses sortes d'hallucinations collectives. Il montre dans quels cas il y a certainement hallucination, et dans
quels autres (justement ceux que cite le P. de Bonniot) l'hallucination n'est pas admissible, ou tout au moins reste scientifiquement inexplicable.

M. Surbled, réserve aux partisans « du bloc » plus d'une
surprise. Lui-même considère comme « acquis » que
les moyens dont disposent les médiums sont purement
humains, dans la généralité des cas. Ce qui fait tourner les
tables, ce qui les fait parler, c'est le médium lui-même
plus ou moins conscient, avec la complicité involontaire
des assistants. M. Surbled croit, avec plusieurs, que le
médium qui fait tourner la table n'opère pas seulement
par ses muscles, mais aussi et surtout par « ses nerfs et
son cerveau, par l'effet d'une force psychique ou vitale
qui émane de lui ». Cette théorie, longuement développée par M. A. Chevillard (1), ne semble adoptée par
M. Surbled que comme « fort ingénieuse, quoique discu-
table ». Il conclut cependant, avec une assurance qui
étonne, que « *la Médiumnité dépend d'un état cérébro-
neurique* encore mal étudié, mais *indubitable*, qui n'a
rien de surnaturel (2) ».

Le docteur Surbled pense de même que la question
de la *télépathie* ou de *la double vue* ne doit pas facilement être tranchée dans le sens du surnaturel. Sans
doute les explications jusqu'ici présentées par la libre
pensée sont insuffisantes. On ne saurait admettre, avec
le docteur Liébault, les « *ondulations de la pensée humaine* » à travers l'atmosphère. Un abîme sépare le
monde des esprits et celui des corps. Il n'y a pas de
transition possible entre les forces physico-chimiques,
les forces nerveuses, et les forces mentales. Il est donc
certain que « le mécanisme de la double vue n'a pu
encore être révélé; mais de ce qu'il nous échappe ac-
tuellement, il ne s'ensuit nullement qu'il nous échappera toujours. La porte reste ouverte aux hypothèses
nouvelles, aux progrès de la science et, qui sait? à l'ex-

---

(1) *Études expérimentales sur le fluide nerveux et solution rationnelle
du problème spirite.* Paris, 1892.
(2) *Le Diable et les Médiums*, p. 10.

plication cherchée (1) ». En attendant, c'est toujours M. Surbled qui parle, cette explication ne se trouve ni dans la physique ni dans la physiologie.

De même pour la question des stigmates sacrés et de la *sueur de sang*. Les stigmates comme ceux qu'a reçus S. François d'Assise sont-ils surnaturels? La sueur de sang de Notre-Seigneur au jardin des Oliviers est-elle certainement un miracle? Sur ce dernier point des théologiens de marque (2) ont eux-même soupçonné qu'on pouvait y voir un effet de causes naturelles. Et, quant aux stigmates, la grande masse des médecins qui s'occupent aujourd'hui d'hypnotisme croient que l'imagination peut les produire. Cependant, déclare M. Surbled, en ce point fortement appuyé par le Dr Imbert Gourbeyre, « ni l'autographisme, ni l'hystérie, ni l'imagination n'expliquent la formation, le siège, l'écoulement sanguin périodique des plaies sacrées ». S'ensuit-il que les stigmates sont d'origine surnaturelle, divine ou diabolique? Non, dit-il, la question reste ouverte aux recherches et aux hypothèses de la science (3).

Voyons maintenant les arguments de ceux qui croient beaucoup plus large et plus évidente la part du démon dans les phénomènes de l'hypnotisme et du spiritisme.

Deux docteurs, auteurs de travaux importants, M. Hélot et M. Imbert Gourbeyre, ont répondu *ex professo* aux théories du P. Coconnier et de ses amis. Leurs arguments sont réunis par eux-mêmes dans deux opuscules dont nous donnons une très succincte analyse.

A « *l'hypnotisme franc* » du P. Coconnier le Dr Hélot oppose « *l'hypnotisme vrai* ». Or l'hypnotisme vrai n'est

---

(1) *Les frontières du surnaturel*, p. 13.

(2) Cf. Coconnier dans l'*Hypnotisme franc* citant saint Thomas, Suarez, D. Calmet etc. et Benoît XIV, p. 407-423.

(3) *Ibid*, p. 14.

Les conclusions du Dr Surbled et du P. Coconnier sont adoptées par M. Guibert, prêtre de Saint-Sulpice, par le Révérend Père de Touroude, prêtre de Picpus, etc. Voir leurs théories résumées dans l'opus-

pas le sommeil presque en tout semblable au sommeil naturel, pur de tout mélange, auquel, par accident, pourraient venir se mêler des interventions suspectes. En réalité « les phénomènes transcendants, la suggestion mentale, la vue transopaque, la télépathie, la divination etc., dont le Révérend Père et ses partisans voudraient faire une espèce à part, se sont fréquemment présentés d'eux-mêmes et d'emblée, quelquefois dès le début des opérations, et sont si bien mélangés aux symptômes ordinaires qu'on ne saurait invoquer une cause différente pour expliquer les uns et les autres ». Si ces phénomènes n'appartiennent pas essentiellement à l'hypnose, en ce sens que l'hypnose peut exister sans eux, ils n'en dépendent pas moins comme l'effet dépend de la cause. Ils sont un résultat accidentel si l'on veut, mais un résultat direct de l'hypnose, et ils en sont toujours accompagnés (1). »

Le fait caractéristique de l'hypnose, c'est la suggestion, et il n'y a là, assure-t-on, qu'une application spéciale d'une loi naturelle absolument générale : la suggestion que tout être raisonnable peut recevoir de son semblable. « Mais, répond M. Hélot, la suggestion hypnotique diffère absolument de la suggestion que nous connaissons tous. La suggestion naturelle n'a jamais été jusqu'à supprimer la mémoire, la conscience, le libre arbitre, la volonté. » *Ibid*, p. 24.

Vous dites que toute pratique hypnogène se ramène à la suggestion. Mais voici un docteur qui montre que l'hypnotisation s'applique à des animaux, à des enfants

cule de M. Janniard du Dot, *Où en est l'hypnotisme* (Bloud et Barral). Voir surtout l'abbé Gombault dans l'ouvrage cité plus haut, p. 480-525, où la question est traitée à fond. Cet auteur revendique avec raison, comme absolument surnaturel et échappant à toute explication scientifique, le fait des stigmates de sainte Catherine de Sienne, lesquels, invisibles pendant sa vie, comme elle l'avait demandé à N.-S., devinrent visibles à sa mort.

(1) P. 11-13.

à la mamelle incapables de subir une suggestion (1).

Peut-on appeler une suggestion naturelle celle qui produit chez les hypnotisés la catalepsie, la convulsion, des visions d'objets, d'individus, de lésions internes, ces prescriptions médicales que l'endormi se fait à lui-même, et qui déconcertent le médecin et réussissent quand même (2)? Comment expliquer tous ces phénomènes par l'imagination ?

Et d'où vient sur l'hypnotisé la puissance absolue, invincible, unique de l'hypnotiseur? Pourquoi, si elle est naturelle, ne garde-t-elle pas les caractères d'universalité, de nécessité, d'identité, de constance, qui accompagnent les lois de la nature (3)?

A la différence du somnambulisme naturel et des maladies nerveuses, même les plus bizarres, l'hypnotisme contredit souvent les lois naturelles de la physique, de la physiologie et de la psychologie : donc, lorsque le sommeil, la suggestion, le somnambulisme se compliquent de phénomènes inexplicables sans l'intervention d'êtres supérieurs à notre nature, il faut les considérer comme extra-naturels. Alors il faut avouer franchement que l'hypnotisme est diabolique? Oui, répond le docteur, puisqu'il faut déclarer « surnaturel tout fait exceptionnel absolument contraire à quelque loi connue de la nature, toute manifestation portant l'empreinte d'une force hiérarchique supérieure à celle dont nous disposons ».

Le P. Franco, qui a étudié ces questions dans plusieurs ouvrages et dans le plus grand détail, établit avec une grande netteté la part qu'il faut faire, selon lui, à la nature et au préternaturel dans les phénomènes hypnotiques. « Les phénomènes hypnotiques, dit-il, peuvent

(1) Le Dr Guermonprez au congrès internat. de l'hypnotisme, 1889, p. 27.
(2) Le doct. Hélot renvoie ici à un fait curieux observé par lui-même, *Névroses et possessions*, p. 88.
(3) P. 28.

être partagés, pour le moins, en deux classes. Il y a ceux qui sont contraires aux lois connues de la nature, c'est-à-dire contraires *dans leur nature intrinsèque ou dans leur substance,* et ceux qui sont contraires à ces mêmes lois, uniquement *dans la façon dont ils se produisent.* Les premiers, nous les croyons causés par des forces préternaturelles ou diaboliques. Nous n'oserions en dire autant des seconds. Aussi laissons-nous la chose dans le doute et les déclarons-nous suspects d'avoir une origine qui n'est pas naturelle (1). »

Parmi les premiers phénomènes le P. Franco signale, en les énumérant, ceux auxquels le Dr Hélot fait allusion, par exemple : la divination de faits libres impossibles à prévoir, la vue de faits naturellement cachés ; parler des langues inconnues de l'hypnotisé, voir à travers des corps opaques, etc. « Ces phénomènes, dit-il, nous les jugeons contraires aux lois naturelles connues, lois qui sont inviolables sans le concours d'une cause préternaturelle. »

Dans la seconde catégorie le P. Franco range les phénomènes qui, « *en eux-mêmes,* ne répugnent pas aux lois naturelles, parce que nous les voyons parfois apparaître spontanément, dans des circonstances données, spécialement dans des névropathies déterminées et dans les crises hystériques ». Toutefois « bien qu'ils paraissent naturels *dans leur substance,* ils ne semblent pas également naturels *dans la façon dont ils se produisent.* En effet, entre autres symptômes, ils se manifestent à la volonté de l'hypnotisme et disparaissent de même. Rien de moins conforme à la marche de la nature. On peut dire, au contraire, que rien n'y est plus diamétralement opposé (1) ».

C'est à ce point de vue que se place le Dr Imbert Gourbeyre lorsqu'il parle du pouvoir de l'imagination sur l'organisme. On va jusqu'à prétendre qu'elle pour-

____

(1) Franco, S. J., *La nouvelle théorie de la suggestion,* p. 120 et seq. Paris, Téqui, 1892. Le P. Franco renvoie, de plus, à son livre où il traite la question *ex professo* : *L'hypnotisme remis à la mode,* Paris, 1891.

rait avoir pour effet de provoquer les stigmates. Le docteur Imbert Gourbeyre, d'accord en ce point avec le docteur Surbled et le docteur Hélot, s'appuyant et sur les faits et sur les raisons physiologiques, le nie absolument. Et pourquoi, dit le docteur Imbert, si c'est l'imagination qui produit les stigmates, ce phénomène est-il resté inconnu pendant les douze premiers siècles de l'ère chrétienne? N'avait-on donc jamais médité sur la passion avant saint François d'Assise? Il faut en dire autant des sueurs de sang. Enfin cette double personnalité qui se manifeste souvent dans les crises hypnotiques, comment en expliquer tous les phénomènes, si on refuse d'aller jusqu'au bout, c'est-à-dire jusqu'à y voir la possession diabolique, telle que la constate et la décrit le Rituel Romain?

Nous n'avons pas ici la prétention de mettre en tout point d'accord les deux opinions, ou, pour mieux dire, les deux tendances opposées. En ce qui concerne l'hypnotisme, le P. Coconnier a exposé avec ampleur les arguments présentés de part et d'autres, et nous renvoyons à son ouvrage (1). Il suffit, pour l'objet que nous nous proposons dans cet écrit, de constater ce point : c'est que des deux côtés, on admet la possibilité, et la réalité quelquefois constatée, de l'intervention démoniaque dans les phénomènes de l'hypnose, et que c'est assez pour justifier les décisions de l'Église, lorsqu'elle prémunit ses enfants contre les pratiques du magnétisme et de l'hypnotisme. A l'adversaire le plus résolu du système « du bloc », au docteur Surbled. nous emprunterons ses conclusions, sans rien exiger davantage pour notre thèse. Ces conclusions, les voici :

« Ce qui est probable, c'est que les deux explications en présence rendent compte respectivement de certains cas, c'est que les tenants du surnaturel ont parfois rai-

_____

(1) *L'hypnotisme franc*, p. 136-241.

son, sans que leurs adversaires aient absolument tort.
Le plus souvent, la prestidigitation et le charlatanisme
arrivent, avec les seules ressources de la nature, à faire
tourner ou parler les tables, mais quelquefois l'action
diabolique préside à l'opération et lui donne un caractère
nettement surnaturel, magique et malfaisant (1). »

A l'appui de cette dernière affirmation on peut citer
ce que nous lisons dans la vie du curé d'Ars. A une possédée qu'exorcisait le saint curé, quelqu'un demanda :
« Qu'est-ce qui fait tourner les tables? Le démon répondit : C'est moi : le magnétisme, le somnambulisme,
tout cela c'est mon affaire (2). »

On a vu que nous avons été amené par notre sujet à
rapprocher l'hypnotisme du spiritisme. C'est qu'en effet
les deux phénomènes, quoique distincts, ont, dans la
pratique, de grandes affinités. Les médiums qui arrivent
aux résultats les plus extraordinaires reproduisent les
états les plus caractérisés de l'hypnose. C'est ce qu'ont
pu constater les expérimentateurs de toutes les écoles.
C'est notamment ce que met en lumière le fameux chef
de l'occultisme en France, le D' Papus.

Dans un écrit spécial où il étale les merveilles du
périsprit et du corps astral, cette clef, selon lui, de tous
les phénomènes surnaturels, il établit un intéressant
parallèle entre les médiums des spirites et les sujets hypnotisés; il fait voir comment on passe naturellement
de l'hypnotisme au spiritisme, et comment certains phénomènes sont communs à l'un et à l'autre : par exemple
les extases ou états de transe, pendant lesquels le médium, perdant conscience de lui-même, reçoit une seconde

(1) Surbled, *Les frontières du surnaturel*, p. 12; et *La vie psycho-sensi-
ble*, p. 250-251.

(2) *Vie du curé d'Ars*, I, 440. Il nous semble qu'on pourrait concilier les
deux tendances opposées en disant que l'hypnose, le spiritisme, le somnambulisme sont, pour ainsi dire, les bouillons de culture du préternaturel diabolique; mais il y a parfois des bouillons de culture où il n'y
a rien.

personnalité qui le fait parler, prophétiser, voir à distance : tous faits que Papus explique par ses théories du
corps astral et du périsprit, mais que n'explique aucune
loi naturelle (1).

C'est sur ces phénomènes transcendants de l'hypnose
recherchés et cultivés par les occultistes, que se fondent
les adversaires de l'hypnotisme pour l'envelopper dans
les mêmes condamnations que le spiritisme.

II

Abordons maintenant une autre partie du problème :
ce n'est pas seulement la limite entre le naturel et le surnaturel qui est difficile à marquer; il y a encore à discerner celle qui sépare le surnaturel divin du préternaturel
ou du surnaturel diabolique.

L'Écriture sainte nous a révélé que le démon, dont la
prétention éternelle est de supplanter Dieu et de se faire
adorer à sa place, a le redoutable pouvoir de se transfigurer en ange de lumière. Comme il fait de faux miracles qui s'adressent à des âmes saintes, pour les séduire,
il confirme de fausses saintetés par de fausses visions,
par des extases menteuses. Rien n'est plus constaté,
rien n'est plus célèbre, dans les histoires les plus authentiques des plus grands saints, que l'intervention des
puissances infernales.

S'agit-il d'une âme pieuse que le démon veut séduire?
Tout naturellement il s'adressera à elle sous de saintes
apparences, seul moyen de la tromper.

S'agit-il au contraire d'une âme dont il est déjà maître
et dont il veut se servir pour séduire des âmes fidèles?
L'hypocrisie de sa malheureuse victime empruntera à

____

(1) Papus, *Considér. sur les phénomènes du spiritisme*. Broch. in-8°,
1899.

son séducteur les dehors les plus édifiants, quelquefois le don d'accomplir les prestiges les plus authentiques. Les faits qu'on pourrait citer dans ces deux sens sont nombreux, et nos jours mêmes en ont offert plus d'un exemple. Bornons-nous, sur ce point, à renvoyer le lecteur à deux articles importants de Mgr Méric, dans la *Revue du monde invisible* (1). On y verra les trois formes différentes que peuvent revêtir les rapports avec le démon transfiguré en ange de lumière.

D'abord c'est la bonne foi entière de l'extatique ou de la stigmatisée, mais que son humilité et son obéissance éclairent et préservent de toute chute.

Ensuite c'est la connivence de l'âme séduite avec le démon qui, d'accord avec elle, produit les prestiges qui font croire à sa sainteté. Tel est le cas célèbre et souvent cité d'une religieuse franciscaine espagnole, Madeleine de la Croix, dont la vie, pendant trente-huit ans, ne fut qu'une série de prodiges, lesquels avaient trompé, non sur leur réalité, mais sur leur origine et sur leur but, les plus savants théologiens.

Enfin, il y a tels phénomènes complexes où le divin, le préternaturel, l'humain semblent se confondre de telle sorte qu'ils restent indécis, et qui, aussi longtemps que l'Église n'a pu rendre une décision, restent livrés aux recherches des théologiens, des philosophes et des savants. Tel est, par exemple, le fait récent des apparitions de Tilly sur lequel nous reviendrons tout à l'heure.

Parmi les phénomènes ambigus que le démon a le pouvoir de produire il faut citer, outre les stigmates et les lévitations, les communions surnaturelles. Si je cite ce dernier fait c'est pour en avoir été moi-même le témoin oculaire. Que le lecteur me permette de transcrire ici des notes écrites le jour même, et qui sont la reproduction

(1) N^{os} du 15 septembre et du 15 octobre 1899, art. intitulé *Le faussaire de Dieu*. Le fait tout récent, cité par l'auteur et arrivé dans le diocèse d'Autun, est à notre connaissance personnelle.

exacte de ce que j'ai vu, et pensé à cette occasion.

C'était le vendredi, 6 octobre 1882.

« Je viens de visiter l'extatique stigmatisée Marie Julie du village de la Fraudaye, près de Blain (au diocèse de Nantes); j'ai constaté là, par mes yeux, des faits bien étranges. Ces faits sont-ils surnaturels ou non? Appartiennent-ils au surnaturel divin ou au surnaturel diabolique? La question n'est pas tranchée à mes yeux. Mais les faits que j'ai vus sont certains. J'ai vu et touché les stigmates; j'ai vu et touché l'anneau mystique (1). J'ai vu autour du front de Marie Julie les traces de la couronne d'épines. Mais ce qu'il y a de plus incroyable, à quoi je ne m'attendais nullement, j'ai vu de mes yeux et de tout près, — je touchais presque l'extatique — une communion surnaturelle. Au milieu de son extase, où elle croyait assister à la Passion, et où elle décrivait tout haut, avec une éloquence singulière, depuis près de deux heures, tout ce qu'elle voyait, elle s'est arrêtée tout à coup, et, à genoux, a fait sa préparation à la communion, comme les personnes pieuses la font à l'église; elle a récité son *Confiteor*, les actes avant la communion, s'est frappé la poitrine, en disant la prière *Non sum dignus*, a ouvert légèrement la bouche à deux reprises différentes, la langue appuyée sur sa lèvre inférieure, comme pour communier. Je me persuadais que c'était un pur simulacre commémoratif. Mais quelle ne fut pas ma surprise lorsque, la troisième fois qu'elle ouvrit la bouche, je vis instantanément, très distinctement, une hostie parfaitement formée, sèche, en tout semblable à celles qu'on donne aux fidèles, apparaître sur sa langue. Tout le monde a pu la voir (nous étions douze personnes présentes), mais personne aussi bien que moi, qui étais tout près, et qui aurais pu toucher l'hostie, en étendant mé-

(1) C'est un anneau de couleur de sang, comme les stigmates, incrusté dans la peau, que l'extatique portait au doigt annulaire, comme un signe surnaturel de son union avec le divin crucifié.

diocrement la main. Après l'avoir reçue, l'extatique a entr'ouvert la bouche et j'ai vu l'hostie commencer à s'hu-
mecter et à fondre sur sa langue. Après qu'elle l'eut
avalée, elle resta quelque temps immobile et silencieuse
dans un recueillement profond. Puis l'extase reprit son
cours. »

Ce que j'ai vu de si près et comme touché ne saurait
se confondre avec une hallucination. Aucune préoccupation quelconque n'y avait préparé mon esprit, et, de
toutes les personnes présentes, la plus surprise ce fut
certainement moi-même.

Mais ai-je été témoin d'un phénomène vraiment divin,
d'un miracle? C'est ce que le jugement de l'Église seul
pourrait décider. L'Église posera-t-elle la question un
jour? Peut-être, s'il arrivait que la canonisation de l'extatique vînt à être demandée. En attendant une seule
chose paraît certaine, puisque, dans le cas cité, toute supercherie était impossible : c'est que le fait se refuse à
toute explication scientifique (1).

Il en faut dire autant, jusqu'à nouvel ordre, des apparitions de Tilly. On connaît le fait : la sainte Vierge
aurait apparu, nombre de fois, à des multitudes. Un savant chanoine de Paris, l'abbé Brette, a écrit sur les
faits de Tilly une consultation théologique (2) que j'ai
sous les yeux et où je lis : « Ou il faut cesser de regarder
la preuve par témoins comme un moyen de certitude, ou
il faut admettre comme évidente la certitude des phénomènes de Tilly » (p. 20). Il ne saurait y avoir là une de
ces hallucinations collectives dont il a été question plus

____

(1) Le Dr Imbert Gourbeyre, témoin comme moi du même fait, à deux
reprises différentes (voir son livre sur la *Stigmatisation*, II, 429), conclut
comme moi : « Il peut y avoir de ces communions d'origine diabolique...
Quant aux libres penseurs... ils ne peuvent en faire un argument contre
la réalité des communions miraculeuses, le fait restant toujours extra-
naturel, quelle qu'en soit l'origine » (*ibid.*, p. 425).

(2) Brette, *Les apparitions de Tilly, consultat. théologique*. Br. in-8 de
67 pages, Paris, Téqui, 1897.

haut. Car la certitude de ces apparitions, dit M. Brette, est démontrée par des faits externes, authentiques et constatés par de nombreux et sérieux témoignages.

De cette authenticité objective des apparitions, voici la preuve la plus curieuse : c'est la reproduction, sur les yeux des extatiques, des images de la sainte Vierge qui étaient en ce moment l'objet de leur vision. Ce fait si extraordinaire et si démonstratif, parce qu'il exclut l'hallucination, est consigné dans un rapport cité *in extenso* par M. Brette, et dont je copie les passages principaux. L'auteur est un pharmacien honoraire, M. Lance-Briand, qui écrivait à un de ses amis, ce que je transcris :

« J'ai toujours été un peu sceptique au sujet des miracles, et, sans être, comme vous le dites, un « monstre » d'incrédulité, j'ai toujours essayé d'expliquer, en m'appuyant sur les lois de la nature et sur la raison, les faits dits surnaturels qui m'étaient affirmés par des personnes dont je ne pouvais nier la bonne foi et l'intelligence. »

C'est en se fondant sur ces principes, parfaitement raisonnables, que l'auteur de cette lettre affirmait, contre ceux qui prétendaient avoir vu l'œil d'une des voyantes refléter une image de la sainte Vierge, dont ils donnaient les moindres détails, que « la reproduction de l'apparition reflétée dans l'œil était matériellement impossible, puisque l'image n'était visible que pour la voyante ». En d'autres termes, la voyante, comme toutes les hallucinées, devait se représenter un objet purement imaginaire et par cela même visible à elle seule, et nécessairement invisible à tout autre, comme dépourvu de toute objectivité.

Il n'y avait qu'un moyen pour l'auteur de l'objection de la confirmer irréfutablement, c'était de voir par lui-même : ainsi fit-il. Or voici ce dont il fut témoin. Écoutons-le lui-même :

« Je vis le regard de la voyante se fixer, son visage

prendre l'expression de désir et de bonheur qu'elle a dans ses extases. Quoique de très près... je suivais avec ma lorgnette les moindres mouvements de sa physionomie et ne cessais de regarder ses yeux... et je vis, au milieu d'une niche... une petite statuette de Vierge qu'on eût dit être en émail. La forme en était élégante, les plis de la robe tombaient harmonieusement; autour de la tête, que je voyais moins distinctement, scintillaient des points lumineux comme des reflets de jais... J'ai pu contempler ce phénomène assez longtemps pour être absolument certain de n'avoir été le jouet d'aucune illusion... »

Et l'auteur, quoique toujours un peu sceptique, conclut ainsi :

« Comme conclusion, tout en n'abandonnant pas mon opinion sur les faits extraordinaires, dits miraculeux, avant tout narrateur fidèle, je dois avouer qu'il s'est produit, devant moi, un fait surnaturel qu'aucun raisonnement scientifique ne peut expliquer. Comment, en effet, une image immatérielle, qu'elle soit objective ou subjective, peut-elle être réellement vue par quelques privilégiés et être en même temps invisible pour les autres? Comment enfin cette même image, invisible pour les personnes présentes, peut-elle être reflétée dans les yeux d'une voyante, comme dans un miroir, et être parfaitement vue par un certain nombre de ces mêmes personnes, aux convictions bien différentes. C'est pourtant ce que j'ai vu (1). »

Voilà donc un fait absolument constaté et absolument en contradiction avec les lois naturelles; mais ce fait est-il un fait divin, un miracle ou un prestige satanique?

L'abbé Brette conclut nettement en ce dernier sens.

____

(1) Let. de M. Lange-Briand, pharmacien honoraire, du 27 septembre 1897, — reproduite dans le journal *la Vérité*. — Brette, p. 20-22.

Les raisons en sont développées longuement dans sa consultation. D'autres théologiens sont d'avis contraire. Il y a enfin une opinion mixte, savoir que, s'il y a des faits divins dans les apparitions de Tilly, il s'y est mêlé des phénomènes qui ne sauraient l'être et qui, sous l'action des démons, sont entachés de superstition et de supercherie. Chacune de ces interprétations peut se soutenir. Mais des faits de Tilly nous ne voulons retenir que ce que tout le monde accorde et ce qui suffit à notre thèse : savoir que ces faits sont certains et qu'ils résistent, en des détails essentiels, à toute explication scientifique.

Mais ici on voit de près les complications que présentent plus d'une fois les phénomènes préternaturels les plus avérés : complications dont les adversaires tirent souvent des objections spécieuses contre leur réalité. On se trouve, en effet, en présence, dans un même fait, de trois facteurs différents qui, tous, concourent au but que se propose l'ennemi des hommes : d'abord l'action satanique qui donne le branle, ensuite les forces naturelles dont elle dispose avec une science et une puissance qui dépassent de beaucoup les nôtres, enfin la supercherie : car ce n'est pas en vain que le démon a été appelé par la vérité même le père du mensonge. Si donc, dans un fait présenté comme préternaturel, vous signalez l'action d'éléments naturels ou humains, il ne s'ensuit nullement que la chose n'est pas satanique. Ainsi quand un médecin aura constaté, par exemple, dans un possédé, tous les symptômes d'une maladie réelle, comme l'épilepsie ou l'hystérie, il ne s'ensuit nullement que l'action du démon soit absente. On a constaté maintes fois que des femmes hystériques, dont la maladie est absolument constatée, ont une incroyable tendance au mensonge et trompent jusqu'à leur médecin. S'ensuit-il que la maladie ne soit pas réelle? Personne ne le dira. De même, supposez qu'à Tilly ou ailleurs on ait constaté que telle prétendue voyante ait abusé de la crédulité de quelque bonne âme, qu'est-ce que cela prouve contre la réalité d'ailleurs constatée du phénomène? Au théologien et au savant de faire le discernement.

Cette remarque s'applique, dans une certaine mesure, au fait divin, au miracle proprement dit lui-même. Là, nulle intervention du démon; nulle simulation, nul mensonge. Mais l'action divine qui s'y révèle ne supprime pas nécessairement l'action des lois naturelles dont elle s'empare, pour les faire concourir à ses fins.

« Le bon sens et la tradition théologique, écrit le P. de la Barre, nous disent que Dieu ne s'est pas interdit le concours instrumental des causes secondes. Jusque dans la guérison (miraculeuse) d'une plaie, nous pouvons reconnaître ce que le physiologiste appelle parfois *la nature médicatrice*. Le pouvoir plastique qui reproduit l'être vivant, son type et son moule primitif peut, tout à la fois, être miraculeux et contenir des traces de l'activité naturelle... Que la cicatrisation soit progressive en certain point; qu'elle laisse après elle toutes les traces de soudure plus ou moins parfaite, ordinairement consécutives aux cicatrisations d'ordre naturel... Qu'est-ce que tout cela prouve, sinon le rôle joué dans toute guérison, par des activités naturelles subordonnées à des causes adéquates du fait miraculeux (1)? »

Résumons tout ce qui précède.

Tout le monde convient qu'il est parfois difficile de tracer d'une manière exacte la frontière du surnaturel. Disons seulement que là où elle reste indécise, rien n'est plus large que le champ laissé par l'Église aux hypothèses des savants et des théologiens. Autant elle met de fermeté à affirmer le surnaturel, autant sa légitime défiance prend de précautions pour ne l'affirmer qu'à bon escient.

(1) De la Barre, S. J., *Faits surnaturels et forces naturelles.* Br. in-18, chez Bloud et Barral, 1899, p. 15.

Aussi pouvons-nous voir, sans aucune appréhension, des savants de bonne foi chercher l'explication scientifique de faits qui, pour un grand nombre, également de bonne foi, paraissent au-dessus de la nature. Dans l'étude de ces questions difficiles « il y a, dit M. Brette, des certitudes scientifiques qui éclairent le chemin et elles s'étendent tous les jours. Il est démontré, par exemple, aujourd'hui que le sommeil hypnotique est en lui-même un fait purement naturel ; il est déjà vraisemblable que les mains rangées en chaîne sur une table dégagent un fluide capable de la faire tourner (1) ». Plusieurs expérimentateurs des plus sérieux, des médecins éminents et fort catholiques sont de cette opinion.

Quant au langage des tables tournantes, lorsque, comme on l'a constaté plusieurs fois, il n'est que le reflet ou la reproduction des pensées du médium ou d'une assistance prédisposée à tout croire, il n'est pas absolument impossible que des causes naturelles, parmi lesquelles l'imagination tient la première place, rendent raison de ce phénomène.

Parlerai-je enfin de la *télépathie*, de la double vue, des communications à distance, dont le célèbre livre des savants anglais, *Fantômes des vivants*, offrent tant d'exemples? De savants théologiens ont cru être sur la voie d'une explication naturelle en se fondant sur certains principes empruntés à la philosophie de saint Thomas. Avouons toutefois que leur théorie est loin d'être satisfaisante (2)!

Mais, si loin qu'on veuille reculer les frontières du surnaturel, soit divin soit diabolique, il n'en reste pas moins

(1) Voir dans la *Rev. du Monde invisible*, 13 juin 1898, un long article du Dr Surbled où il étudie les systèmes du Dr Liébault, de l'abbé Gayraud, de M. de Rochas ; sa conclusion est que jusqu'ici le mystère de la télépathie reste impénétrable, mais qu'il ne faut pas désespérer d'en trouver l'explication naturelle. Voir également le P. de la Barre, S. J., *Faits surnaturels et forces naturelles*, p. 27 — V. aussi Gombault, *op. cit.*, toute la Ve partie, pag. 535 et suiv.

(2) *Consult.* sur *Tilly*, p. 20.

une somme de faits parfaitement constatés par l'expérience, et par là même aux yeux de la raison et de la science parfaitement certains, et en même temps absolument irréductibles à l'ordre naturel. M. Brette, si libéral à l'égard des prétentions de la science, n'en est pas moins dans le vrai, quand il fait remarquer que, s'il est vraisemblable que l'hypnotisme n'a rien de préternaturel en soi et que le mouvement des tables peut à la rigueur s'expliquer par le dégagement d'un fluide humain, « il y a loin de là à faire parler (disons même raisonner savamment) cette même table, ce qui révèle évidemment la présence d'un esprit étranger, ou à faire prédire l'avenir contingent par un hypnotisé, ce qui dépasse absolument le pouvoir de l'esprit humain (1) ».

Quand un homme, comme le savant Saulcy, membre de l'Institut, vient attester que des leçons d'arabe ou de sanscrit lui ont été données par une table, sous l'influence d'un médium qui n'en savait pas le premier mot (2); quand en présence d'un fakir indien, endormi du sommeil des esprits, — ce qui ressemble trait pour trait aux transes de nos médiums spirites, — on voit sortir, en deux heures, d'une graine mise dans un pot de terre un arbuste complet (3), contrairement à toutes les lois de la germination des plantes; quand un savant européen, comme M. Crookes, atteste avoir vu longuement, sous ses yeux défiants et prévenus, exercés à à toutes les expériences de la physique, les lois de la pesanteur, de l'impénétrabilité des corps, de la statique violés capricieusement, il est clair, premièrement, que la cause quelconque qui produit de tels effets ne

(1) Brette, *Consult.*, p. 20.
(2) Let. de M. de Saulcy à M. de Mirville, citée par le Dr Hélot, *Névroses et possession*, p. 353.
(3) Dr V. Gibier, *Fakirisme*, p. 127. — V. plus haut les expériences de M. Crookes et d'Acksakoff.

rentre dans aucune catégorie des forces jusqu'ici
constatées par la science. Secondement, s'il est vrai,
comme cela est certain, que les lois de la nature sont
constantes, universelles, harmoniques entre elles, —
fixité qui est la condition *sine qua non* de la science,
— il n'est pas moins sûr qu'elles n'y rentreront jamais,
quelles que puissent être d'ailleurs les « pistes » nouvelles sur lesquelles ont été mis nos savants, par les plus
récentes et les plus merveilleuses découvertes de la physique expérimentale.

Quelle que puisse donc être l'étendue des forces encore inconnues de la nature, à quelques limites qu'elles
puissent jamais atteindre, on peut affirmer sans crainte
que les phénomènes préternaturels, constatés par des témoignages et des expériences irréfragables, conserveront
toujours la valeur d'un argument de haute valeur en
faveur de la doctrine de l'Église, contre les doctrines matérialistes de la science athée. La thèse favorite de Renan
qu'on n'a jamais constaté l'intervention d'une volonté libre, excepté celle de l'homme, dans la trame des faits
humains, toujours contredite par l'Église, se trouve renversée de nos jours par la science elle-même : d'où il
suit, comme il l'avait dit lui-même, que « tout son livre
sur Jésus-Christ, c'est-à-dire sur tout le Christianisme,
n'est qu'un tissu d'erreurs ».

CHAPITRE XV

Les devoirs et les droits de la science en présence des faits surnaturels. — Conclusions.

Il est temps d'arriver à nos conclusions. Résumons d'abord les résultats de cette étude.

Nous nous étions promis de faire voir, non par des raisonnements de théologien ou de philosophe, mais au moyen de faits admis par des savants libres penseurs, l'inanité de la thèse rationaliste ainsi formulée par Renan : « La négation du surnaturel est devenue un dogme absolu pour tout esprit cultivé. »

Or nous l'avons vu : s'il est vrai, comme la chose est certaine, que la science repose sur l'observation, cette négation ne peut plus être regardée comme un dogme absolu ; car il y a des faits constatés par la science expérimentale, qui sont en contradiction formelle avec les lois les plus avérées de la nature : pesanteur, impénétrabilité des corps, inertie de la matière, etc., « faits absurdes », dit très bien M. Richer (1), mais faits scientifique-

(1) « Faits que je ne crains pas de qualifier d'*absurdes, bien plus absurdes que tout ce qu'on peut rêver*. Et cette absurdité est si grande que ce n'est pas une des moins bonnes preuves (morales) de la réalité de ces phénomènes que cet excès de bêtises, tel qu'on a peine à comprendre qu'elles aient été forgées et construites de propos délibéré. Mais la question n'est pas de savoir si les faits sont absurdes, ce qui n'est pas douteux, il s'agit seulement de savoir s'ils existent. » Et plus bas, tout en refusant sa pleine adhésion à la réalité des faits qu'il a vus et palpés, tant ils sont « *un bouleversement de toute la pensée humaine* », il déclare que les preuves qu'il en a « *seraient bien suffisantes pour une expérience*

ment certains qu'on ne peut nier sans nier la science elle-même, sans mettre en doute, dit très bien J. Simon, et avec lui tous les savants, à commencer par Claude Bernard et à finir par Renan lui-même, la fixité des lois de la nature qui est la condition essentielle, le postulat nécessaire de tout fait scientifique.

« Le miracle, écrivait Renan (et n'oublions pas que par là Renan désigne surtout les faits du spiritisme), le miracle est un fait tel que la science n'en a jamais constaté. Entre le christianisme et la science la lutte est donc inévitable, l'un des deux adversaires doit succomber. »

Or l'observation des savants a justement saisi la réalité de ces faits étranges, illusoires, selon Renan, sur lesquels, selon le même Renan, tout le christianisme repose. Que devient donc cette lutte soi-disant nécessaire entre le christianisme et la science? Le christianisme est une réalité, la science en est une autre : ces deux réalités n'ont aucune raison de s'exclure, puisque l'une et l'autre reposent sur des faits certains.

« On voit de nos jours, dit Renan, des personnes honnêtes, mais *auxquelles manque l'esprit scientifique*, trompées d'une façon durable par les chimères du magnétisme et bien d'autres illusions. »

Autant dire que « l'esprit scientifique », tout entier concentré en Renan et son école, manque aux savants les plus en vue de ce temps, en Angleterre, en Allemagne, en Amérique, en Italie, en France même, lesquels attes-

de chimie » (*Ann. des sciences psychiques*, janvier-février 1893; *Expériences de Milan*, p. 2, 27, 30, à Paris, chez Alcan). Il faut ajouter que les savants présents aux expériences de Milan, Acksakoff, Schiaparelli, Finzi, etc., moins difficiles que M. Richer, croient que les preuves requises pour une « expérience de chimie » suffisent aussi pour les phénomènes spirites. D'ailleurs on peut voir, par les écrits de Crookes, Gibier et autres, que les expériences de Milan ont été mille et mille fois répétées, sans parler des phénomènes encore plus antiscientifiques, ou plus « absurdes », comme dit M. Richer, compulsés dans le gros volume d'Acksakoff, *Animisme et spiritisme.*

tent, pour les avoir observés, les faits extra-naturels dont nous avons parlé.

Mais voici le point capital qui, s'il était établi, trancherait tout à fait la question en faveur de Renan. Il affirme, à maintes reprises, qu'on ne trouve pas trace dans l'histoire d'une intervention quelconque *« d'une volonté particulière et réfléchie »* en dehors de celle de l'homme.

Or l'intervention de causes intelligentes et libres (je ne dis pas sages et bienfaisantes), dans les phénomènes spirites, on ne saurait trop le redire, est le fait à la fois le plus déconcertant et le mieux constaté, par l'*unanimité* des savants qui ont étudié la question. Voici les propres paroles du savant Acksakoff, dans la préface du livre cité plus haut où, cherchant la cause des phénomènes spirites, il exclut précisément toute cause surnaturelle. « Si, dit-il, le spiritisme n'offrait que des phénomènes physiques et des matérialisations *sans contenu intellectuel,* nous aurions dû logiquement les attribuer à un développement spécial de l'organisme humain, et même le phénomène le plus difficile à classer, la pénétration de la matière, nous serions forcés de le ramener, en vertu de ce même raisonnement, à la puissance magique que notre volonté, à l'état de surexcitation exceptionnelle, exerce sur la matière.

« Mais, étant donné que les phénomènes physiques du *Médiumnisme* sont *inséparables* de ces phénomènes intellectuels, et que ces derniers nous obligent, par la force de cette même logique, à reconnaître, pour certains cas, l'*existence d'un tiers agent en dehors du médium,* il est naturel, logique, de chercher également, dans ce tiers agent, la cause de certains phénomènes d'ordre exceptionnel. Ce troisième facteur existant, il est évident qu'il se trouve en dehors des *conditions de temps et d'espace qui nous sont connues, qu'il appartient à une sphère d'existence supra-terrestre ;* nous pouvons donc supposer,

sans pécher contre la logique, que ce troisième facteur
possède sur la matière un pouvoir dont l'homme ne dispose pas. »

Voilà donc bien des causes « intelligentes, libres, supra-terrestres » manifestant, en ce bas monde, en dépit
de Renan, l'intervention « d'une volonté particulière et
réfléchie ». Qu'importe, après cela, que les Gibier, les
Lombroso, que M. Acksakoff lui-même contestent à ce
tiers agent « intelligent et libre et doué d'une existence
supra-terrestre » sa qualité d'esprit, de peur de se brouil-
ler avec le matérialisme du jour? Il n'y a là qu'une question de mots, et quiconque voudra parler français sera
forcé d'appeler « esprit » des êtres supra-terrestres, ayant
la liberté, l'intelligence, mais, tout au moins, dénués de
corps semblables aux nôtres et privés, pour agir ici-bas,
du concours d'un corps qui leur appartienne.

Mais l'intervention de ces volontés intelligentes, que
nous continuerons d'appeler des esprits, de quelle région
vient-elle jusqu'à nous? Du ciel, de la terre ou des enfers?

Qu'elle vienne du ciel, c'est ce que, chrétiennement,
nous croyons impossible, et, parmi les spirites eux-
mêmes, bien peu, à l'heure qu'il est, partagent l'opinion
des premiers adeptes de la secte. Nous en avons dit plus
haut les raisons.

Tout autre est la popularité de l'opinion qui attribue
ces communications aux âmes des morts, aux âmes désincarnées, comme ils disent. Mais les spirites un peu
sérieux, tout en déclarant la chose possible, reconnaissent qu'elle ne peut pas être prouvée, la preuve étant
mille fois faite du peu de véracité des esprits.

Est-ce enfin à des intelligences bienfaisantes que nous
avons affaire?

Les bienfaits quelconques, résultat de ces manifestations, sont encore à trouver : quant aux méfaits, nous
l'avons vu, ils sont constatés, ils sont innombrables, et
les opérations des esprits évoqués, ne fussent-elles pas

ridicules, inutiles, bouffonnes, suffiraient à justifier les anathèmes de l'Église qui proscrit tout commerce avec eux.

L'Église, elle, aux yeux mêmes des rationalistes, est autorisée à confondre les manifestations des spirites avec celles qu'elle attribue aux démons, puisque ces manifestations, dans tout ce qu'elles ont de constatable par les yeux et les oreilles, ont une ressemblance surprenante, laquelle va souvent jusqu'à l'identité, avec les faits qualifiés par elle de sataniques dans tous les temps, depuis l'origine de la religion jusqu'à nos jours.

Ce qui rend l'Église particulièrement affirmative en cette matière, c'est qu'elle offre à l'étude, à la méditation, aux yeux de tous, d'autres phénomènes également en contradiction avec les lois naturelles, attestant aussi bien l'intervention d'intelligences supra-terrestres, libres, différentes de la nôtre, mais douées de caractères tels qu'elle ne peut être attribuée qu'à des agents aussi bons, sages et bienfaisants qu'ils sont puissants : cette intervention, c'est celle du miracle, celle du surnaturel divin.

Voilà toute une série de faits absolument certains, pleinement démontrés. En présence de ces faits, quelle doit être l'attitude de la science incrédule lorsqu'on fait appel à sa bonne foi?

Le premier devoir du savant de bonne foi, c'est d'écarter la thèse favorite des rationalistes : le surnaturel est impossible. A l'égard d'une science incapable d'entendre les arguments des théologiens, faute de daigner les écouter, le surnaturel, pour se prouver, a fait comme le philosophe devant qui on niait le mouvement : Il a marché. Que ce surnaturel, enfin remarqué par les savants, ne soit pas celui que l'Église encourage, mais au contraire celui qu'elle proscrit, qu'importe? Il y a là un fait : donc une réalité dont le savant doit tenir compte, et sa première démarche doit être de l'examiner. Un sa-

vant qui répudie *a priori* l'examen d'un fait quel qu'il soit,
parce que ce fait contredit son système, n'a plus droit au
titre de savant. C'est un sectaire : rien de plus.

Or cet examen, hier encore, les savants s'y refusaient
a priori : tout ce qui sentait le magnétisme était illusion
ou supercherie, objet de superstition, non de science.
Ce dédain, peu scientifique, paraît s'affaiblir : il faut en
louer les savants d'aujourd'hui.

Mais cet examen ils l'ont abordé avec des idées préconçues. De peur de paraître pencher vers le surnaturel
religieux, ce banni sans jugement de toute science
officielle, ils ont écarté *a priori* la vraie solution. Il leur
faut, de tout fait constaté, trouver une explication qui
rentre dans les lois de la nature; ils aspirent à faire des
phénomènes *extranaturels,* inexpliqués, quels qu'ils
soient, un nouveau chapitre de la physique ou de la chimie de l'avenir; pour eux toute « force non définie »,
comme ils s'expriment, est une force de l'ordre naturel :
à tout prix il faut l'y faire rentrer.

C'est notamment la prétention explicite du Dr Gibier,
et du plus récent des auteurs, qui s'efforcent de pénétrer
dans son fond le mystère du préternaturel spirite, M. de
Rochas. Écoutons M. Gibier qui a le tort de se poser
partout comme ennemi de toute religion révélée. Après
avoir montré que les phénomènes spirites, dont il a démontré l'absolue réalité et qui, selon lui, ont porté le
coup le plus sérieux aux métaphysiciens matérialistes,
semblent se confondre avec ceux que, de tout temps, ont
connus les fakirs de l'Inde, il ajoute :

« Est-ce à dire que les prêtres de Brahma devront un
jour prendre possession de nos églises chrétiennes, pour
en faire des pagodes consacrées au culte de l'humanité
posthume? Non, non ; nous avons foi dans la science et
nous croyons fermement qu'elle débarrassera à tout
jamais l'humanité du positivisme de toutes les espèces
de brahmes, et que la religion, ou plutôt la morale, de-

venue scientifique, sera représentée, un jour, par une section particulière dans les Académies des sciences de l'avenir. »

Écoutons maintenant M. de Rochas, le savant dont les expériences retentissantes tendent à prouver les phénomènes curieux de l'extériorisation de la sensibilité et de la motricité. Lui-même il a constaté les faits les plus étonnants du spiritisme. Il admet notamment que certains phénomènes de matérialisation ne peuvent s'expliquer que par « une *entité intelligente, d'espèce inconnue* », différente de celle du médium. « Ma pensée, dit-il, est que l'étude complète des phénomènes psychiques réclame la revision de trois sciences : la physique, la physiologique et le *spiritisme* », cette dernière ayant pour objet précisément l'étude de cette intelligence mystérieuse qui vient se mêler si capricieusement à des phénomènes d'ordre physique ou physiologique. » Il ajoute, comme ne doutant pas que des faits d'intelligence puissent émaner des forces fatales de la nature : « Nous savons que tous les phénomènes de la nature se relient entre eux par des transitions insensibles, *Natura non facit saltum*, mais la barrière qui sépare les deux mondes (spirituel et matériel) peut tomber graduellement, comme beaucoup d'autres barrières, et nous arriverons à une perception plus élevée de l'unité de la nature. Les choses possibles dans l'univers sont aussi infinies que son étendue (1). »

Non, quelque infinies que soient les choses possibles dans l'univers, il y a une chose qui est impossible à Dieu même, à plus forte raison aux savants : c'est le contradictoire. Dieu peut associer l'esprit à la matière; il l'a fait dans l'homme; mais il ne peut pas faire sortir l'esprit de la matière, la liberté de la fatalité, ni donner à

____

(1) *Rev. du Monde invisible*, 15 mai 1895, p. 735-736. Voir aussi *ibid.*, n° du 15 nov., un exposé, par M. de Rochas, d'une série de faits spirites absolument probants de l'intervention d'une volonté intelligente dans la production des phénomènes.

l'animal la faculté de raisonner. S'il est vrai que la nature, dans ses organismes, procède par des transitions insensibles ; si la savante hiérarchie, qui fait la beauté de cet univers, n'est pas toujours facile à saisir, dans les nuances innombrables que présente l'échelle ascendante des êtres, il n'est pas moins vrai que jamais vous ne verrez sortir, par voie de transition, le végétal de l'animal, l'animal du végétal, l'intelligence de l'animalité. Condamné par la raison, un tel transformisme l'est également par l'expérience, et c'est ainsi que la barrière qui sépare les deux mondes, spirituel et matériel, pourra être mieux connue, mais ne sera jamais franchie. Jamais donc on n'expliquera par une cause naturelle, physique, qu'une table puisse, je ne dis pas remuer et tressaillir, mais raisonner et exprimer des pensées ; un corps pesant se mouvoir sans contact, dans l'espace, comme animé d'une volonté propre et obéir au commandement de l'homme ; un ignorant parler ou comprendre des langues inconnues et composer des traités d'une science dont il ne sait pas le premier mot. Ces faits-là, quand ils se produisent, ne se produisent jamais à la manière des faits scientifiques, pouvant être prévus et répétés à volonté. Concluons : l'intervention d'une « entité intelligente » dans les phénomènes du spiritisme ne pourra jamais s'expliquer par une cause physique. Le seul cas de supercherie écarté, il faudra toujours recourir à un élément au-dessus, en dehors de la nature, au préternaturel.

Ce préternaturel, M. de Rochas a du moins le mérite de ne pas l'écarter *a priori* et de pratiquer contre lui comme d'autres savants la conspiration du silence. Je lis dans son mémoire intitulé : *Les forces non définies*, le passage suivant :

« Pour expliquer les phénomènes de transports (sans contact), la doctrine catholique a recours, suivant le cas, à l'intervention divine ou à l'intervention démoniaque, la plupart des fakirs de l'Inde et des spirites d'Europe admettent celle des âmes des morts. Nous n'avons point à juger ces hypothèses, elles sont en dehors du domaine scientifique. Les combattre ce serait excéder notre droit, tant que nous ne pouvons fournir d'explications plus plausibles ; car elles ne sont absurdes ni l'une ni l'autre. Les approuver ce serait méconnaître prématurément l'efficacité des méthodes positives qui ont donné de nos jours de si magnifiques résultats. »

Il faut remercier M. de Rochas de ne pas imiter les savants libres penseurs dans leurs idées préconçues : il ne trouve pas « absurde » *a priori* la solution catholique. C'est déjà un premier pas où bien des savants le devraient suivre.

Aucun catholique ne contestera non plus à M. de Rochas, ou à tout autre savant, le droit d'épuiser toutes « les méthodes positives » d'explication, avant de déclarer un fait surnaturel. C'est là même un postulat et de la science pure et de la théologie catholique, comme le fait bien remarquer le Dr Surbled dans son opuscule : *Les frontières du surnaturel.* C'est d'ailleurs l'exemple que l'Église a donné en tout temps, lorsqu'elle examine un miracle ; c'est un précepte qu'elle recommande. En cela elle rend à la science tout l'hommage qui lui est dû. Mais M. de Rochas lui-même ne tombe-t-il pas dans le sophisme familier qui sert de fin de non-recevoir à nombre d'esprits, lorsqu'on leur propose d'examiner les preuves extrinsèques du christianisme ? On nous allègue des miracles, disent-ils, des faits surnaturels, mais « tout cela est en dehors du domaine scientifique ». Les historiens rationalistes disent de leur côté que ces faits sont en dehors du domaine de l'histoire. Pour les croire il faut déjà avoir la foi ; pour les provoquer il faut avoir la foi, ils ne prouvent donc rien qu'à ceux qui sont déjà convaincus.

(1) P. 414.

Ce raisonnement, si souvent répété et passé en axiome dans certaines écoles, renferme autant d'erreurs que de mots.

D'abord, faut-il le redire? le miracle est un fait externe, singulier, historique, d'autant plus frappant pour les sens qu'il est plus insolite, et qui, par cela même, force l'attention. Il veut être examiné, pesé, jugé, dans sa réalité matérielle, par la même méthode que tous les autres faits sensibles; avec plus de soin sans doute, avec une plus minutieuse exactitude, mais non par d'autres procédés. Il est donc faux de dire que le fait miraculeux est en dehors du domaine scientifique, historique, puisque c'est par les procédés scientifiques, historiques, en usage pour constater tous les autres faits, qu'il doit être constaté lui-même. Ajoutons que si un fait quelconque doit être soumis aux rigueurs de l'examen, c'est surtout le miracle, puisqu'il s'adresse précisément aux incrédules, savants ou non, pour les convaincre.

On ôterait toute équivoque si on voulait bien remarquer que ce qui échappe, en effet, à tout procédé scientifique, c'est non pas la conviction rationnelle, expérimentale, de la réalité du fait miraculeux, mais bien l'acte de foi surnaturelle que le miracle a pour but, et souvent pour effet, de provoquer. L'acte de foi est une opération interne, fruit de la grâce, laquelle est, par essence, un don de Dieu purement gratuit; il en est tout autrement de la constatation du miracle; elle est un travail de l'homme, un acte rationnel qui exclut formellement toute soumission aveugle; il est vrai qu'il requiert, en même temps que l'examen purement scientifique, la bonne foi, cette droiture de conscience, cette loyauté de l'honnête homme, dont le refus est toujours coupable et que Notre-Seigneur déclare sans excuse.

Vous dites que pour croire à un miracle il faut préalablement avoir la foi. De la plus grande partie des miracles rapportés dans les Saints Livres on dirait bien

plus justement tout le contraire. La plupart, en effet,
sont des miracles apologétiques, c'est-à-dire adressés à
des incrédules pour les amener à croire. Loin donc de
supposer la foi dans le témoin du miracle, c'est l'absence
de foi qui est présupposée. Ce qu'il requiert de lui, répétons-le, ce n'est pas la foi, c'est la bonne foi. Il est
vrai que nous voyons çà et là, dans l'Évangile, un miracle accordé par Notre-Seigneur en récompense de la
foi de celui qui l'implore, mais on peut dire que, dans le
nombre, c'est l'exception. Le miracle, *récompense* de la
foi, y est rare ; le miracle, *motif* de la foi, est à toutes
les pages. Pour voir combien sophistique est l'assertion
de Renan : « La condition du miracle est la crédulité du
témoin », il n'y a qu'à ouvrir le Nouveau Testament.
Pierre dit au boiteux de naissance qui lui demande non
la guérison, mais l'aumône : « *Lève-toi et marche.* » N'est-
il pas clair que ce boiteux n'avait nulle foi préalable au
miracle, puisqu'il n'en avait pas même l'idée? Ne faut-il
pas en dire autant du peuple témoin de ce miracle?
Pour être convaincu de la réalité de ce qu'il voit, a-t-il
besoin d'une exaltation quelconque, d'une grâce surnaturelle? Non, il n'a besoin que de ses yeux, de son bon
sens et de sa mémoire pour attester que ce boiteux qui
se lève n'avait jamais marché, et qu'il marche pour la
première fois. Quand Jésus apaise d'un mot les flots de
la mer, quand il multiplie les pains, quand il invite
Pierre à chercher dans la bouche d'un poisson, qui va
mordre à l'hameçon de sa ligne, le double denier dont
il a besoin pour payer l'impôt, à quelle foi préalable a-
t-il fait appel? Et un appel semblable n'était-il pas visiblement impossible? Sur la plupart des miracles de l'É-
vangile on peut faire la même réflexion : ils ne s'adressent pas à des croyants convaincus d'avance, et ils sont
de nature à frapper, par leur évidence, tous ceux qui
les voient, quelle que soit d'ailleurs leur culture intellectuelle, et l'on comprend avec quelle autorité souveraine

Jésus peut dire de ceux qui, ayant vu ses miracles, refusent de croire à sa doctrine et ferment volontairement
leur cœur à la grâce : « *Si je n'étais pas venu et si je*
n'avais pas fait des choses que personne n'a faites, ils
seraient sans péché; mais MAINTENANT *ils n'ont pas d'ex-*
cuse de leur péché (Jean, xv, 22) » (1).

II

Si la « Science » passe avec une légèreté si hautaine
sur les faits surnaturels, sans daigner les regarder, la
faute en est, pour une grande part, aux préjugés ré-
pandus dans le monde des intellectuels, au sujet de tout
ce qui s'appelle religion et sentiment religieux.

Ces préjugés peuvent être résumés dans les propositions suivantes :

Qu'est-ce que la religion? C'est un besoin instinctif du
cœur de l'homme, une noble et grande aspiration vers
quelque chose de meilleur que le monde présent, vers
« l'au-delà ». Le sentiment religieux est une source de
généreuses pensées et surtout de poésie, de légendes in-
comparables. A ce titre, elle joue un rôle important dans
le monde, et, même au point de vue utilitaire, c'est une
chose non seulement de mauvais goût, mais dangereuse
et mauvaise de la combattre.

Mais cette disposition du cœur de l'homme, dont l'origine, si elle n'est pas innée, remonte aux plus lointaines
profondeurs de l'antiquité, ne répond à rien d'objectif,
de substantiel, d'extérieur à l'homme ; elle est toute subjective, elle est un pur sentiment. Loin qu'elle corres-
ponde à un dogme émanant d'une révélation divine, extérieure et supérieure à l'homme, et qui, à sa base, a des
faits historiques et concrets, c'est le sentiment religieux

(1) Voir ce point, traité à fond par notre confrère, le R. P. Badet, dans
un livre récent : *Le Péché d'incroyance*, in-12, Briguet, 1899.

qui crée le dogme et l'environne de fictions, qui le met sur
les autels, qui le charge de cérémonies, de pratiques, de
toutes les pompes du culte : toutes choses qui sont de
purs symboles. Ces cérémonies, tout arbitraires, vont se
simplifiant avec le progrès de la civilisation, c'est-à-dire
de la pensée pure. Elles finiront, dans un avenir prochain,
par disparaître tout à fait, pour ne laisser subsister que ce
qui est essentiel, le besoin de l'au-delà, les aspirations
poétiques, la légende et le rêve, et cela à l'usage exclusif de ceux à qui la science pure ne suffira pas, et pour
la consolation des cœurs sensibles, aux heures sombres
que tout homme, même le savant, est forcé de traverser
ici-bas.

Cette théorie religieuse qui exclut de ce monde le surnaturel, c'est-à-dire la religion, comme Platon excluait
les poètes de sa république, en les couronnant de fleurs, a
pour représentant, d'une part, le protestantisme libéral (1)
qui ne reconnaît plus dans Jésus, le fils de Dieu faiseur
de miracle, égal à Dieu son père, et, de l'autre, cette
exégèse nouvelle que Renan a appliquée à l'Évangile.
C'est Renan qui est venu apprendre aux chrétiens
étonnés cette chose étrange : « que Jésus a fondé la
religion absolue, *n'excluant rien, ne déterminant rien, si
ce n'est le sentiment*, et qu'on chercherait en vain une
proposition théologique dans l'Évangile ». C'est Renan

(1) Voir plus haut la théorie religieuse de M. Sabatier, dans son *Esquisse*. Il est bon de rappeler que ce dilettantisme qui aboutit, par
l'exaltation même du sentiment religieux, à la suppression de toute religion, est d'origine protestante et kantienne. Le *Dictionnaire Encyclopé-
dique* de théologie de Welzer et Welte, dans son article, très sympathique
d'ailleurs, pour le savant théologien protestant Schleiermacher (1768-1834),
résume ainsi sa doctrine : « Le sentiment est le vrai foyer ou la base
unique de la religion. La première conséquence qui découle de là est
que toute science objective doit être strictement rejetée : donc, et avant
tout, l'idée d'un Dieu personnel supramondain ; car comme, suivant
Schleiermacher, il ne s'agit dans la religion que de sentir au fond de soi
la présence de la divinité, toute détermination objective de l'idée de Dieu
et surtout la question de savoir s'il faut concevoir Dieu dans l'état du
théisme ou du panthéisme est étrangère, indifférente à la religion. »

qui a proclamé que l'homme le plus vraiment religieux
est celui qui sait le mieux éprouver « cette vibration particulière de nos facultés, quand elles rendent le son du
divin... ces exquises et fines jouissances de l'esprit, qui
l'arrachent aux vulgarités de la vie, en lui faisant atteindre, par des facultés morales et intellectuelles, un
monde d'intuitions supérieures et de jouissances désin-
téressées ». Une telle religion, comme on le voit, n'oblige
à rien, ne s'impose à personne et sa conclusion explicite,
que nos intellectuels trouvent sans doute aussi flatteuse
que facile à admettre, c'est que « une belle pensée
vaut une belle action ».

Or c'est contre cette théorie que s'insurgent, sans
parler des exigences de la saine philosophie, du sens
commun et de la conscience, les démonstrations historiques qui forment la base de l'enseignement chrétien :
démonstrations qui impliquent la réalité de ces faits
surnaturels qu'est invité à examiner, par les procédés
de la science, tout esprit en quête de la vérité religieuse.

Certes, les intellectuels de tout ordre n'ont pas tort
quand ils trouvent dans la religion une science incomparable et toujours jaillissante de poésie, quand ils
tombent en extase devant la majesté de nos cathédrales,
quand ils empruntent leurs meilleures inspirations à
l'histoire de nos martyrs, de nos saints, aux merveilles
de la charité dont le Christianisme n'a jamais cessé de
couvrir le monde.

Je dirai plus : ce que Notre-Seigneur disait : « que sa
doctrine étudiée suffirait seule à prouver sa mission
divine » se vérifie toujours. Quiconque a vécu quelque
peu, par la pratique, dans l'intimité de l'Évangile; quiconque a pu, par l'expérience des hommes et des choses
du siècle, établir une comparaison entre l'homme tel
qu'il est et l'homme idéal, l'homme divin, et cependant
réel et historique, qui parle et enseigne dans l'Évangile,
celui-là n'a pas besoin des miracles pour se persuader

que l'Évangile est divin et que Jésus-Christ est Dieu : il répète avec conviction la parole du Centurion : « *Nunquam locutus est homo sicut homo iste.* Jamais homme n'a parlé comme celui-là (1). »

Et cependant, répétons-le, demandons-nous, une fois de plus, la raison pour laquelle, sans les miracles, les Pharisiens incrédules n'auraient point péché en refusant leur foi au Messie. Ainsi l'a révélé Notre-Seigneur. Pourquoi ? Sans doute parce qu'il avait en vue non seulement de pousser à bout l'orgueil des Pharisiens, mais aussi de couper court aux sophismes de la religion de sentiment et aux illusions du fanatisme de tous les siècles. Il n'a pas voulu que l'obligation de croire reposât exclusivement sur des sentiments, sur des goûts intérieurs, sur des considérations esthétiques, sur des jugements purement intellectuels; il a voulu qu'elle s'adressât à l'homme tout entier qui est corps et âme, esprit et matière, intelligence et volonté, individu et société. Il a voulu que la vraie religion pût être jugée vraie par la science la plus froide, dans le silence de la réflexion et de l'étude, mais aussi qu'elle pût faire appel aux sens extérieurs et au témoignage des yeux; en sorte que nul ne pût s'y soustraire sciemment sans avoir contre lui, outre le témoignage intime de la raison et de la conscience, le témoignage extérieur de faits sensibles, privés et publics, et, en quelque manière, le suffrage universel.

C'est conformément à la doctrine comme à la pratique de son fondateur que l'Église, dont la vie permanente ici-bas est elle-même un miracle visible, n'a cessé pour maintenir et propager sa foi de faire appel, avant tout, au témoignage des faits. Elle ne dit pas : voyez de quelle sublime poésie je suis la source; venez goûter l'exquise et fine jouissance qui se dégage de nos symboles. Elle dit, comme Notre-Seigneur aux Juifs : « *Scrutamini scrip-*

______
(1) Jean. VII. 46.

turas, étudiez les écritures avec soin... ce sont elles qui rendent témoignage de moi. » Et elle ajoute : « Venez et voyez les miracles dont je suis sortie, et ceux qui, suivant la promesse de mon fondateur, s'opèrent encore dans mon sein. »

C'est dans cet esprit que l'Église fait une distinction si expresse et si judicieuse entre tous les phénomènes surnaturels qui se rattachent au sentiment et pourraient n'avoir qu'une valeur subjective, et ceux qui, tombant sous le témoignage des sens, peuvent être attestés par l'histoire et qui appellent, loin de les craindre, les examens de la science et de la critique.

Que venez-vous donc objecter à notre foi les apparitions, les extases des saints, leurs combats secrets avec les puissances infernales, hallucinations pieuses, dites-vous, qui font bien voir que notre croyance n'appartient pas au domaine du réel, qu'elle est d'essence purement subjective, autrement dit, pour laisser là le langage philosophique, d'ordre purement imaginaire? Comme si l'Église qui reconnaît, il est vrai, la réalité possible de ces phénomènes, les avait jamais donnés comme des arguments en preuve de sa divinité! Si les visions de sainte Thérèse, si les apparitions de Lourdes, et autres faits de ce genre, n'ont jamais été présentés aux fidèles comme base et objet de leur foi, comment l'Église aurait-elle l'idée de les présenter aux mécréants comme arguments pour les convertir? En théologie mystique, aussi bien que dans toutes les autres parties de l'enseignement chrétien, c'est la raison qui précède la foi. Le plus éminent des écrivains mystiques de nos jours, et aussi le plus exact, Mgr Gay, a écrit excellemment : « Nous ne pouvons savoir la présence surnaturelle d'une réalité divine... hormis que Dieu lui-même ne nous en donne la connaissance, et nous la révèle par sa parole et nous la prouve par des œuvres qui ne sont possibles qu'à lui. Aussi le signe affecte nos sens, la preuve persuade notre raison et dès

lors la raison fait plus que nous permettre, elle nous
commande d'adhérer au mystère révélé... On ne peut ici-
bas adhérer intimement au divin d'un mystère si ce
n'est par la foi... Les seuls êtres intelligents ou raisonnables peuvent l'avoir à l'état d'habitude et nous ne saurions en faire un acte qui n'ait à sa base un acte de
raison : d'où il suit que tout acte de foi est nécessairement rationnel (1). »

C'est un chapitre nécessaire de tout traité de psychologie que celui qui parle des illusions de l'imagination,
et, de nos jours, les Charcot, les Pierre Janet, les Bernheim, la multitude des médecins qui se livrent à l'étude
de l'hypnotisme et des maladies nerveuses ont multiplié
sur ce point non les chapitres, mais les volumes. Certes,
l'Église n'a ni à s'en préoccuper ni à s'en plaindre. Je
dirai plus, je doute qu'aucun de ces savants ait signalé
avec plus de sagacité, et condamné avec une plus impitoyable rigueur les égarements de l'imagination, appliquée aux choses de Dieu, que ce grand mystique qui a
nom Jean·de la Croix. Et en cela le célèbre conseiller de
sainte Thérèse fait écho à toute la tradition des écrivains
mystiques approuvés et à la doctrine avérée de l'Église (2).
Vous qui, parlant des visions de Lourdes ou de Tilly, dites
en raillant : voilà leur religion, de grâce, ne confondez
pas ! Entre une apparition quelconque dont un saint put
être favorisé, et un miracle apologétique, il y a un abîme. ·
Que l'apparition soit réelle ou imaginaire, elle n'entrera
jamais dans les faits surnaturels auxquels est attribuée
cette valeur. Le miracle seul, qui est d'ordre extérieur,
palpable, visible, susceptible du contrôle de tous,
croyants et incroyants, appartient à cet ordre de faits auxquels Notre-Seigneur renvoie les disciples de Jean-Baptiste, qui viennent, de la part de leur maître, lui demander

(1) *Entretiens sur les mystères du saint Rosaire*, I, 67.
(2) Cf. notamment le traité de Benoît XIV, *De Beatificat. et Canonis.
Sanctorum*, qu'on ne saurait trop citer.

s'il est bien le Messie attendu : « *Allez raconter à Jean ce que vous avez entendu et ce que vous avez vu : les aveugles voient, les boiteux marchent, les lépreux sont guéris, les sourds entendent, les morts ressuscitent, les pauvres sont évangélisés.* »

Les savants qui se font des extases de nos saints un argument contre l'objectivité de la Religion, ont-ils seulement remarqué que, pour toute canonisation, dans les miracles dont elle exige la preuve, l'Église s'est expressément fait une loi de ne tenir aucun compte de ces phénomènes? Sait-on qu'elle exclut, préalablement, et avant tout examen, les faits merveilleux qui peuvent avoir l'apparence de se rattacher, de près ou de loin, aux effets de l'hystérie ou autre affection du système nerveux (1)?

Aujourd'hui comme autrefois, comme toujours, ce que l'Église signale comme inutile, dangereux, suspect, c'est précisément ce que nombre de ses adversaires prennent pour le fond et l'essence de toute religion : je veux dire l'enthousiasme, l'exaltation du sentiment, le goût et la recherche du merveilleux. Elle ne nie point que le besoin religieux, la religiosité que tant de gens prennent pour la religion, n'aient été déposés en nous

____

(1) V. Benoît XIV, *De Beatificatione et canonisatione*, liv. IV, pars I, cap. i, n° 13 et *passim.* — Je me permets de renvoyer le lecteur que ces questions intéressent à mon *appendice* sur *la réalité des miracles et leur certitude historique* à la suite de mes *Conférences sur Jésus-Christ*, p. 387 et suiv. — Voir aussi, sur ces matières, toute la doctrine de Benoît XIV, très bien résumée dans Gombault (*op cit.*), pag. 417 et suiv. Il est assez piquant de remarquer, dans les procédures de canonisation, que ce ne sont pas les médecins qui mettent les théologiens en garde contre les pièges de l'imagination et des maladies nerveuses, mais, au contraire les théologiens qui se défient de la crédulité des médecins. Il est difficile de supposer des juges plus difficiles à contenter que les inquisiteurs espagnols à qui furent déférés les écrits de sainte Thérèse. Mais, surtout, qu'on nous permette de renvoyer à un chapitre de la *Vie de saint Philippe de Néri*, du Cardinal Capecelatro (t. II, p. 95-104). On y verra à quelles véritables tortures, morales et physiques, sept mois durant, le saint crut devoir soumettre, pour l'éprouver, une extatique, la vénérable Ursule de Benincasa, dont le Pape lui avait donné à examiner les révélations.

par le Créateur, comme un indice et un germe; mais elle affirme que ce besoin religieux ne saurait pas plus se confondre avec la religion que le besoin de manger ne se confond avec le plus maigre repas : purs fantômes vides, ces cultes poétiques, ces rêves de l'occultisme, ces apocalypses, renouvelées de Swedenborg, qui ne réposent sur aucun dogme précis, que le bon sens désavoue; qui, en flattant peut-être l'instinct religieux de l'esprit humain, n'engendrent aucune vertu et laissent l'homme tout entier à sa corruption et à son égoïsme natif. Ce christianisme de fantaisie est au dogme véritable ce qu'est un fantôme insaisissable et flottant, comparé à un corps vivant : christianisme désossé, oserai-je dire, qui fait penser, par contraste, à la parole de Jésus ressuscité lorsque, voyant ses disciples le prendre pour un fantôme, il leur dit : « *Touchez-moi et considérez qu'un esprit n'a ni chair ni os comme vous voyez que j'en ai* (Luc, XXI, 39). » Et c'est ainsi que le vrai christianisme est toujours prêt à affronter l'examen des savants, qu'il s'agisse des miracles sur lesquels il est fondé, ou de tous les faits surnaturels qui, depuis ses origines, peuvent se produire dans son sein. Pas plus qu'il ne redoute la science d'hier, il ne redoute la science d'aujourd'hui ni celle de demain.

Le parti pris de la science officielle n'est que trop évident. Or le parti pris n'est-il pas à la science véritable ce qu'est le fanatisme à la vraie religion? Il faut l'avouer : à l'heure qu'il est ce parti pris est en baisse. Les pauvres explications qu'il a trouvées pour rendre compte des miracles de Lourdes ont de beaucoup diminué son crédit. Les solides écrits du Dr Boissarie, et, mieux encore, le loyal appel fait à toutes les investigations de tous les savants des deux mondes, ont mis à néant de banales réponses trop facilement démenties par les faits. M. l'abbé Brette, dans sa consultation, citée plus haut, fait remarquer que ces mêmes savants qui ont fait, à la Salpêtrière, tant d'expériences sur les maladies nerveuses, avec le dessein avéré de discréditer les miracles de Lourdes, s'ils cherchaient purement la vérité, auraient dû étudier, depuis, les phénomènes de Tilly dont la renommée, sans nul doute, est venue jusqu'à eux.

« Comment se fait-il que la science officielle, dit M. Brette, qui déploie à la Salpêtrière et autres lieux un rôle si ardent pour la production de phénomènes nouveaux dans l'ordre qui nous occupe, n'ait pas jugé à propos de faire la moindre enquête sur les faits de Tilly? Comment échappent-ils à l'accusation de parti pris?...

« Nous qui avons pour devise — M. Brette parlait ici au nom de la Société des sciences psychiques — « toute la vérité, toujours et partout », nous ne pouvons nous empêcher de voir, dans les phénomènes de Tilly, une démonstration authentique et sensible de l'existence du surnaturel, permise par la Providence, pour confondre par l'argument du fait, seul admis par le positivisme contemporain, les doctrines matérialistes et rationalistes qui prévalent depuis longtemps chez nous. »

A propos de parti pris dans les expériences retentissante de la Salpêtrière, M. Brette aurait pu citer un aveu caractéristique de M. Charcot. Chose étrange! l'illustre physiologiste parle de l'hypnotisme à peu près dans les mêmes termes que le P. Franco. « L'hypnotisme, écrit-il, est un monde dans lequel on rencontre, à côté de faits palpables, matériels, grossiers, côtoyant toujours la physiologie, des faits absolument extraordinaires, inexplicables jusqu'ici, *ne répondant à aucune loi physiologique et tout à fait étranges et surprenants.* » On voit que le langage du savant est absolument le même que celui du théologien, mais écoutez la suite : De ces phénomènes, dit Charcot, « je m'attache aux premiers et *laisse de côté les seconds* ». Pourquoi les laisser de côté s'ils sont réels, attestés par l'observation et, à ce titre, comme tout ce qui est observable, rentrant dans le domaine de la science? Ne voit-on pas poindre ici la peur du surnaturel (1)?

Après le théologien, les médecins.

Répondant au docteur Bernheim, qui avait prétendu obtenir par l'hypnotisme des guérisons analogues à celles de Lourdes, le docteur Hélot écrit : « .Que dirait M. Bernheim si, suivant son exemple, nous ne voulions parler que de ses guérisons d'hystériques ou de celles qui sont demeurées incomplètes? je serai plus loyal. Nous pourrions lui indiquer bon nombre de miracles que, de son aveu, jamais il n'eût pu reproduire : tumeurs, plaies, squirrhes, cancers, arthrites suppurées, ulcères, lupus, carie, fracture, lésions matérielles et apparentes de toute sorte. Le docteur Boissarie rapporte plusieurs cas de guérisons *complètes*, *subites* et *définitives* dans chaque catégorie, et il en omet des plus mémorables (2). »

Le docteur Charcot n'est pas plus heureux quand, dans un article à grand fracas publié à la fois à Paris et à Londres, sous ce titre : *The Faith-healing, la foi qui guérit*, il affirme, d'une manière générale, à propos des miracles de Lourdes, « que les guérisons dites miraculeuses *appartiennent toutes à l'ordre naturel des choses* ». Un médecin lui objecte, ce qui est péremptoire, que lui, Charcot, « dans sa longue carrière médicale et parmi ses nombreuses malades de la Salpêtrière n'a rencontré *aucun fait* semblable à ceux de Lourdes ». Et il lui montre que le seul fait qu'il cite et qui est du siècle dernier, à l'appui de sa *Foi qui guérit,* est tout pareil au *souffle guérisseur* de Zola et n'a en lui rien de miraculeux (3).

---

(1) Les paroles de Charcot sont citées par le spirite Léon Denis : *Après la mort*, p. 189. Le spirite voit chez le docteur non pas, comme nous, la peur du surnaturel, mais la peur du spiritualisme. Lui non plus ne se trompe pas.

(2) Hél., *Névroses et possessions*, p. 251. Cf. Boissarie, *Lourdes depuis 1858 jusqu'à nos jours.*

(3) Dr Goix, *Le miracle*, p. 105.

De nos jours, nous l'avons constaté dans cette étude, les savants libres penseurs ont fait un pas en avant, malgré eux sans doute, mais ils l'ont fait ; c'est d'avouer, après vérification expérimentale, que tels de ces phénomènes sont absolument rebelles à toute explication naturelle et scientifique. Cet aveu leur a été arraché par des faits bien connus dans l'Église, et, de tout temps, à la fois signalés et réprouvés par elle ; un pas reste à faire, c'est d'appliquer la même étude aux faits merveilleux, également réfractaires à toute explication scientifique et naturelle que l'Église propose à leur examen. La fin de non-recevoir de Renan n'est plus acceptable. On ne peut plus dire qu'on n'a jamais constaté l'intervention d'une volonté intelligente et libre, autre que celle de l'homme, dans le domaine de la nature ; or les vrais miracles, qui impliquent l'intervention divine, sont aussi nombreux aujourd'hui qu'en aucun siècle de l'Église. A l'explosion du surnaturel spirite, celui que les savants ont étudié et constaté et que l'Église qualifie de diabolique, ont répondu une série de faits tout aussi inexplicables et non moins réels, mais revêtus des caractères signalés plus haut, qui empêchent absolument de les confondre avec les phénomènes spirites : ce sont les vrais miracles. Pourquoi les savants ne répondraient-ils pas à l'invitation réitérée de l'Église qui tient aujourd'hui, à quiconque veut savoir la vérité sur sa mission surnaturelle, exactement le même langage que Notre-Seigneur aux disciples de Jean-Baptiste et aux Pharisiens qui viennent s'enquérir de lui : Venez et voyez, « *les aveugles voient, les sourds entendent, les boiteux marchent, les lépreux sont guéris, les pauvres sont évangélisés* (Matth., XI, 5 ; Luc, VII, 22) ». Quel besoin ont les savants d'avoir préalablement la foi pour prendre en main quelqu'un de ces faits, pour l'étudier patiemment, longuement, sans parti pris ?

Une étude sérieuse, réfléchie, sans parti pris, des faits certains, mais à tort réputés hors de la science puisqu'ils sont démontrés réels, mettrait certainement nos docteurs sur une voie plus utile que la simple constatation des phénomènes insolites qu'ils qualifient justement « d'absurdes » quoique réels, au même titre que n'importe quelle combinaison chimique ; phénomènes qui se rient de leur science, qui défient toutes les lois les mieux établies de la nature, et, niés aveuglément par' un petit nombre, n'en continuent pas moins leurs manifestations aussi réelles qu'elles sont capricieuses, anti-naturelles, et anti-scientifiques (1).

Ce ne fut pas une médiocre satisfaction pour l'auteur du présent travail que d'obtenir d'un médecin illustre en ce siècle, auquel on a justement élevé une statue, sa pleine et entière approbation, au sujet d'une étude sur les miracles, analogue à celle-ci (2). C'est du savant M. Bouillaud qu'il s'agit. Revenu à la pratique chrétienne, de longues années avant sa mort, à la suite de patientes et profondes études, M. Bouillaud reconnaissait que la science la plus exacte n'avait rien à contester, rien à redouter de la réalité des miracles évangéliques et du

(1) J'emprunte à M. Huysmans, qui l'a lui-même pris dans les Bollandistes, le fait suivant, aussi *absurde*, dirait M. Richer, que tout fait spirite, mais aussi certain que n'importe quelle expérience de chimie. Il s'agit de la vénérable Marie-Marguerite des Anges, fondatrice du Prieuré des Carmélites d'Oirschot dans le Brabant hollandais, née le 26 mai 1605 à Anvers, femme d'une austérité incroyable. « L'idée que son cadavre pourrira inutile, que les dernières pelletées de sa triste chair disparaîtront sans avoir servi à honorer le Sauveur la désole, et c'est alors qu'elle le supplie de lui permettre de se dissoudre, de se liquéfier en une huile qui pourra se conserver devant le tabernacle, dans la lampe du sanctuaire. *Ici les pièces authentiques abondent. Les enquêtes les plus minutieuses ont eu lieu ; les rapports des médecins sont si précis que nous constatons, jour par jour, l'état du corps, jusqu'à ce qu'il tourne en huile et puisse remplir les flacons dont on versait, suivant son désir, une cuillerée chaque matin dans la veilleuse pendant près de l'autel...* L'autopsie révéla l'incompréhensible découverte, dans le vésicule du fiel, de trois clous à têtes noires anguleuses, polies, d'une matière inconnue. » (*La Cathédrale*, p. 146.)

(2) Il s'agit, dans son livre intitulé *Jésus-Christ* (1 vol. chez Poussielgue), de la conférence sur les miracles et du long appendice qui la suit, sur la réalité historique des miracles.

surnaturel divin (1). Alors, l'ère du spiritisme n'était pas encore ouverte. Tout donne à penser que le savant docteur eût accordé la même approbation à nos conclusions sur le surnaturel diabolique.

En terminant, nous ne demandons aux savants rationalistes qu'une chose : c'est de vouloir bien faire sur le surnaturel divin le même travail qu'ils ont commencé sur les phénomènes spirites. La matière est on ne peut plus intéressante, elle est curieuse. Si le bruit justement fait autour des miracles de Lourdes portait quelqu'un d'entre eux à ouvrir le grand ouvrage de Benoît XIV sur la canonisation des saints, s'il étudiait de près les procédures suivies par l'Église, pour arriver à la certitude de faits non moins surprenants que ceux qui remplissent les livres des Crookes, des Acksakoff, des Gibier et autres, mais tout à fait distincts de ceux-ci par le sérieux, l'élévation, la pureté, la charité qui s'y révèlent, par leur utilité réelle et leur bienfaisance ; si, dis-je, quelque savant voulait s'attacher à étudier à fond le miracle chrétien, tel que l'Église le reconnaît et le proclame dans ses actes les plus authentiques, je demande en quoi il dérogerait à la dignité scientifique. Il ne s'agit plus de nier *a priori*, en fermant les yeux. Ou ces faits sont contestables ou ils ne le sont pas ; ou leur explication naturelle est scientifiquement possible ou elle ne l'est pas : que les savants laissent donc de côté toute fin de non-recevoir, qu'ils daignent donner leur avis, après une sérieuse étude, foulant aux pieds le préjugé qui ne leur permet sur ce sujet que cette double attitude : la raillerie ou le silence. Est-ce trop exiger que de leur proposer de faire, sur les miracles, le même travail qu'ils ont fait sur les pratiques du spiritisme ?

(1) Il est à remarquer que, dans les nombreux discours et éloges prononcés sur M. Bouillaud par les princes de la science médicale, aucun ne fait la plus légère allusion à la foi chrétienne du célèbre docteur. Nous tenons à protester contre ce silence, comme étant le témoin le plus autorisé de tous en cette matière.

S'ils arrivent, comme l'Église n'en doute pas, à constater la pleine réalité des miracles, et leur transcendance, c'est-à-dire l'impuissance absolue, et nécessaire, de la raison humaine à les expliquer naturellement, ils auront fait, quoi qu'on dise, une œuvre absolument et exclusivement scientifique, puisqu'ils n'auront eu recours qu'à ces deux facteurs éternels de la science : l'observation et le raisonnement. Arriveront-ils pour cela à la foi? Peut-être, mais pas nécessairement. La foi est une grâce, un don de Dieu; elle n'est due ni aux démonstrations de la science, ni à la puissance de la raison; mais nous savons que Dieu l'accorde à l'amour désintéressé de la vérité, à la bonne foi et à la prière. Dans ces conditions, elle ne sera pas refusée aux savants qui entreprendront de telles études et elle sera pour eux la suprême, la meilleure des récompenses.

NOTE

SUR LE FAMEUX MÉDIUM HOME

(voir p. 44)

Le plus célèbre, et sans doute le plus fort des médiums de profession, M. Home, est aussi le seul, si je ne me trompe, qui nous ait laissé quelque notion de ses dispositions intérieures dans l'exercice de la profession qui l'a rendu illustre dans les deux mondes. Il avait, de son vivant, publié un volume sur sa *vie surnaturelle* où il était longuement question de ses rapports avec les esprits. Or, voici ce que nous lisons dans la *Revue du monde invisible* (n° du 15 février 1899, p. 350-352), dans un article, du Dr Surbled, intitulé : *La question des médiums.*

« Le fameux médium Home a pris soin, avant de mourir, de nous détromper tout à fait en avouant, dans une confession suprême, qu'il avait menti toute sa vie. Cette confession, dont nous n'avons pas besoin de signaler l'importance, il l'a faite au Dr Philip Davis, qui nous la rapporte dans son livre : *La fin du monde des esprits; le spiritisme devant la raison et la science,* Paris, 1889. « C'est vrai, disait Home déjà aux prises avec la
« maladie qui devait l'emporter, c'est vrai, après tout, que cette
« foule d'esprits devant lesquels s'agenouillent les âmes crédules
« et superstitieuses n'ont jamais existé ! ! Pour moi, du moins, je
« ne les ai jamais rencontrés sur mon chemin. Je m'en suis
« servi pour faire donner à mes expériences cette apparence de
« mystère qui de tout temps a plu aux masses et surtout aux
« femmes; mais je n'ai point cru à leur intervention dans les
« phénomènes que je produisais et que chacun attribuait à des
« influences d'outre-tombe... Non, un médium ne peut pas croire

« aux esprits. » Et finalement : « N'imprimez pas cela avant
« que je ne sois plus. » .

Certes, nous n'avions pas besoin des aveux de Home pour
affirmer non seulement le néant du système spirite, mais aussi
la mauvaise foi, les supercheries, pour ainsi dire fatales, où sont
entraînés tous les médiums de profession. Obligés de satisfaire,
à tout prix, les gens crédules qui les paient, il faut qu'ils réussissent à faire parler les esprits sous peine de perdre leur pain.
C'est la remarque très judicieuse du P. Franco et du Dr Surbled
(voir plus haut p. 94). Que Home donc n'ait « jamais rencontré sur
son chemin les esprits désincarnés » qu'il servait à son public,
ce n'est pas là ce qui est fait pour nous étonner.

Mais peut-on affirmer de même, après ses aveux, que le mauvais esprit, celui de qui, par la permission divine, procèdent
les prestiges et les faux miracles, ne s'est jamais servi de Home,
même à son insu, comme d'un instrument pour produire certains phénomènes, les lévitations, par exemple, dont M. Crookes
affirme avoir été souvent le témoin? D'une part, on ne peut
mettre en doute ni la sagacité ni la bonne foi du savant. D'autre part, nous avons appris par la confession du célèbre Du Potet
(voir plus haut p. 140) que l'agent des sciences occultes qui
croit n'avoir affaire qu'à des forces naturelles inconnues, se trouve
quelque jour en présence du surnaturel. Si c'est par l'effet de
quelque supercherie que Home s'élevait de terre, que lui aurait-il
coûté de compléter son humiliante confession en nous révélant
son secret? Jusqu'à nouvel ordre donc il est permis de croire
que le phénomène de lévitation, — si évidemment surnaturel
dans nos saints, — lorsqu'on vient à le constater chez un médium ou chez quelque fakir indien, n'est susceptible d'aucune
explication par les seules forces de la nature qu'il viole si
ouvertement.

Il ne sera pas mauvais, pour achever de faire connaître Home,
de citer une page peu connue de la vie du P. de Ravignan où
il est question de lui.

Américain et protestant de naissance, Home avait profité de
son passage à Rome pour y opérer sa conversion au catholicisme. Était-ce encore un imposture? Dieu le sait. Le fait est qu'arrivé à Paris, il fut adressé au saint jésuite. Je laisse ici parler
l'historien du P. de Ravignan, son confrère et ami le P. de
Pontlevoy :

« Nous ne pouvons terminer ce chapitre sans faire mention de ce fameux médium américain, qui avait le triste talent de faire tourner autre chose que les tables et d'évoquer les morts pour divertir les vivants. On a beaucoup parlé, même dans les journaux, de ses rapports religieux et intimes avec le P. de Ravignan; et l'on a semblé vouloir, sous le passe-port d'un nom accrédité, introduire et consacrer en France ces belles découvertes du Nouveau Monde.

« Voici le fait dans toute sa simplicité. Il est très vrai que le jeune étranger, après sa conversion en Italie, fut adressé et recommandé de Rome au P. de Ravignan; mais à cette époque, en abjurant le protestantisme, il avait aussi répudié sa magie, et il fut accueilli avec cet intérêt qu'un prêtre doit à toute âme rachetée du sang de Jésus-Christ, et plus encore peut-être à une âme convertie et ramenée dans le sein de l'Église. A son arrivée à Paris, toutes ses anciennes pratiques lui furent de nouveau absolument interdites. Le P. de Ravignan, d'accord avec les principes de la foi qui proscrivent la superstition, défendait, sous la peine la plus sévère qu'il pût infliger, d'être acteur ou même témoin de ces scènes dangereuses et quelquefois criminelles. Un jour, le malheureux médium, obsédé par je ne sais qui, homme ou démon, vint à manquer à sa promesse; il fut repris avec une rigueur qui le terrassa. Survenant alors par hasard, je l'ai vu se rouler à terre et se tordre comme un ver aux pieds du prêtre saintement courroucé. Cependant le Père, touché de ce repentir convulsif, le relève, lui pardonne et le congédie après avoir exigé cette fois, par écrit, une promesse sous la foi du serment. Mais il y eut bientôt une rechute éclatante, et le serviteur de Dieu, rompant avec cet esclave des esprits, lui fit dire de ne plus reparaître en sa présence (1). »

(1) *Vie du P. de Ravignan*, t. II, 2ᵉ édit, p. 298.

TABLE DES MATIÈRES

CHAPITRE IV

Le don des langues, les dons du Saint-Esprit et la Conversion de saint Paul, selon Renan.

CHAPITRE V

Les faits préternaturels contemporains.

CHAPITRE VI

Les expériences de M. le professeur Acksakoff.

CHAPITRE VII

De la nature des faits préternaturels constatés par les savants.

CHAPITRE VIII

La cause des faits extranaturels : systèmes de Crookes, Lombroso et Hartmann.

CHAPITRE IX

La cause des phénomènes spirites jugée par ses effets.

CHAPITRE X

Le démon.

CHAPITRE XI

De la valeur apologétique des faits surnaturels et des faits démoniaques en particulier.

CHAPITRE XII

Ceux qui ne croient pas au miracle.

CHAPITRE XIII

Les vrais et les faux miracles.

CHAPITRE XIV

Les frontières du surnaturel.

CHAPITRE XV ET DERNIER

Les droits et les devoirs de la science en présence des faits surnaturels. Conclusion.